創見文化，智慧的銳眼
www.book4u.com.tw　　www.silkbook.com

網 銷
獲利關鍵
打造無限 ∞ 金流循環

Guide of
Internet Marketing：

The Greatest Book

推薦序 1

這個男人太讓我驚訝了！連我都想向他學習

　　大家好，我是羅伯特‧G‧艾倫，暢銷書《一分鐘億萬富翁》的作者。之前到台灣辦活動的時候，有幸與威廉結識，至今對他那傑出的思維仍印象深刻，當時有人向我提到他，說他對微信十分在行，堪稱這個領域的專家，我就想此行一定要見到他！

　　在美國，一般都使用 FB，但中國微信猛烈崛起，發展相當快，還比 FB 快上三倍，所以我對這新社群工具十分好奇。我的團隊特地請人幫忙牽線，讓我能好好向他請益，而威廉人相當 Nice，熱情地向我們演繹了微信那驚為天人的功能。

　　於是我借此機會，請威廉協助我們推廣此次的活動，他也爽快地答應了，馬上用微信及其他常用的網銷工具，規劃一連串的排程，廣為發布活動消息，邀請大眾一同來參與；結果，招來的人何其多？把整個活動會場都塞爆了，我才真正見識到網銷的力量有多強大。絕非我誇大，網銷的威力真的很可怕，我當下便認定威廉專研的領域絕對是未來的趨勢，是未來發展的主軸。

　　近日，聽說威廉準備出書，在此我由衷地向他祝賀。我對威廉有著高度評價，威廉有許多概念，都與我不謀而合，我們的觀念都是透過一些技術與行動，把原先看似簡單的想法，變成具體可獲利的商機，而且我親眼看過他是如何操作，所以你絕對不能錯過，我誠摯地推薦。

　　最後，期待有機會能見到各位讀者，也希望未來能與威廉有更密切的合作，並透過我們之間的合作，為世人帶來更多正面、良善的能量。

暢銷書《一分鐘億萬富翁》作者　羅伯特‧G‧艾倫

推薦序 2

接・建・初・追・轉的最佳實踐者

初次遇見威廉老師，是在我的〈寫書與出版實務作者保證班〉，中場下課時間，威廉主動來詢問我是否能在課堂上給他五分鐘的時間，讓他和學員們分享，網路行銷可以如何應用在出版上。我看這帥帥的年輕人，竟有勇氣與企圖心，敢於主動爭取上台的機會，日後必大有作為；且他在台上的表現確實很出色，字字珠璣，內容生動活潑又十分有邏輯，果然不簡單，後來我跟他便成為亦師亦友的關係，更是商場上的合作夥伴。

現在，不論我把什麼樣的產品交給他賣，他都能創造出相當不錯的成績，客觀來說，我們其實是魚幫水、水幫魚，互相幫助對方創造不少財富。我想自我做培訓以來，最大的樂趣莫過於此，在教學相長的過程中，意外地得到一些素質不錯，又可以合作的人才。

我過去上過許多銷售、行銷大師的課程，也讀過許多相關書籍，總結出成交的流程便是「接、建、初、追、轉」五字真言。據我觀察，威廉便是將此要領，確實應用在網路行銷領域上的人，他操作網銷的手法跟我的五字真言雷同，真可謂英雄所見略同啊。

所以，我想跟廣大的讀者們推薦，若您有心想藉由網路打開財富大門，那威廉老師絕對是您值得學習的對象，這本書不但值得個人收藏之、學習之，更值得分享給身邊的親朋好友，就像我推薦給您一樣。

相信我，唯有改變自己、改變周圍的環境，您才有機會變得更好。

亞洲八大名師首席　　王晴天

全面掌握網銷精髓，行銷人必看寶典

由於近年網路及行動裝置的普及，大眾的消費習慣因而改變，在網路上購物、超商取件，已成為趨勢，有越來越多人選擇在網路上消費，更有越來越多的人投入電商，透過網路創業，銷售各種產品與服務；自 2017 年以來，台灣數位廣告的產值已突破 310 億，電商的年營業額也突破 2,300 億，相當可觀。

但是否只要搭上此順風車，人人都可以賺大錢呢？答案是肯定的，只是仍有些風險。網銷其實就像接水管一樣，過程中我們要接上流量、收集名單，並讓名單轉化為消費，只要其中一環節沒有接好，所有的水（獲利）就無法流向你。那為什麼還是有人能在網路上賺到錢呢？

其實就是掌握訣竅，江湖一點訣，說破了就是你的。所以，當初我得知威廉老師要出書時，還試圖阻止他（笑），因為書中透露太多賺錢的祕訣。威廉老師非常擅長整合、內化，網銷艱深的內容及技術都能被他整理得相當清楚；有些常人會忽略的小細節，他還細心地輔以圖文，有步驟地帶你理解，就是要讓你了解；更將自己的實戰經驗全都公開，從當紅的直播應用到社群互動，他都毫不藏私，相當適合想投入網路行銷的人，讀完此書絕對能建立起自己的行銷系統。如果你想……

- 透過網路行銷暴增業績？
- 透過網路行銷增加收入？
- 透過網路行銷做自己的老闆？

我強力推薦你購買本書，跟著威廉老師打造自己的網銷事業！

藍海商學院創辦人　王維德

推薦序*4*

付出才能傑出，先認真別人才會把你當真

　　早在好多年前，便在網路世界上便得知、認識威廉老師，但現實世界中，我們卻是最近才見到面，更當場聆聽了他的課程，教學方式非常幽默風趣。我之前就拜讀過他的第一本大作，他把原先難懂繁雜的內容，變得簡單易懂，讓學生能輕易地融會貫通，相當厲害；所以，他邀請我為他寫推薦序時，我二話不說就答應了，因為我知道這本書一定也會不同凡響。

　　他書中融入了 LINE 之類的行銷方式，因為有些客戶真的是只出現在社群軟體，不會在其他廣告媒介中出現，是一個相當特殊的客群，一般只有經營電商才會接觸到。但現在電商的行銷方式總過於直接，好比直接找客戶結婚，中間談戀愛的過程全都省略，這在電商剛起步時，或許是可行的，可是現在有越來越多的競爭者，消費者自然會漠視以往的行銷模式，導致成交率越發降低。

　　所幸威廉在本書中，向各位讀者傳達正確的觀念，並在固有的行銷媒介上加入新的元素，豐富了網銷的方式，所以，正在讀此篇推薦序的你，如果你想做的便是這種生活化的社群事業，或希望未來能接觸不同管道的客群，請務必將此書帶回家，你的事業、生意絕對能大大受惠，讓你有所收穫。

全球華人知識變現商學院創辦人

《我在星巴克喝咖啡，用 Notebook 上網賺百萬》作者　邱閔渝 Marc

推薦序**5**

知識就是力量，學習改變命運

　　這二十年來，我到各地演講、輔導企業發展，往來中國大陸各地區，亦包括臺灣、香港、馬來西亞，新加坡以及日本和韓國，甚至是美國、澳大利亞；並積極在網路進行演講，因而能在這些年來，認識很多很多的老師及企業家，有集團總裁、CEO、白領，什麼樣的人都有。

　　所有人都不斷在進步，尤其這短短幾年，一切的思維好似全被顛覆，過去傳統的觀念都已不復存在。好比，過去我們做生意、行銷的時候，都是從陌生拜訪、沿街掃樓開始，但如今，若不用網路行銷，那可能就會輸在起跑線上，少掉 1/3、甚至是 2/3 的市場。

　　所以，當我讀完威廉老師這本新書的初稿時，便深深覺得，若沒有讀過本書，你的損失將以數十萬、數百萬來計算。我曾開設一門課程〈複製 CEO〉，裡面有教一個很重要的主題「陸海空戰略戰術」，空軍指的就是網路行銷。中國大陸大多使用微博、微信，至於其他地方，則透過 FB、LINE、E-mail……等不同的工具，像這些工具，我們通常會把它稱為「載體」；而如果你有了載體，卻不曉得該如何運用，就好比你擁有一把很不錯的槍，可是你卻不知道怎麼發射子彈救命一樣。

　　但只要你讀了威廉老師這本新書，就能很清楚地知道，如何透過新知識、新力量、新方法，有效應用在你的事業上，以及你所有的目標上。所以，每個人都應該把這本好書，傳播給身邊每一個朋友，讓每個人都能運用新的武器，在全世界的商業戰爭裡面，得到新的結果、更好的結果、更快的結果、事半功倍的結果、以小博大的結果。

　　我是洪豪澤，鄭重推薦威廉老師的新書。

亞洲最貴的企業顧問
中國最權威的企業家導師　洪豪澤

推薦序*6*

打開潛能的開關，讓腦袋與口袋都亮起來

我與威廉老師相識多年，我們不只是商場上的合作夥伴，私底下也是相當要好的朋友，好到把我家借給他辦生日趴都沒關係；且我們都熱愛教育、啟發人的心智，幫助人們變得更好，差別只在於我從事的是快速記憶與腦力開發，而他教的是網路行銷與會議營銷。

每個人出生時，上天都賦予著我們一個最棒的禮物，那就是我們的大腦，只是沒有附帶一本大腦使用手冊。從小到大，學校的教育只教會了我們許多知識，卻沒有教會我們如何有效的使用、開發我們的腦袋，發揮最大的價值，可說是人類教育的一大遺憾。

同樣的，很多老闆、業務員們，手上也都有一個或多個很棒的產品等著銷售，就連求學、求偶的時候，我們也要懂得把「自己」成功推銷出去！只可惜學校的教育系統亦沒有教我們如何把好的產品賣得更好，這是人類教育的第二大遺憾。

所以我相信，只要透過有效的學習，人腦就可以像電燈開關一樣，按下去就亮起來；我亦相信不論業務員或企業主，也能擁有某個開關，按下去，業績就旺起來，而拜讀完本書，我發現開關就在裡面。

如果你想讓腦袋變得更聰明，找我就對了！但如果你想學習網路行銷，那找威廉就對了！我對他在這方面的功力相當有信心，就有如我教會人別人提升記憶力一樣有把握！

兩岸知名藝人暨暢銷書作家
快速記憶名師　陳俊生

網路行銷，縮短你與顧客的距離

　　常有人問我做生意的秘訣是什麼？答案很簡單，就是如何將商品與服務快速推銷出去，只要比別人快一步，你就會成功。

　　隨著電子商務的普及，快速消費已成為市場主流，業務的推廣模式已不再像從前，只能靠電話、寄信或親自拜訪而已；現今只要透過網路，就可以快速找到客戶並且成交。因此，若想在如此競爭激烈的市場中立於不敗之地，不論是大公司或個人，都一定要具備網路行銷的能力。

　　但網路行銷是一門精深學問，不僅牽涉許多技術跟工具，而且每隔一段時間就有新的花樣出現，怎麼學也學不完。所幸有這本書的問世，威廉老師幫讀者整理出網路行銷必懂的七大領域，從基本的關鍵字、SEO、臉書及 LINE 社群行銷，到最近快速竄起的直播商機……威廉以深入淺出的方式闡述核心概念，且不藏私地分享多年來的實作經驗，相信看完本書的讀者，都可以從中找到適合自己的行銷心法，創造百萬身價。

永誠諮詢顧問有限公司總經理　張述康

推薦序 8

網路行銷界的本草綱目

拜讀完威廉新書，我認為最精采的地方就是心法篇，威廉用獨創的觀點，將中國古老智慧應用到網路行銷上，且書中完整講解了目前熱門的網路行銷方法，透過實戰經驗，提醒著你要注意的事項，絕對不同以往的網路行銷書籍。我將網路行銷的策略分成兩類：「正面行銷」與「負面行銷」，有人會稱黑帽與白帽手法，但講難聽點就是有品跟沒品的方法。負面行銷就是會帶給別人負面觀感的行銷策略，例如在臉書上被好友強制拉入推銷社團，我們要再花時間去退出社團；正面行銷則是威廉所推崇的友善行銷，國外行銷大師 Frank Kern 稱之為 Goodwill Campaign（我翻譯成善意行銷），這種行銷方式不會惹人厭，因為它先提供價值，然後才對有興趣的人銷售。

身為同行，一般在接觸網路行銷策略與軟體時，難免會受到負面行銷的誘惑，因為負面行銷不僅效果快、成本低，而且量又大；但威廉很不一樣，他誠實地道出負面行銷的注意事項，提醒著我們行銷人取得這兩者平衡點的重要性。所以，像我個人的原則很簡單，凡事先求合法，然後才求遵守平台規定，最後盡量採用正面行銷的方式（我推薦的方式是透過付費廣告獲利），因為我認為這樣事業才能長久。我常開玩笑說，要當老師的人，就要有勇氣犯所有可能犯的錯，這樣教學生時，才能告誡學生哪些事情不該做，若從這觀點來看，我敢說威廉確實是位好老師。

最後，威廉書末有關於父母的文章，更提醒著我們為人父母、老師，身教會對小孩或學生有多麼長遠的影響！

超人行銷顧問公司執行長 　董正隆

推薦序 9

極其詳盡的網路行銷百科全書

　　威廉老師這本書，可說是網路行銷的「參考書」，網路行銷的各個層面，包括心法、工具、策略、應用、實戰案例，你都能在書中找到！

　　即便你是對網路行銷毫無概念的人，你也能看得懂本書，因為威廉老師用了許多生活中常見的例子，來解釋原本較艱澀難懂的概念，解說的淺顯易懂又相當仔細，連我看完都覺得：「這也太厲害、講的也太細了吧？！」

　　若你已經有網路行銷經驗，或是有透過網路來推廣你的產品或服務，那你仍可以透過這本書分享的心法、工具、策略，檢視和重塑你目前的事業！也能通過裡面分享的實戰案例，轉換套用到你的事業上，讓你的事業翻轉、甚至倍增！

　　而且書中分享的不僅是大方向，讓你可以宏觀的思考你的事業發展藍圖；裡面更有許多「實際操作」的部分，讓你可以圖文對照，直接實戰！大多的網路行銷書籍不是偏重理論、方向性，就是技術操作面的工具書，但威廉老師的這本書兩者兼具，這是非常難得的！

　　更棒的是，書中介紹的工具，不僅適用於台灣，甚至連大陸獨有的平台、工具都有不少著墨！期望你能熟讀本書，甚至把它放在身邊當做參考工具書使用，在操作網路行銷時，隨時翻閱、對照，相信你的事業一定能夠發展的更快、更好、更順遂！

　　　　暢銷書《一台筆電，年收百萬》作者　傅靖晏 Terry Fu

推薦序 *10*

正心誠意，修身鍛技

　　各位有緣閱覽此頁的讀者，大家好！我是黃柏霖，曾擔任正修科技大學校友會的總會長，也是威廉的學長，欣聞認識二十多年的學弟出書了，並邀請我為他寫篇推薦序，自然是樂意之至。

　　很多人都認為只有商人才需要學習網路行銷，事實上不只如此，像我本身一直有著從政、為民服務的心願，在許多年前第一次出來參選，坦白說並不是很順利，然後碰巧在一次校友的聚會當中，跟威廉久別重逢，關心一下他最近都在幹嘛，而這個可愛的學弟就跟我說他都在研究網路行銷，發明出了什麼樣的新招式，當時我就跟威廉說，不如把他對網路行銷的心得，拿來應用在幫學長經營網路個人品牌形象，威廉也很豪爽的答應了。

　　有了威廉的幫忙，後來的參選就變得非常順利，不止當選了高雄市市議員，而且每年都是高票獲選、持續連任，我想，這當中威廉所帶來的影響功不可沒！

　　細讀本書，我看到的不只是網路行銷的諸多技巧，讀到更多威廉偷偷埋藏在本書裡，想藉由本書傳達出去的意念；想要透過網路行銷成功，除了技術很重要外，更重要的是把心念擺正、至誠的去做每一件事情，並且修身養性，而這一切，正與我們的母校正修科大的精神遙遙呼應。

超越自我成功學創始人、黃正忠文教基金會執行長
正修科技大學校友會總會長、高雄市市議員　黃柏霖

不可思議的書，不可思議的人

　　威廉老師對我來說，是一位「不可思議」的好友和奇人。他不僅是網路行銷的講師，更是創造各種培訓課程的教育家，熱愛學習新事物、新資訊，將這些新知加以內化，運用在生活之中；並在此資訊爆炸的時代，懂得抓住每個機會、趨勢，創造出更多的機會，幫助周邊的人，與他們一同分享那不可思議。

　　本書便結合了他人生中所締造的諸多不可思議，讓眾人都能用他證實過的方式，成為有效率的「超級印刷機」，創造出百萬收入。其中傳授了各種精華及心法，將老子的道德經與現代相結合，加以闡述並強化網銷原則，告訴我們要學得不僅是行銷的辦法，更要將原則牢記於心，以此原則好好掌握及善用各種新的銷售方式。就好比我們人體的細胞一樣，本身並不會改變，會根據我們提供的養分，產生不一樣的進化或成長；而網路世界也是如此，一法貫穿全部。

　　書中有段話令我印象深刻，「以虛帶實，以實養虛」，在網銷這個虛幻的世界中，產生正確且務實的作用及影響後，又將這虛的元素，在現實中產生真正的影響力，讓整個網銷變成正面的商業循環，如同陰陽調和，一切回歸於「中庸之道」。所以，我們要賺更多的錢時，要懂得融入不同的智慧與心法，這樣才能隨時應用到各式不同的煉金術，始能成為豐盛之人。

　　這也讓我瞭解到，為什麼有些網路名人，無論他們在賣什麼東西，都會有一窩蜂的人去搶購；威廉老師在辦任何課程或活動時，也跟那群名人一樣，能輕鬆號召許多人，從裡面帶出更多的商機。原來，網銷看得不僅是技術，其中包含生活的智慧，去感動社會上各個層級的心理及感受。

　　本書也集結了各種行業的網路賺錢術，各行各業都可以用威廉老師教

的方式及工具，來因應趨勢的改變，不受景氣的影響，更突破原先的市場，創造更廣大的商機，走出屬於自己的藍海；還有「轉化」，威廉老師在書中將轉化的解釋得淋漓盡致，就好比一碗雞湯，不僅好喝，裡面的精華更是令人回味、垂涎。

威廉老師以活潑且生活化的方式，讓所有讀者（包括我），對網路行銷的世界不再陌生，對網上商品的買賣、業務的開發，都不再感到恐懼。威廉老師無私地將研究成果傳授給讀者，這是一般人畢生可能都買不到的經驗，但現在你卻可以透過此書知道。書中還有更多精彩的內容，在此無法一一向你分享我的心得，能向你說的只有：「這本書絕對值得一讀。」

我推薦威廉老師這本新書，裡面教得不僅是如何運用網路賺取財富，也告訴你如何在財富中，發揮更大的影響力，為這個社會做更多的貢獻和回饋。

全方位身心靈諮詢及教育顧問　雷格希 *Legacy*

推薦序 *12*

從行銷實戰入口，邁向行銷大師之路

　　與威廉認識十多年了，從網路崛起、泡沫、開啟、重生，一同在網路行銷界經歷著它的起起落落，能在網路行銷這條路上堅持下去的人真的不多；能不斷在實戰經驗中累積經驗、不停創新的人更是少之又少。

　　在我踏入網路行銷這些年來，輔導了數千家企業，很多企業從不重視網路行銷，到現今覺得十分重要、非學不可，這段路我們都一同經歷過。特別是威廉老師，他在這方面的貢獻良多，將許多網路行銷實務經驗，有系統地整理成簡單易懂的課程，並加上很多個人的創新思維，透過不斷嘗試、實驗證明這是有效的方法，讓大家能將網路行銷一探究竟，少去許多摸索的時間，建立正確的行銷觀念。

　　人人都想著月入百萬，而網路行銷確實能達成這個夢想，但我必須誠實說，找到一位不藏私的好老師，很難；而要找到認真教學、手把手帶著做的老師，更難。我兩年前也曾出版過一本書《這樣做網路行銷才賺錢》，當初也希望透過這本書，與大家分享多年的輔導經驗，讓那些有志之士能加以學習，但我必須承認自己真的很懶，不僅講課累，備課更是要費盡心思，這是我不比威廉之處。

　　好險威廉老師出版此書，將各種產生流量、建立名單、自動化行銷系統的心法、技法全都無私奉獻出來，絕無虛招。他就像金庸小說《倚天屠龍記》的男主角張無忌（威廉老師剛好也姓張），是武功最絕頂的高手之一，身兼「九陽神功」、「太極拳、劍」、「聖火令神功」、「乾坤大挪移」、「七傷拳」、「少林龍爪手」等蓋世武功。

　　如果你正在找尋網路行銷的武林秘笈，那這本書就是你在找的秘笈。

K 大俠　楊衍昕

推薦序 *13*

所有重點都在這，踏入網路行銷一本搞定！

　　威廉老師非常 Nice，樂於將所知分享給大家，任何事情與威廉老師討論，他都不吝嗇分享，且從各個角度切入分析。

　　這本書就好比威廉老師的縮影，集結他腦中所有網路行銷的重點精華，有了這本，就像是把威廉老師帶在身旁。如果你想在網路上行銷商品或創業，那這本書非常適合，絕對能在這本書上找到辦法；且現今行動裝置和網路這麼普及，即便沒產品，你也要在網路上曝光自己的知名度！

　　這幾年社群媒體蓬勃發展，台灣目前經營網路行銷的平台不外乎Google、FB 兩大平台，很多想踏入網銷的新手都會從這兩個入口進入。經營 FB 是越發困難，無論是觸及率或貼文的推廣度都不如以往，廣告費更是直線飆升，可是無論市場怎麼變動，我們總要有對應之策，所以，你不用糾結於經營 FB 流量，書中便提到許多製造流量的方法，對一籌莫展的你肯定大有助益，你會發現路其實可以走得很寬。

　　而在網路創業，最大的資本就是手中握有的名單，無論外部環境怎麼變化，手中的名單數量才是企業生存的命脈，本書也提到不少獲取名單的方法，每個步驟都精準到位，你所能累積到的名單數絕對難以想像。網路行銷有太多方法可以操作、可以玩，只要在前期努力扎根，中、後期就是行銷好玩的開始，邀請你一同感受網路行銷的有趣之處。

真愛橋創辦人

暢銷書《征服臉書》作者　　鄭至航 Stark

推薦序14

搶救貧窮大作戰

生意會不好，通常是產品問題、行銷問題，而要談行銷，便很難脫離網路行銷、社群行銷……等虛擬行銷。

網路行銷的主力目前分布在七大方向：搜尋引擎關鍵字行銷、FB社群行銷、Youtube影片行銷、LINE通訊行銷、部落格內容行銷、電子報簡訊的聯盟行銷、直播網紅行銷。而在我拜讀本書的時候，發現本書用各種簡而易懂的說明與案例，呈現給讀者這七大方向，堪稱是網路行銷知識的大補帖。

日本曾有個電視節目，叫〈搶救貧窮大作戰〉，相信很多朋友有看過，每一集節目的任務都一樣，找一家生意差的店家，透過專業顧問的指導，讓這間店在極短的時間內，找到問題、解決問題，進而翻轉生意，讓生意變得很好。

而要讓生意變好，只要商品競爭力沒問題，通常都是行銷出了問題，而威廉老師在本書中，特別針對金融保險、組織行銷、房仲、網拍、教育，這些以業務銷售為主的行業，其中帶點勵志、都有想要擺脫貧窮，翻轉人生的味道；而我認識的威廉老師也是如此，而且包括我個人，過去也是以網路行銷為基礎，從網路找客、成交、賺到錢、進而擺脫貧窮，翻轉人生。

因此我相信很多有決心翻轉人生的朋友，都能在本書中，找到許多方法，相信一定會如同書裡所言，利用網路，就能創造你的百萬收入。先預祝本書大賣，為更多人提供更多的服務，創造更大的財富價值。

創業顧問、天使投資人、暢銷書作家　鄭錦聰

作者序

窮人翻身的彈跳板，富人更富的聚寶盆

你玩過「超級瑪莉歐」這款遊戲嗎？筆者小時候很愛玩電動，特別是超級瑪莉歐，這款遊戲陪伴我度過不少時間。有時候玩到某個關卡，瑪莉歐前面會出現一個巨大的障礙物，這個障礙物通常是一道高牆，高度遠超過瑪莉歐的跳躍能力，不管你怎麼使勁按搖桿上的跳躍鍵，都跳不過去。

不曉得你的人生中是否也有發生過遊戲裡這種情況？有道無形的高牆出現，阻礙你通往美好生活，或擋住你通往目標的那條康莊大道，你也很努力想突破，但就是躍不過那道牆呢？在遊戲裡，瑪莉歐只要找到一個工具「彈跳板」，他就能借助它的彈力，躍過原本無法跨越的障礙；而現實生活中，網路就好比瑪莉歐那塊彈跳板，能幫助窮人翻身，不用再過著貧窮的生活，因為我就是這樣走過來的。

筆者現在跟你說，你可能不太相信，但威廉過去的生活其實很困苦，當時因為某些原因，身上扛了百萬負債，為了讓家人有飯可以吃，我試過很多種工作，曾當過工人、送貨的司機小弟，也做過一般的基層上班族，但你知道威廉最後是靠什麼還清債務、翻身成功的嗎？

答案就是靠網路，網路就是我的彈跳板

可即便我將債務清償，筆者也沒有因此一帆風順，承蒙上天厚愛，那次僅是一個短暫的成功，之後祂又給我許多考驗，讓我去歷練、成長，所以我不只一次跌落至人生谷底，但我也很爭氣地一次次從谷底爬起來，整過人生很像聖鬥士星矢裡的不死鳥「一輝」。

而每次讓我爬回來的關鍵也都是靠「網路」，因此，不經意拿起本書閱讀，跟我有緣的朋友啊，我不知道你的人生過得如何，但如果你現在正

好遇到些許挫折，就像玩遊戲遇到卡關，我希望你能相信威廉說的，威廉以一個過來人的身分向你分享經驗，網路真的很有可能是你最好的翻身之路，因為它進入的門檻很低，甚至可以不用投入任何資金，就為自己賺錢；而且它的需求非常彈性，即便你的時間很零碎，每天忙得昏天暗地，也能透過網路賺取財富。

自從筆者自己出來授課、出書教人，在某些人眼裡，我好像變成一個了不起的大人物，但其實並沒有，我跟各位一樣是個平凡人，只是一個渺小的存在，但即便我很渺小，我也敢擁有一個大大的夢想，更加以實現。所以，我希望自己能將所學、所悟、所歷練，都分享給那些卡關的人，給他們指引、希望，就好像遊戲有攻略一樣，讓大家少走一些冤枉路，少跌一些坑，擁有更多的時間及自由，可以做自己想做的事情，不管是陪家人、愛人或是陪自己都好。

但如果正在閱讀此書的你並不貧窮，甚至算是小康、富有，那就更好了，因為網路絕對能幫助你變得更富有，就比一個聚寶盆，能讓你周遭有更多的好事情發生，例如好的客戶、商機、人才，通通都來到你的身邊。

你可能會想問，都已經很有錢了，幹嘛還幫他更有錢？筆者是這麼認為的，一個富有的人，如果心念正直且善良，我幫助他變得更有錢，那他不就更有力量，能做更多的善事，並且削減「惡」的力量嗎？世上流通的金錢總量都有加以控制，如果富人更富，那壞人的黑錢勢必會少許多。

再來也就是吸引力法則，雖然筆者無法拿出科學報告向你佐證，但我相信符合某頻率事物必會互相吸引，就好比萬有引力和磁力一樣；且我也深信，宇宙萬物之中，所有事情的發生都有它的原因，絕不會平白無故就隨便發生。

所以，根據上面的理論，我們可以推理出一件事情，那就是此刻正在閱讀本書的你，並非平白無故翻閱這本書，一定是有某種理由將你「吸引」

過來，抑或是你腦中浮現某個念頭，把這本書「吸」到你的面前。我相信你是個心念正直且善良的人；我也相信你是一直努力，卻沒有方法，不知道如何翻身的人；要不你就是一名富人，但你值得擁有更多的財務⋯⋯那我為什麼敢這麼說？難道威廉有心電感應的能力嗎？很簡單，因為我自己就是這樣的人，我們有著相同的頻率，所以才會互相吸引。

我們可能素昧平生，但本書裡滿滿都是我的心血、知識、技術，所以我相信只要你繼續閱讀下去，你會感覺威廉就是你的老朋友，以幽默風趣又溫暖的話語，與你分享著我的故事；也像一名熱情的領隊，引領你一同乘著彈跳板，躍上心中的夢想。是的，透過這本書我們已然相見。希望每當你打開這本書，此書都能帶給你一些力量、勇氣，使你成為更好的自己，而當你越發的好，你也會像我一樣，去幫助更多人。

最後，出書並不是件容易的事，能夠出版本書，我得感謝采舍集團的董事長，同時也是我商場的前輩、生命的貴人——王晴天博士，感謝他的大力支持，這本書才得以問世，讓威廉有機會將腦中的觀念、知識，分享給大家。

讓我們一同上路，勇者們！

威廉
於台北板橋的家

打開網銷藏寶箱的五把鑰匙

Part II

善用工具，讓你的收入倍增式成長

馬上用，實現瀟灑快樂人生

Afterword 後 記

打開網銷藏寶箱的
五把鑰匙

Guide of Internet
Marketing

The Greatest Book
for Getting Rich

1 到底什麼是網路行銷？

　　常有人問我：「網路行銷到底是什麼？」畢竟網路行銷這個詞對大部分的人來說，好像常聽到，但又似懂非懂，不知道那究竟是做什麼的。

　　為了讓大家對網路行銷有更進一步的認識，我這邊有兩個答案可以為讀者解釋，分為簡單版和複雜版，複雜版雖然艱澀，但相對也較全面。

　　簡單來說，網路行銷就是……

舉凡能透過網路把東西賣掉的手段，都算是網路行銷

　　但若想更深入、全面地探討網路行銷，我們就要先理解「**東西賣掉**」是什麼意思。其實，並非真的要有一個實體商品，產生收入的交易行為，才是所謂的把「**東西賣掉**」和操作網路行銷。

　　舉例來說，一名單身的宅男，他想透過網路讓自己脫離單身（又簡稱脫單），於是到一個交友網站上註冊（例如愛情公寓或世紀佳緣），很用心地寫自我介紹，還又另外寫了一封信，寄給他在網站上看到，覺得不錯的對象，最後成功交到女朋友；像這樣就算是「**把東西賣掉**」，而且筆者對這件事情還頗有心得，威廉有好幾任女朋友就是透過網路追到的，所以，學會網路行銷實在好處多多呀！

　　如果有位充滿抱負的年輕人，他想透過從政，來實現自己想為民服務的心願，於是他架設部落格（Blog），經營自己的個人品牌，並積極

寫 E-mail 給所有認識的人，借此來鞏固情誼與信任感，讓他得以高票當選，那這算不算網路行銷？也算。

又好比，有名熱血青年，他想在偏遠地區蓋一座醫院，改善當地醫療環境，所以他透過眾籌平台向群眾募資，順利募集到一大筆資金，讓醫院得以落成，使該地區有更完善的醫療資源，這又算不算是網路行銷呢？當然也算！

可見，網路行銷的應用範圍是非常廣大的！不論你是否有實質的產品、服務需要賣掉，或是想從政、做公益、傳福音，甚至還沒想到要賣什麼，手上也沒有任何產品或服務，單純想先「**賣你自己**」，成為網路紅人也行（又稱網紅），這些都可以透過網路行銷。

你可能會想，沒有產品或服務可賣，只單純賣自己、成為一名網紅，這樣真的有辦法賺到錢嗎？當然可以！而且方法還很多，解釋如下……

1 賺廣告費

當你成為網路紅人，不管是在部落格、FB、IG，還是 YouTube（像谷阿莫那樣）曝光，都會有很多人在網上追蹤你所發表的東西，這時候你只要在自己的平台上找一些廣告來放，就能賺取可觀的廣告收益，像 Google 有推出廣告伙伴計畫，叫做 AdSense，提供那些有經營網站、部落格或平台的人賺取廣告費。筆者就有位朋友，他不過是利用本業閒暇的時間，抽空經營 AdSense，一年就替自己多創造了兩百萬以上的收入；當然 AdSense 只是其中一種方式，後面章節我會再做介紹。

 **賺直播費**

有些直播平台，若網紅在上面直播，平台會給予一些報酬，如果網紅條件不錯的話，直播平台甚至願意保障底薪，並提供優渥的獎金來留住他們。像中國大陸**有些人氣比較高的網紅，甚至月入 50 萬人民幣，各個平台都想搶人呢。**

如果你對「成為網紅」有興趣，可以連結下方網址，筆者有成立一間網紅經紀公司，網站上有許多關於網紅的資訊可以參考。

www.netredbroker.com

 創造更多機會

如果你是某領域的專業工作者，例如專業的 HR（Human Resource，人力資源）或某領域的技術人員，平時可以試著用網路經營個人品牌，這樣當你有一天想轉換跑道的時候，會比別人更容易找到好工作，因為現在有許多企業徵人，不再只看履歷表，他們會上不同的平台搜尋（例如 Google、FB），透過不同的管道了解你。

倘若該公司在評估是否雇用你的時候，能在網路上找到很多你的相關資料，且絕大多數又都是正面的評價，他們對你的好感會因此增加，相對較有可能雇用你，甚至成為你的金主，協助你創業！

看到這裡，相信你對網路行銷已有了初步的認識，但又覺得似懂非懂對嗎？如果有這種感覺，那就對了！現在，你是不是很想趕快知道，到底要如何用網路來產生收入呢？有沒有什麼最直接可行，而且是平凡百姓都適用的辦法呢？

別擔心，下一節我會把自己研究網路產生收入的心得，濃縮、簡化成一張非常簡單的邏輯圖，這可花了我十五年以上的時間專研。那這張圖簡單到什麼程度呢？

★ 即使是小學生，只要邊看邊畫，一分鐘就可以完成。

★ 只要花十分鐘聽懂、理解這張圖，從此一輩子不會忘。

★ 這張圖的原理，不只可以用在網路行銷，其他生意也都適用！

據我所知，有很多的網銷老師都會把網路行銷搞得很複雜，導致有些初心者在學習網路行銷的時候，會因為挫折而產生自卑感，懷疑自己是不是太笨？怎麼都聽不懂、學不會。但其實不是你笨，是專家都喜歡把事情搞得太複雜，複雜到你聽不懂，進而覺得他們很厲害！但筆者就不一樣了，**威廉覺得真正厲害的大師，是能把很複雜的東西，解釋得很簡單的人，且大家都能聽懂，這才是真正的專家！**你說對嗎？

好，威廉就來獨家揭露這個所有網銷大師都在用，但鮮少有人透露的創造收入的秘密方程式吧！

2 一張圖，秒懂網銷創富四象陣

　　筆者發現一個奇妙的現象，有很多人都聽說過網路行銷，上過網路行銷的課程，也買過網路行銷的書籍，卻始終搞不大明白，網路行銷到底是怎麼賺錢的；很多業界的老師，又講解得太複雜、高深莫測，無怪乎有句話是這樣說的：「所謂的專家就是專門搞量大家。」

　　為了幫助大家在最短的時間內理解如何透過網銷賺錢、創造財富，威廉把自己研究網路行銷十多年的心得濃縮成一張圖，只要學會這張圖，你就能弄懂網銷創富的概念。

　　可以的話，我希望你準備一張白紙，並配合著我的解說在紙上操作，一同將圖畫下來，這樣你就眼到、心到、手到，永遠都不會忘記囉！

　　首先，請在紙張右上角，畫出一個長方形（長寬的比例請自訂，那不是重點），然後在長方形內寫上「收入」兩個字，如下圖。

　　接著，我們一起思考一下，假如收入是我們所要的結果，那要怎麼做才能產生收入呢？答案是產生收入前，先產生「轉化」，若還不清楚轉化

是什麼，你可以先用「成交」來理解。以網路世界來說，每當一名新訪客來到一個網站，他點選商品、放入購物車、結帳……這類的選項時，即認定這個人被成交了；在實體世界，成交也無時無刻在發生，你走進一間店或遇到一名業務員向你推銷東西，不論他推銷房子、車子還是保險，只要你同意購買，成交便發生了。

成交就是轉化的一種，但不是成交才算成功轉化，還有很多其它的行為，也都可以認定為轉化，後面的章節有更詳細的介紹，在這裡，我們就先簡單理解就好。接下來，請在紙的左上角，畫個跟剛剛一樣的方框，寫上「轉化」二字，然後再畫一個從左至右的箭頭，向左延伸至「收入」，如下圖。

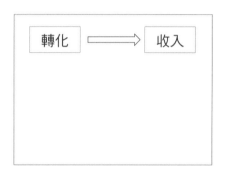

好，那理解完轉化後，我們來思考一下，轉化究竟是如何發生的？轉化要能被發生，得有個先決條件，就是**流量要先被創造出來**，那流量又是什麼呢？這樣解釋好了，假設你開了一間咖啡店，請一名工讀生拿著開幕DM 到街上發，然後你待在店裡顧店，不料一天下來竟沒半個客人上門，等晚上準備打烊了，工讀生才回到店裡。

你問他今天去哪裡發傳單了，他說自己在某個小巷子（離大馬路很遙遠，隔了幾條街的那種小巷，而且還是條暗巷！）裡發傳單，你接著問他

為什麼要到小巷子發傳單？工讀生囁囁嚅嚅地說：「因為今天太陽很大，怕被曬黑。」你聽完差點沒氣量，恨不得馬上把這蠢才炒了，怎麼會有人跑到暗巷裡發傳單呢？發傳單，自然是要到有人潮的地方才對啊？講到這你有沒有發現，其實你已經搞懂什麼是流量了？對！人潮就是一種流量，稱為「人流量」，既然你想要轉化，就得有人讓你「轉」啊！

　　至於如何在現實與網路世界上，產生源源不絕的人潮，並帶到實體店面或網路賣場、官網、部落格……等等的學問與技術，我們把它概括統稱為流量學，後面章節筆者會再探討，先繼續把圖片完成吧，相信你已經知道流量要畫哪了，還不確定的人可以參考下圖。

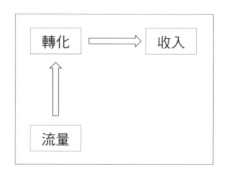

　　再來，我們要思考一個重要的問題，流量到底是怎麼產生的呢？誠然流量產生的方法有很多，但我先討論最有主導權的方式——名單。什麼是名單呢？我們沿用剛剛咖啡店的例子，假設你覺得咖啡店的生意不夠好，想辦個活動來促銷，於是你發簡訊給過往認識的朋友，只要明天到店裡消費，咖啡一律買一送一，當你將簡訊群發出去之後，隔天店裡生意果然變得很好、門庭若市，這就是透過名單創造流量的一種應用方式。

　　當然，發簡訊是比較燒錢的方式，用 E-mail、LINE@、微信公眾號、FB 機器人……這些比較便宜、較省錢。但前提是你已建立好這些名

單，而這些名單的來源最好是你原本的老顧客，且不論是有消費的客戶，還是沒花錢，只是來體驗產品與服務的顧客（例如試吃或試做），你也要努力蒐集他們的聯繫方式，建立自己的名單冊。

　　現在有很多餐廳都會在餐桌或結帳台放立牌，上面印著店家的 LINE@，讓客人掃描 QRcode 就是一樣的道理。那沿著以上思路，我們可以再整理出以下的圖。

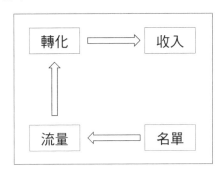

　　接著，我們要思考一個問題，名單怎麼來？答案很簡單，花錢就可以！還記得最一開始讓大家畫的「收入」嗎？沒錯，當我們產生錢之後，就可以用錢去買名單，或舉辦活動創造更多名單，然後再用名單來產生收入；如此循環、生生不息，一直創造財富。好，我們再把圖畫得更完整一些，如下圖。

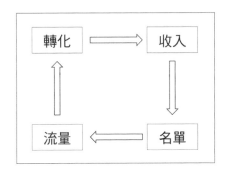

　　而每一次的轉化，除了產生收入外，還會產生另一個東西，也就是名單。舉例來說，你經營一個網站或拍賣的賣場，只要有人在你的網站下單，你除了賺到錢之外，還能賺到什麼？沒錯！就是賺到客戶資料。

　　當然，如果你是做實體生意，每當有人到你的店裡光顧，或是面對面推銷，也請記得用盡心機，想辦法拐客戶留下資料（加一下 LINE@ 或掃一下微信公眾號），這樣你之後才能利用這些名單，再創造新一波流量。好，再更新一下四象陣的圖，如下。

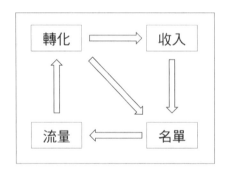

　　最後，我們再來思考一個問題，那就是收入除了可以買名單外，還可以拿來買什麼？如果你馬上在腦中浮現答案，那你非常聰明喔，答案就是……收入還可以直接用來買流量！不知道你有沒有印象逛 FB 的時候，滑著滑著就會出現廣告呢？這就是有人花錢買了廣告，然後廣告剛好命中的結果，至於如何花錢買流量，後面章節會討論，這裡就先不詳述了。

　　好，我們接著把網銷創富四象陣進化到最終型態，請參考下圖。

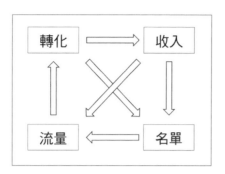

　　以上，就是網銷創富四象陣，有沒有很簡單呢？掌握這個觀念，就好比有了一個完整的骨架，你之後所學的每個知識與技巧，就可以像填入血肉一樣，都填入這個框架內，最後你的收入系統就建立起來啦。

　　好，瞭解完網銷創富四象陣後，就讓我們繼續航向偉大的航道，在網銷世界尋寶吧！

3 網銷藏寶箱 Key 1 ——轉化

原來煉金術真的存在

在上一章〈網銷創富四象陣〉我們談到創造收入，首先要先發生轉化，所以現在就來教大家轉化學，只要熟練這門技巧，就有如掌握傳說中的煉金術。先來看看我對轉化下的定義吧，我同樣分為狹義與廣義兩個解答，而狹義的定義是……

當訪客在網路或實體的某個平台上接觸到某些訊息，進而採取特定且具體的行動，且在行動之後，訪客的資訊有可能因此被記錄下來，其身分也可能因此在該平台產生某種變化。

舉例來說，當陌生訪客在網路上逛一間購物網站，他瀏覽完上面的商品後，感覺都還不錯，但暫時還沒有決定要買些什麼，所以他先訂閱電子報，日後再來慢慢看要買什麼東西。過幾天後，他打開 E-mail 信箱收信，發現該網站寄了封促銷信，於是他打開來看，而這個開信的行為其實便是一次轉化，然後在信中看到某件商品還不錯，點了信件中的連結，連到購物網站並買下它，這又是一次轉化。

接著，我們再來談談廣義的部分，廣義的轉化就是……

讓個體在某些原因的驅使或刺激下，從原本的狀態，變化到

另一種狀態。而轉化的過程中，有可能伴隨產生一些可被記錄的軌跡資料，且創造出經濟價值，但這部分不一定會發生。

舉例來說，你在西門町逛街，經過一間飲料店，這間店的促銷人員上前和你搭話，請你試喝看看他們新推出的飲料，喝完後你覺得還蠻好喝的，於是決定外帶一杯；這時候就發生了一次轉化，你從原本的潛在消費者，變成真正購買產品的客戶。買的過程中，店家又問你要不要辦張會員卡，以後買飲料都可以打九折，特殊節日還享有半價優惠，你聽一聽覺得很不錯，便加入他們的會員，這時候又發生一次轉化。

上面這種情況是屬於顯性，能觀察到的轉化，但有些轉化並沒有那麼明顯。舉例來說，在《星際大戰》電影中，西斯大帝以黑暗原力能救活安納金的太太為魚餌，引誘安納金加入陣營，成為他的部下，幫他去做一些壞事，於是安納金的內心便漸漸從正直轉為黑暗，從好人變成壞人；這也是一種轉化，但不易被察覺。

在我們的生活中，轉化無所不在，只要你帶著寫輪眼去觀察這個世界……咦？不對，我怎麼扯到漫畫去了，寫輪眼在現實中是不存在的。應該是帶著一雙敏銳的眼睛觀察世界，你會發現在我們周遭，不論是生活還是工作，轉化無時無刻都在發生，好比說……

★ 當男生跟女生求婚，女生說出：「YES, I do.」是一種轉化；

★ 你覺得臉書上有個粉絲專頁不錯，按了一個讚，也是一種轉化；

★ 你在 YouTube 上看到某人發表的影片，覺得拍得很用心、很搞笑，而按了訂閱，還是轉化；

★ 甚至連蝌蚪長出腳變成青蛙；毛毛蟲破蛹變成蝴蝶，這都算轉化。

　　有時候，為了讓轉化發生，引導的過程還可能特別設計過，被拆解成多個步驟，以網路行銷來說，如果一名網路行銷老師最終目的是要賣出一個高價位的服務，例如一年 50 萬的一對一諮詢，那他可能會先準備一個贈品作為魚餌，而這魚餌可以是一部教學影片、一場研討會或一份電子書，且魚餌的主題必須是對網路行銷有興趣的族群會想知道的資訊，好比說如何透過網路行銷，讓客戶主動敲你的門，接著設計一個名單蒐集頁，透過一些方式創造流量，引導更多的訪客瀏覽這個頁面，那這些訪客就會有一部分的人為了索取贈品，而留下聯繫資料。

　　然後，你可以再針對這些留下資料的人，持續發送有價值的訊息來建立信任感，一段時間後，可以進行比較低金額商品的促銷，例如低價位的課程或網路行銷的軟體；接著再從購買低價位產品的客戶中，去促銷中價位的產品，然後賣高價位的產品給購買中價位產品的客戶，以此類推；最後，再針對這些已購買高價位產品的客戶，促銷超高價位的產品，也就是一開始想賣的「一對一顧問服務」。

　　上述的例子是屬於狹義的轉化，也是比較顯性的轉化，接下來我要講一個廣義、漸進式，而且是非顯性的轉化，不過這個案例有一點黑暗，是筆者從某本書上看到的，那本書並不是一本討論網路行銷的書，卻很傳神地闡述了轉化是如何發生的。

　　故事是這樣的，有一家酒店（有小姐會坐檯的那種）的生意非常好，很多富商都喜歡到這兒消費，因為這裡的小姐氣質都非常好，而且清一色都是高學歷畢業，跟一般風塵味很重的酒店小姐完全不一樣。

有一次書的作者就很好奇地問酒店老闆：「你怎麼有辦法找到這麼多高學歷、氣質又好的女生到你的店裡當小姐呢？」

老闆神秘地沖著他一笑，說道：「其實我們這些小姐，一開始都不是應徵坐檯小姐，而是應徵行政人員，例如會計助理這類的行政工作。」

「咦，你說她們都是來應徵行政人員的，那怎麼後來全變成坐檯小姐了呢？」作者繼續問道。

酒店老闆喝了口茶繼續說：「別急，其實這一切都是安排好的……」接著某一天，就那麼剛好有位服務生身體不舒服，臨時請假，這時候公司人手不足，需要端盤子、送酒水的人手，老闆就去跟會計說：「公司人手不足，妳願不願意幫忙，當一下外場工作人員，工作內容很簡單，就是幫忙端個盤子、送送酒水跟小菜到包廂，假如妳願意的話，幫忙外場的工資我還額外多給妳一些。」

這時候既然老闆都開口了，也領人家薪水，公司有難，能不幫忙嗎？當然就只好答應了（偶爾也會遇到不答應的人，但那種很快就會被資遣了），類似的事情發生了幾次之後，這個女生就會想，其實端盤子也沒什麼不好呀，反正就只是送個酒水，挺輕鬆的，不但工資較高，偶爾還能拿到小費，不像做帳要費很多腦筋，領的又是死薪水。

端幾次盤子後，跟常客熟絡了，有時候客人還會請她喝酒，一開始可能會婉拒，但婉拒幾次之後也不好意思了，加上客人可能會編一些很瞎的理由，例如我今天生日啦……這一類的，但那天到底是不是他的生日也沒人知道，反正那根本不重要，重要的是哄這位女生喝酒。而喝了酒之後，其實也沒發生什麼事，客人覺得開心便給了很多的小費，這個女生也很開心，沒想到只是送酒水進去，跟著喝一小口，就拿到好多小費。

接下來，故事情節就變成原本端過去是站著喝的，哄著哄著就坐著喝了，因為坐著喝比站著拿的小費更多。而發生了這樣的轉化後，就索性不當會計了，正式轉職當坐檯小姐，並在心中安慰自己，沒事的，只是陪客人喝喝酒、唱唱歌，又沒有賣身。

但坐檯個幾次，總會有一次沒把關好，不小心就喝醉了，醒來才發現被客人帶出場還失了身，傷心難過一頓之後，覺得既然發生了，乾脆徹底投入這份工作，多賺點錢好了，反正都在同一棟建築物上班，有誰能分清楚妳是當會計還是小姐呢？這就是高學歷、有氣質的坐檯小姐的由來。

我剛聽完這個故事的時候，覺得有點不寒而慄，因為在精心操弄下，竟可以讓一個人產生這麼大的轉變**註**，但如果我們不去看這個故事的陰暗面，也可以想——只要我們精通轉化技巧，就可以透過這門技術，讓許多好的事情發生，好比刀本身並沒有好壞，它可以是一把殺人的刀，也可以是醫生用來救人的手術刀。

非顯性的轉化，除了我說的案例之外，網路行銷其實也有非顯性的轉化，舉例：假如粉絲對一件事物熱衷的程度，可以量化分級的話，那我們把它分為 0 到 10 級。0 級就是所謂的僵屍粉，對你的品牌心如槁灰，你發布的任何訊息，基本上都不會去看或壓根看不到，因為他已經把你的訊息歸類為垃圾信，自動分類至垃圾信件匣中，甚至是把你封鎖、拉黑、解除好友關係、取消訂閱，這些全都稱為 0 級粉絲；而 10 級則是所謂的鐵粉（鐵桿粉絲，對你的品牌最忠誠的人），不論你發布什麼訊息，他都會關注，而且經常採取實質的購買行為，來支持你的品牌，甚至為你宣傳商

註 如果有時間的話，你可以去看一部電影《紅雀》，講述著如何透過精心設計的轉化流程，讓女主角從一名首席芭蕾舞者，變成頂尖特務。

品或企業品牌。像威廉自己是羅技（Logitech）的粉絲，三不五時就會跟周遭朋友推薦羅技的產品。

我們所做的每一行為，都會誘發粉絲產生粉絲級別的轉化，舉例，原本有一群粉絲，他們在網路看到訊息而訂閱電子報，他們的層級大約落在2 至 3 級，而當你今天辦了一場聚會，邀請他們來參加，這些粉絲就很有可能在這場活動中升級。但這樣的升級並不是顯性的，畢竟他們頭頂不會自動跳出升級訊息，那在 RPG（角色扮演遊戲，Role-playing game）才會出現，可是他們的內在確實升級了，而且會反應在日後的消費行為上，只要你有辦法去追蹤，絕對能證實我說的是真的。

轉化，幾乎可以應用在任何事物上，把仇人變成盟友、把垃圾變成黃金，古往今來所有豐功偉業的人，都是精通轉化之術的大師（Master），所以，若你想靠網路行銷，創造無限金流，就一定要認真學習轉化。

接下來，我會分享更多轉化的技巧、知識與原則，讓你知道如何使客戶像被催眠，一步步按照你的期望產生轉化；現在就一起挖掘出這些跟金礦一樣寶貴的智慧吧。

讓轉化發生的兩隻推手：魚餌&觸媒

現在我們來討論轉化的進階技巧、知識與原則，只要你掌握這些技巧，就能幫助自己在操作網路行銷、創造金流時，更得心應手。

首先，要帶你認識的第一個名詞是「**轉化率**」，指一群流量來到某個地方，會發生轉化的比率有多高。假設今天我們設定的轉化目標 A 為訂閱電子報，有 100 位訪客造訪某購物網站，而這 100 名訪客中有 15 人

訂閱電子報，那我們就可以認定轉化目標 A 的轉化率為 15％；接著，我們再假設這個網站還有另一個轉化目標，我們將它稱為轉化目標 B，其認定是以**產生購物行為**為標準，如果今天這 100 名訪客當中，有 2 人產生購買行為，我們就可以認定轉化目標 B 的轉化率為 2％。

轉化率的觀測與分析是很重要的，它跟我們評估網站或平台息息相關，像行銷策略是否奏效，是否增加或縮編廣告預算……等，都需要透過轉化率來綜合評量。而在觀測轉化率的過程中，我們還要特別留意一件事情，那就是不同的流量來源，我們必須分別去觀測它的轉化率。

舉例，若今天網站來了 100 位訪客，其中有 5 位訪客成為購買的顧客，而這段期間你正好有宣傳打廣告，花了一定金額的廣告費，這時候你能直接認定這 5 個轉化數量，全來自廣告嗎？當然不能！這 5 個轉化數量，只是從這 100 名訪客中產生，但這些流量來源可能都不同，包含了關鍵字廣告、FB 廣告，還有老顧客回訪……等等。

所以，如果把所有的轉化數量都列為廣告所產生的結果，可能會讓你高估廣告的效果，傻傻地持續追加廣告費。那要如何計算不同流量來源的轉化數量呢？其實有兩種方式，我個別講解如下。

第一種方式，透過不同平台的轉化計數器，只要將它設定好，就能分析出不同流量來源所產生的轉化率有多少，像 GA（Google Analytics）、Google Adwords、Bing，甚至連 FB 廣告，都有一套自己的機制，可以分析流量來源有多少轉化數量。

另一種方式，就是把不同的流量來源，引導去不同的轉化網址，這可以應用到我們前面提到的聯盟行銷，把不同的流量來源都視為不同的夥伴，賦予它獨立的宣傳網址，並搭配 Google 縮址，這樣就能判斷出個別

流量及轉化結果的數量，精準推算出個別流量來源的轉化率。

　　既然講到了轉化率，那我們就不得不提另外一個相當重要的名詞 ROI（投資報酬率，Return On Investment），你花了多少廣告成本（分母），然後能回收多少比例的錢（分子），這就叫做 ROI。至於回收多少錢的這個「錢」（分子）要用什麼去認定？其實這個一直有些爭議，因為我看過別的網路行銷課程或網路行銷服務供應商，他們在談論 ROI 時，認定的分子通常是以營業額為基礎來做計算。但從威廉實際操作電商的經驗來看，我認為用營業額來認定分子是一種錯誤的迷思，我只要舉個例子，你就明白我說的問題出在哪裡了……

　　小明在網路上賣海鮮，他花了 5 萬元的關鍵字廣告預算，做出 10 萬元的營業額，這時候關鍵字廣告服務商告訴他，雖然你花 5 萬元，但之後回收了 10 萬元，所以 ROI 是 100,000 / 50,000=200％，這是一件好事，值得再加碼，繼續投入廣告費。

　　但這樣的說法正確嗎？不盡然，因為 10 萬元的營業額，跟賺 10 萬元完全是兩回事，每個行業都在想辦法提供產品或服務賣給客人，所以背後一定有所謂的成本。舉例來說，海鮮電商要想賣海鮮，他就必須跟海鮮供應商進貨，且每筆訂單都伴隨著運費、金流代收手續費、包裝耗材的成本，更不用說每筆訂單會產生人工作業的隱性成本，你必須扣除這些，才是所謂的毛利。因此，那 10 萬營業額扣掉成本，賺到的毛利可能只有 25％，也就是 25,000 元，那花 5 萬元產生了 25,000 元的利潤，這 ROI 要算多少呢？很簡單，答案是 50％。

　　我們再思考另一個問題，如果你做一門生意，透過廣告做宣傳，花了 5 萬元的廣告費，卻只能賺 25,000 元的毛利，請問這樣的廣告費，你還

要不要繼續花下去？

　　用一般人的角度思考，一定會說：「當然不要花啊，否則不是一直在賠錢嗎？」但我跟你說，這個問題的答案其實是：「不一定，視情況而論。」為什麼會說不一定呢？因為這要看你的產品屬性，以及你的商品數量是否足夠、是否可被追售。如果你的產品是不太會重複消費的商品，買了一次之後，下次要再消費，可能是很久以後的事了，而且你可能只有單一商品或寥寥少數的產品，客戶跟你購買後，這次廣告費所能帶來的經濟價值，可能就此了結。

　　以我自己舉例好了，威廉有創立一家教育訓練公司，開設了各式各樣的課程，假如我一樣是花 5 萬元的廣告費，帶來 10 萬元的營業額與 25,000 元的毛利，短期來看可能是虧錢的，但這些客戶通常都會繼續購買其它的課程，所以長遠來看，我其實是賺錢。

　　認識 ROI 之後，它還有一個延伸的觀念，就是「**每單位轉化價值**」，也就是在你的平台上，某個轉化目標，每次的轉化可以帶來多少錢。舉例來說，你在網路上賣菜刀，定價一把 1,650 元，每賣出一把菜刀，你可以賺得 500 元的毛利，那這 500 元就是所謂的每單位轉化價值。

　　好，講完 ROI 之後，我們接著談「**曝光量**」。在創造流量的過程中，消費者可能會因為你的廣告，而採取行動、被轉化，或不採取行動、沒被轉化，但不管是否有被轉化，都有一件事情發生，那就是──**曝光**。

　　不知道你有沒有印象，當你輸入某關鍵字到搜尋引擎查找時，旁邊會自動跑出一些相關的廣告？雖然你沒有去點擊那些廣告，但它依然在你眼前「曝光」了；類似的概念還有很多，當你在滑手機看 FB 的時候，有時

會出現廣告，就算你沒有去點廣告內容，它仍算一次「曝光」；甚至連陌生好友發送 LINE 訊息給你，你已讀不回，這也是一種「曝光」。

解釋完曝光後，我們接著再解釋「**點擊**」。當廣告訊息曝光之後，可能會發生因為看到廣告訊息，而點進去看詳細內容，這樣的行為就稱為點擊（Click）；點擊可以算是一種較小、較輕微的轉化，但在傳統的網路行銷定義上，通常不會把點擊認定為轉化，因為點擊沒有較顯性的身分轉化與可被追蹤的資料留存。

認識完曝光、點擊後，我們繼續來認識下一個名詞「**點擊率**」，將現有的曝光量當作分母，點擊量視為分子，這樣推算出來的比率就是點擊率。舉例來說，當你看到廣告報表上寫著，你的某一則廣告，有 1 萬人的曝光量，但實際點擊那則廣告，想看詳細內容，成功引導至指定頁面的人，可能只有 500 位，這個時候我們就可以認定點擊率為 5%。

有一種行為跟點擊率很類似，但通常不會把它叫做點擊率，我們稱為「**開信率**」，也就是當我們群發了一封 E-mail 之後，有多少人把這封信「點」開來看，不過，要知道開信率有多少，前提是你必須使用可以統計開信率的系統發信。像筆者有用一套軟體叫借力酷，它不只可以用來操作聯盟行銷，還可以作為發信工具，統計開信數量，替你計算出開信率。

當然，如果你只打算用借力酷來發信，沒有要拿來操作聯盟行銷的話，費用會便宜許多，一年只要 8,400 元，若有興趣，訂購連結如下。

http://bit.ly/2JFJLDk

接著，繼續談我們剛剛提到的每單位轉化價值，其實依照那樣的概念

來說，每一次的點擊、開信，甚至曝光，都可以照同樣的原理去計算點擊價值。拿我們剛剛說的菜刀案例來討論好了，假設每 100 次的點擊，會產生一次購物轉化，賺到 500 元的毛利，我們可以認定每一次的點擊價值為 500/100 = 5 元；又假如每 100 次的曝光會產生一次的點擊，則可以認定每次曝光價值為 = 5/100 = 0.05 元（雖然這是一個很小的數字，但只要能計算出價值，就是一件好事）。

好，我們認識完跟轉化有關的名詞後，我想再跟你們談談如何讓轉化率上升。首先，我們要知道，轉化本身並不會自然發生，要讓轉化發生必須有兩個東西存在，這兩個東西一個叫「**魚餌（誘因）**」，另外一個叫「**觸媒**」，少了其中一個，轉化就無從發生。

我們先來解釋魚餌，魚餌是一個形容詞，並非真的要你去釣魚器材店買個真正釣魚用的魚餌，這只是為了促使目標顧客、群眾去做某個動作，而賦予他們的獎勵提案；也就是當你做了某件我希望你做的事情後，我就給你獎勵。

魚餌有多種型態，如前文提到過的，它可以是……

★ 收費課程的教學影片，卻免費送給你。

★ 一份電子書或針對某個主題的觀察分析報告。

★ 一場研討會，可以是實體或線上的。

★ 折價券（比較不推薦這個）。

★ 加入某個社團或群組。

★ 與某人合照或共進饗宴。

★ 一個行銷軟體。

★ 一對一諮詢服務。

★ 某個被曝光的機會。

★ 有著某個屬性、可被行銷的名單。

★ 某場課程的心得筆記。

★ 其他任何目標群眾渴望擁有的事物。

且一個好的魚餌最好能滿足以下幾個條件。

 高價值的

魚餌必須要能塑造出一個很高的價值，值得對方採取某個行動。

 低成本的

由於魚餌會大量發送，所以成本要盡可能地低，不然就送垮了。

 自動化的

如果每個人跟你索取魚餌時，都需要人工交付那也太累了，所以最好做到自動化，別人在網頁填完資料後，你的魚餌便會自動寄給對方，像借力酷就能做到此事。

 不違法的

你不能直接將別人的創作，做為魚餌送給別人，這樣會違反著作權法，所以你提供的魚餌要合乎法律規範。

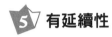

5 有延續性

當你將魚餌交付出去，對方得到這份魚餌後，是否能觸發後續的事件發生？例如引導對方訂閱電子報、掃描 QRcode、購買商品……等等，不是給了魚餌就沒後續效益，這樣太可惜了。

6 打知名度

你散布出去的魚餌，可能會再被索取者散布出去，如果魚餌的內容完全沒有提及你或你負責的企業品牌，那非常可惜；所以，最好能將自己跟負責的企業品牌都在魚餌中曝光，這樣索取者把魚餌分享給朋友的時候，就等於免費幫你曝光。

但魚餌既要包裝出高價值，又要低成本，這看似有點矛盾，也相當不容易，所以筆者會建議用資訊類、虛擬的東西來處理，比較容易營造出這種感覺。舉例來說，如果你的魚餌贈品是一包面紙，請問能包裝出多高的價值？很難！因為一般人心中對一小包面紙的價值認定差不多就是 10 元，即便你用較好的材質或訴求什麼特殊機能，頂多也只能包裝到 20 元、30 元就緊繃了。

且如果你跟別人說，只要留資料，就送你一包價值 30 元的超高級面紙，會讓人聽了覺得興奮，想填表單留下個人資料嗎？通常是不會的，但如果你說：「只要留下資料，我就送你一堂價值 1,000 元的線上課程。」這樣是不是比較有價值感？肯定是有的！

妙就妙在到底是 1,000 元的線上課程成本低，還是宣稱價值 30 元的超高級面紙低？一般來說會是線上課程比較低，因為線上課程只有錄製時

會產生一次性成本，之後你只要提供一個連結或加上一個密碼就行了，幾乎沒什麼追加成本。

但如果你給的是一包面紙，那你可能需要寄送，不僅產生額外的運費，還有商品包裝、寫上姓名、地址、電話、貼上郵票……等作業成本，且就算魚餌的領取方式是對方自行領取，你也有員工待在公司的人工成本，甚至是時間成本；但線上課程就大大不同了，它完全可以透過E-mail 自動化寄送，成本低得多。

如果你想學習更多如何把魚餌做出來的技巧，筆者有開一堂課「手把手魚餌製作教學班」，連結以下網址就能瞭解更多內容。

http://bit.ly/2QDmOFm

好，講完魚餌後，接下來我們就要來講什麼是「**觸媒**」。在我的定義裡面，所謂的觸媒，就是可以促使某個轉化行為，經由接「**觸**」某個「**媒**」介，讓那個轉化行為得以發生；有點類似《哈利波特》書中，巫師把傳送法術設定在一個火盃上，只要哈利碰觸到那個火盃，就會被傳送到另一個地點，而這個火盃就是一種觸媒。

那在網路行銷的世界裡，有哪些東西能被認定為一種觸媒呢？其實還蠻多的，列舉如下……

★ 網站連結：點了某個網址就連結至另外一個網站。

★ 邀請連結：類似 LINE 群組，能產生邀請連結的功能，點了之後就自動進入某個群組裡面。

★ 訂閱表單：填寫完，就成為某電子報的訂閱戶。

★ 購物按鈕：點了就啟動結帳流程。

★ QRcode：掃描 QRcode 之後，自動成為某平台的粉絲或進入某群組，當然，也可以引導至付款頁面。

★ 按讚：當你在 FB 某粉絲頁按讚，你就成為他們的粉絲。

★ 分享：當你按了分享按鈕，把這個訊息擴散到你的朋友圈。

有了包裝好的魚餌與精心設計的觸媒，再加上持續的流量灌溉，轉化就會源源不絕的發生囉。

提高轉化率的幾個殺手級技巧

OK，相信大家現在對轉化已經有基礎且通盤的認識了，我們接著深入學習提高轉化率的技巧與法則。

現在帶大家認識的第一個法則，我把它稱為「**小點心法則**」。在我學生時期，有時候為了英文考科，必須在一個晚上背下 30 ～ 50 個單字，但背這麼多的單字，對我來說既吃力又很乏味，所以我會用小點心法則，激勵自己把單字背完。

讀書前，我會先準備一盤小點心，這個小點心可以是一盤草莓、巧克力餅乾或任何我喜歡吃的東西，然後替自己設下一個遊戲規則，只要每完成一小段進度或背了多少單字，就獎賞自己吃一塊小點心，例如我每背 5 個單字，就能吃一顆草莓。

這樣一來，我只要背完 5 個單字，就會覺得自己獲得一次獎賞，渾

身充滿動力，而且背 5 個單字並不難，很容易達成；所以，我只要將原先負擔很沉重的單字，分成 6 次小任務，每次背 5 個，這樣就等於完成了 30 個單字的大任務。但如果我一開始就設定為背完 30 個單字才能吃草莓，感覺就會困難許多，動力也比較小。

那小點心原則要如何應用在網路行銷上呢？答案很簡單，就是把你想讓訪客做的事情壓縮到最小、最輕而易舉，他只要執行一個非常簡單的指令就好。若以數學座標軸的概念來說，就是他的座標做一個非常小的移動（Move）後，就能獲得一個小獎勵，之後只要他每做一個比之前更大的移動，你就繼續給他獎勵，甚至是更大的獎勵。

不知道你有沒有看過海豚訓練的影片呢？訓練人員為了訓練海豚跳出水面，用嘴巴頂到一個很高位置的東西，他不會一開始就把獎勵用的魚，放在很高的位置，讓海豚跳很高才吃得到魚，相反的，他會把魚放在只離水面高一點的地方，那個高度是海豚把頭抬起來往上咬，就能吃得到的距離，這樣海豚就跨出了第一個 Move。接下來的訓練，訓練人員會將魚放得越來越高，且魚的數量會慢慢增加，只要海豚跳得更高，就能吃到更多的魚；而海豚為了吃到更多的魚，就會越跳越高，最後成功達到訓練人員所期望的轉化，成為一隻可以跳離水面，做出表演動作的海豚。

威廉曾去過一家餐廳，這間餐廳當時用了一個行銷手法，只要顧客願意配合去做某些事情，就能得到餐廳的用餐優惠券。流程是這樣的，首先你得找到餐廳裡預藏的幾頂造型安全帽，然後拿起這些安全帽自拍，在這家餐廳的粉絲專頁打卡，並發文上傳照片。

我那時看完這家餐廳的行銷活動海報，當下只有一個念頭：媽呀！這個行銷流程設計的這麼複雜，我才不幹，何況優惠券還要下次用餐才能使

用，誰知道我什麼時候會再來，更別說要浪費時間去找安全帽了，只想吃完趕快閃人。

我想，那家餐廳如果是在文宣上寫著，只要掃描 QRcode，關注他們的 LINE@ 或微信公眾號，結帳金額現抵 10 元，我一定二話不說地掏出手機掃描，反正只要一個小動作，不用 5 秒就可以省下 10 元；且台灣的經營之神王永慶先生也有個很有名的觀念，「你省下來的錢就是你賺來的錢」，所以我當然會掃囉。

以我自己來說，我專門在教網路行銷，有一個招牌課程叫「如何善用微信行銷，賣出好業績」，這個課程當初賣一萬元，沒有細分不同階段、不同價位、不同學習難度；招生宣傳好一陣子後，我發現一個問題，就是這堂課對那些不瞭解微信價值的人來說毫無吸引力，要他們掏出一萬塊學習微信根本不太可能，因為台灣市場並沒有那麼多人使用微信。

所以，我就靈機一動，把小點心法則應用在這個課程上，將微信課程拆成三個階段，後來價格還調漲為 12,000 元，分別是：

★ 第一階段：微信行銷初階班～新手上路班。
★ 第二階段：微信行銷中階班～業務高手班。
★ 最後階段：微信行銷高階班～企業總裁班。

初階班是免費的，任何人都可以在不花錢的情況下，從網路上觀看這段視頻教學，看完初階影片的人，如果想瞭解更多學習資訊，可以在初階班的網站留下個人資料，系統會自動發信給他，引導他至中階班的網站。

而中階班的收費是 1,500 元，報名中階班的人，會收到一封信鼓勵

他去報名高階班，且報名高階班只需補差額就好，不需要全額付費，所以就會有一群人在看完影片後，又報名了高階班。

我把這三個階段的網址都放在這邊，你可以抽空看看，最好順便在初階班留下資料，如此一來，你就能更了解這個概念的操作精髓。

★ 微信初階班　　http://basic.wechatmarketing.net

★ 微信中階班　　http://pro.wechatmarketing.net

★ 微信高階班　　http://www.wechatmarketing.net

今天我把這樣的技巧教給你了，當然你也可以將此技巧運用在你的事業上，把自己的商品線切割成很多塊。

而第二個法則叫做「**AB 測試法則**」，也就是當你有個很重要的轉化目標時，最好要能做出兩種版本的轉化機制，分別導入同樣客觀條件的流量，觀察哪個機制帶來的轉化數較多，這樣你才知道用哪個版本下廣告，導流量會比較好。

舉例來說，你做了兩個吸引訪客留下資料的網頁，這兩個頁面有90％的設計、內容都是一樣的，只有一小部分不一樣，而這小部分也許是標題或底色，總之就是只有一點點不一樣，其它完全相同。我們先假設

標題不一樣好了，然後這兩個頁面每天都下 300 元預算，為期 10 天的 FB 廣告，如果發現 B 頁面的轉化率比 A 頁面來得高，那我們就可以判斷出 B 頁面的標題比 A 頁面取的好。

第三個法則叫「**入口吸力最強**」，還記得我前面提到微信行銷的例子嗎？初階免費，中階收費 1,500 元，高階收 12,000 元，請問我必須讓哪一堂課的吸力（銷售力道、曝光量）最強呢？答案是初階，因為初階好比骨牌遊戲中的第一塊骨牌，你必須啟動第一塊骨牌，後續的效應才會持續發生，若第一塊骨牌沒有倒下來，那後面的骨牌設計再精彩，也都不會發生；像吸塵器吸力最強的地方，也是在它的吸嘴處，所以你或企業的銷售流程也應該如此。

當然，我必須解釋一下，免得造成誤會，所謂的吸引力最強，並不代表那是品質最高或內容最好，否則客戶花了 1,500 元買中階班，或花了 12,000 元買高階班，結果覺得影片內容還沒有初階班來得精彩，那他們肯定會很不開心，甚至抱怨、衍生爭端。

第四個法則是「**追售**」，也就是追蹤銷售的意思。當一名潛在顧客輸入資料至你的系統裡面時，你不應該只靠寫一封信，就試圖讓他轉化為你的客戶，你應該要用各種不同的方法，持續促使他轉化為你的顧客。例如每隔一段時間，就寄一封不同標題、不同內文的信（又稱為追售信），告訴他為何要買這個商品，有多少人因為購買這個商品，獲得了什麼益處？針對這個商品寫了幾波追售信後，你接下來就可以追售別的商品。

追售除了透過人工進行，你也可以事先設定好一個「追售模組」，讓每個留下資料的人在安排好的天數，依序收到由系統發送的追售信。對了，若你想使用系統自動追售，一樣可以透過借力酷來完成喔。

第五個法則叫做「**風險對策**」，你要明白消費者心理，當他們進到一個頁面，閱讀你的銷售文案，感到躍躍欲試、想購買你的產品或服務的時候，內心可能會有個聲音告訴他，這個東西買了會不會有風險？會不會買錯、買貴，或是不適合自己、沒有效果？被騙了又該怎麼辦？所以，你作為賣方，必須要能提出一些說法，讓消費者解除心中的疑慮。

　　如果你不主動解除消費者內心的疑慮，消費者更不可能告訴你疑慮是什麼，他只會帶著疑慮，默默關掉網頁，什麼行動都不採取；但如果你告訴他：「不要怕，你的風險我都幫你想到了，也都解釋給你聽，其實這些你根本不用擔心，因為……（接著解釋你的風險對策）」這樣消費者可能就會改變想法，進而採取行動了，下面我列舉幾個風險對策的案例。

1 訂閱電子報的風險對策

　　試想，訂閱電子報的人內心會擔憂些什麼？首先，他會擔心資料留給你之後，個資有可能會外流，再者，他會擔心收到廣告信；所以你在規劃訂閱電子報或名單蒐集頁時，要主動寫上：「請放心，我們絕不會把您的資料洩漏給別人知道，此外，我們也保證只會寄對個人成長、提升個人競爭力……等有幫助的訊息。您隨時可以中止訂閱我們的電子報，只要取消訂閱，我們就再也不會寄信給您。」

2 訂購頁面的風險對策

　　試想買東西的人，他內心最擔憂的是什麼？又要如何去解除他的風險顧慮？我曾做過幾個有效的方式，以下提出來讓你參考。

★ 實體產品的方式，以健康食品為例：我們提供了三天份的體驗包，將隨著正品一併寄給您，收到包裹後，請先拆開體驗包試吃，若您有任何身體不適，或覺得我們的產品對您沒有任何實質的幫助或改善，那請協助將正品寄回，我們會全額退費。此外，我們還加保了 5,000 萬的產品責任險（解除消費者怕吃了沒效或吃了有副作用的風險顧慮）。

★ 以教育訓練課程為例：筆者曾賣過一個方案叫「威廉合夥人計畫」，只要全程參與這項計畫，會另外附贈三個課程，與一對一諮詢的服務；且若在報名七天內反悔，不但全額退款，贈品還不用退回。

第六個法則叫做「**持續優化**」，這是建立在所有法則上的一個延伸，也就是前五個法則使用完後，你要繼續將這些法則應用下去，而非就此打住，看看是否還有改善的空間；要知道，即便你覺得自己做得很不錯了，我們仍永遠有進步的空間。舉例來說，當你做了 AB 測試，去測試出一個比較好的廣告標題，接下來你可以用同樣的廣告標題，去下兩則不同敘述文的廣告，比較看看哪則廣告的轉化效果更好，等內文優化完成後，再試著將兩則不同的廣告，用不同的廣告圖片引導流量看看（以 FB 廣告來說，每一則廣告可搭配一張圖片或影片）。

那除了 AB 測試外，你要如何應用法則一，把你的商品線切成不同的小點心呢？如何應用法則三，把入口的吸引力調整到最強呢？如何應用法則四，打造一個有如鎖定目標的飛彈，不達目的誓不罷休的追售系統呢？又如何應用法則五，產生一個能讓訪客安心留下資料、採取購買行為或其它你所期望發生的轉化呢？

為了幫助許多有心想透過網路創造財富的朋友們，能更簡便、更全面地瞭解自己的網站是否規劃正確，讓網站的轉化率最佳化，筆者特別規劃了「**網頁轉化率最佳化的查核清單**」。

你只要照著表上的項目逐一確認，就可以讓你的網頁轉化率最佳化！這個表格非常有價值，畢竟對很多公司及個人工作室來說，轉化率提升個0.5%，一年的收入就可能多個好幾萬，甚至是上百萬元！

 ## 網頁轉化率最佳化的查核清單

NO.	檢 查 項 目	檢 查 結 果
1	網站讀取的速度要快，最慢三秒內就要全打開。	☐ Yes　☐ No
2	網站符合響應式網頁設計（Responsive web design），能在手機上被良好閱讀。	☐ Yes　☐ No
3	網站的標題有針對符合該頁面的主題進行設計。	☐ Yes　☐ No
4	最上方有醒目且吸引人往下看的主標題。	☐ Yes　☐ No
5	確認整個網頁沒有掉字或字壓圖的狀況。	☐ Yes　☐ No
6	文案設計中，適度插入美觀的插圖，但不撩亂。	☐ Yes　☐ No
7	在網頁文案當中，適度使用一些問句，勾起瀏覽者的好奇心。	☐ Yes　☐ No
8	每隔一個段落，便運用塗果醬原則維持注意力。	☐ Yes　☐ No
9	網頁如果較長，中間有適時地出現能產生轉化的連結或按鈕。	☐ Yes　☐ No
10	轉化的連結或按鈕要大且清楚，並使用暖色調與正向的詞彙。	☐ Yes　☐ No
11	把消費者的好處具體描述出來。	☐ Yes　☐ No
12	如果是實體產品，有不同角度拍攝的產品照片。	☐ Yes　☐ No
13	在提到價格前，有充分塑造出產品價值。	☐ Yes　☐ No
14	字與字之間留有適度行距，避免閱讀上的壓迫感。	☐ Yes　☐ No
15	有分別用 Android 與 iPhone 檢查網站，確保閱讀畫面正常。	☐ Yes　☐ No

16	結帳或訂閱、報名的流程盡可能不超過三個頁面。	☐ Yes	☐ No
17	把必須填寫的欄位盡量精簡化。	☐ Yes	☐ No
18	用紅色的＊字號區分選填與必填的欄位。	☐ Yes	☐ No
19	網頁兩側配置讓人看起來舒適的底色或底圖。	☐ Yes	☐ No
20	閱讀的順序是由上垂直往下，不會有倒 N 動線或其他瀏覽動線。	☐ Yes	☐ No
21	付款的部分，有多種金流方式讓消費者選擇。	☐ Yes	☐ No
22	主動將消費者可能有疑慮的地方解釋清楚。	☐ Yes	☐ No
23	提供三個以上的顧客見證，最好圖文並茂或附上影片。	☐ Yes	☐ No
24	明確地向消費者說明，購買後會以什麼方式提供產品。	☐ Yes	☐ No
25	特別說明產品的適用者有哪些族群，使用後能帶來哪些好處？	☐ Yes	☐ No

The Greatest Book for Getting Rich

4 網銷藏寶箱 Key 2 ——流量

 讓流量不再是個秘密

之前我們有提到過，要讓轉化發生，就必須要能創造流量，那什麼是流量呢？我一樣有兩個版本的解釋，一個是狹義版，另外一個則是廣義版，若從狹義的角度來看，流量的定義是……

在網路上，流經某個可產生特定反應的數量。

舉例來說，你架設了某個購物網站，然後有 100 名訪客造訪、瀏覽，而這 100 位訪客，就可稱之為流量。通常我們業界在計算流量時，會使用一個專有名詞叫做：IP（Internet Protocol），只要任何一個設備連上網路，全球的網路協議就會自動賦予正在上網的設備一個 IP。你可以想像你去一間旅館 Check in，櫃台人員會給你一張房卡，上面有著你的房間編號，而你有了自己的房號，別人也有房號後，那房號就等同於你們各自的 IP，還可以去彼此的房間串門子。

所以，如果網站的訪客分析報表**註**告訴你今天有 100 個 IP 造訪，就代表有 100 人瀏覽你的網站，但這是保守說法，實際造訪的人可能多

註 訪客分析報表是可以讓你知道網站訪客狀況的工具，可以精準地知道有多少人、何時、何地，用什麼樣的裝置瀏覽了哪些頁面，代表性的有 Google Analytics、CNZZ……等。

更多，遠超過報表上的數字。

　　因為這些人有可能是在一個區域性的網路瀏覽，例如辦公室、住家……等，而這個區域網路的人，有很高的機率是透過 IP 分享器上網（例如 Wi-Fi 或行動熱點）。所以，若透過同一個基地台，那即便有十幾個人用不同的電腦造訪同一個網站，也會被識別為同一個 IP；這個概念好比從同一個電話總機線路撥打出去的任一電話，當對方回電的時候，都會撥打到代表號一樣。

　　需要特別留意的是，流量在某些情況下，會用別的名詞代表，例如：GB（Gigabyte）。簡單舉例，設立一個網站時，必須要去租一個空間，來存放網站運作所要用到的檔案，這樣的服務又稱為虛擬主機（Co-location），也就是存放網路伺服器的空間；這個概念有點類似你計畫開一間咖啡館，得先去租一個店面，而在網路上，租一個店面就等於是租一個虛擬主機 **註**。當你找虛擬主機供應商租賃，他們會提供一個規格表給你，表上清楚標示每個月的流量限制，這通常會以 GB 來計算，以限制租給你的主機每個月被瀏覽與下載的資料上限。

　　因為，只要一名網友造訪你的網站，不論他是閱讀文字、觀看圖片、聆聽音樂還是欣賞影片，都會使網站上的檔案產生被讀取的行為；所以主機廠商會事先預設一個數值，讓每個網站都有各自的流量上限，只要一超過上限，你就必須加購流量，否則你的網站就無法被瀏覽。

註 虛擬主機是存放網站空間的地方，通常都是採租用的方式，國內具代表性的有中華電信、捕夢網、戰國策……等，國外則有 HostGator、Bluehost……等。如果你上戰國策購買主機的話，輸入優惠代碼「NSS8888」，可以享本書讀者的八折優惠，並試用三十天。

這個概念很像你去申請手機的行動上網服務，電信公司會推出各式不同的資費套餐，然後跟你說這個門號一個月能使用的網路流量是多少，一旦超出就無法繼續使用網路，除非你再花錢添購額外的流量。

好，理解完狹義的流量定義後，我們接著來探討什麼是廣義的流量？我對廣義的流量的定義是……

當某個群體，受到一個特定因素的驅使，使得這個群體在移動的過程中，會經過某個可與其產生互動反應的地帶，而經過該地帶的數量，我們就把它稱為流量。

看完後有沒有覺得霧煞煞、有看沒有懂？沒關係，我再簡單舉個例子你就懂了。

有一個人，他想從 A 地到 B 地，在抵達時間及機動性的考量下，他選擇開車上高速公路，像高速公路上有很多汽車在行駛、流動，這就算一種流量，只是我們把它稱為「車流量」。

那車子在高速公路上，會不會又產生哪些互動反應呢？當然會，而且還挺多的。舉例來說，當車子行駛一定的距離，會被收取道路通行費（eTag），這就是一種反應；車子行經休息站，開進去稍作休息、消費一番，這也是一種反應；高速公路旁邊有大型看板（T霸廣告），車上的人有可能因為看到廣告，產生後續的消費行為，這也是一種互動。而上述這些互動反應，我們也可以稱為「**轉化**」。

除了剛剛討論到的車流量外，生活中有很多東西也都可以稱為流量，例如……

★ 有一條街，街上行經的路人很多，若在這邊開店的話，比較會有過路客到店裡消費；這也是一種流量，我們通常把它稱為「人流量」，俗稱的人潮。

★ 有份報紙，有很多人在看，只要在這份報紙上打廣告的話，宣傳效果一定不錯，我們可以稱它為「目光流量」。

★ 有個廣播電台，他們有很多聽眾固定收聽他們錄製的節目，因而創造出許多流量，我們把這稱為「耳流量」或「收聽率」。

看了以上這些例子，你會不會覺得：「哇！流量果然充斥在我們生活周遭，真是無所不在呀！」沒錯，流量確實充斥在我們日常生活與工作之中，而且流量越高的地方，租金或廣告費……就越貴，所以只要有流量，就會有效益產生。

因此，不管你是做網路生意還是實體生意，只要你有辦法創造出高流量，而且還不用直接投射在自己身上，有接觸、流通到就好，你的生意就等於成功了一半，哪怕你根本沒有產品、也沒有任何服務，只要你的網路或實體店面有著超高流量，那你就能加以利用，出租或賺取廣告費，包準荷包滿滿滿。

OK，我們已經瞭解完流量的定義，接著我們要針對狹義的部分，也就是網路流量來繼續深入探討，讓你了解「網路流量」到底是怎麼來的，它又有哪些種類？能用哪些方法提高？

用火影忍者詮釋流量種類

流量依照不同的屬性，可以有一些相對應的分類，例如按流量發生的模式，可分為**推送式流量**與**吸引式流量**。

推送式流量是指，當你透過某種途徑，把一則訊息發送到一群人手上，然後這群人看了這個訊息後，又產生一些可能帶來流量的行為，例如拜訪訊息上提及的某個網站，或是跟訊息有關的網站，那這樣的流量來源就可稱為「推送式流量」。推送式是一種較主動性的行為，好處是有機會在短時間內創造出大量的流量；但缺點是得依靠人工處理，無法事先設定，交由特定機器或軟體自動執行。

舉例來說，你手上有一大筆 E-mail 名單，想寫一封銷售信**註1** 寄給他們，在信末附上一個連結，請他們去瀏覽某銷售頁**註2**，替那個網頁帶來巨大的流量。當然，操作推送流量的方式不只有 E-mail，還有很多很多，後面會再跟大家詳細介紹。

而吸引式流量則是指，你透過一些管道，設定了一些東西後，網友上網搜尋資料或閒逛時，不小心看到你的訊息（通常是廣告），然後被廣告吸引，進而轉連結至你希望他去的地方，以產生該頁面的流量。

吸引式流量不是爆發型的，它不會一下子就產生巨大的流量到某個地

註1 銷售信是指以銷售某種產品或服務為目的的信息。早期是紙本型態的信件，後來演變為 E-mail，而近期是以行動通訊的訊息為主，例如 LINE@、微信公眾號，甚至連簡訊行銷也算一種銷售信。

註2 銷售頁是指一個促使消費者採取購買行為，以轉化為目的的頁面，而這個頁面不一定是網站首頁，通常會是促銷活動的廣告頁面，也有人稱為登錄頁（Landing Page）。

方，但好處是吸引式流量能自動化運作，只要你先做好某些設定，並投入努力，做好基礎建設，就能替你帶來源源不絕的流量；且吸引式流量還有一個好處，就是它的效益是可以被累積的，你可能會認為剛開始的流量只有涓涓細流，但後期可是會變成滾滾洪流。

舉例，你架構了一個網站，然後又針對這個網站做了一系列的優化，讓網站較容易被搜尋引擎搜到，能排到較前面的名次，這一動作就是一種「吸引式流量」（又稱搜尋引擎最佳化，Search engine optimization，簡稱 SEO）；當然，產生吸引式流量並非只有這種方式，等等我會把所有吸引式流量作完整介紹。

但不論是吸引式流量還是推送式流量，各有各的好處，最好的情況是兩種都要會，這樣你就能根據現實需求變化，以順應市場產生流量。

日本有一部很紅的漫畫《火影忍者》（威廉是火影迷），漫畫裡有一個角色叫六道培恩，他有一項絕招叫做神羅天征，能自行選擇是要把一切事物吸過來，還是把它們推出去。當我看到漫畫這一情節，我就心想：「啊！這不就跟我對流量的理解一樣嗎？」所以，只要把招式（流量）練得很強，那你就能跟六道培恩一樣，強到一個變態的程度；如果你沒看過《火影忍者》，不知道我在說什麼也沒關係。

而流量除了可以用來源模式分類之外，是否需要花費也是一種分類方式，因此，我們可以再將流量細分為「免費流量」與「付費流量」。

免費流量顧名思義就是流量的來源不用花一毛錢，假設你建立了一個 FB 帳號，積極加入各種社團，然後拼命在這些社團上張貼廣告，讓網友被廣告吸引，進而點擊廣告中的連結，連至某個網站產生流量；而註冊 FB、加入 FB 社團、張貼廣告這些行為全都是免費的，所以這就是一種

免費的流量。

　　但如果認真精算的話，這些所謂的免費流量到底是不是**真的免費**呢？那就要看你是如何看待這件事情，畢竟註冊帳戶、貼文，這些動作都相當花費時間，而時間就是金錢，是一種機會成本；如果你把時間花在貼廣告上，就不能用相同的時間來做其它事情，例如上班、打工⋯⋯等等。

　　所以嚴格來說，免費流量並非真的沒有成本，但對剛踏入網路行銷的人來說，他可能也沒有額外的行銷預算，有的就是時間，他的時間很多，所以免費流量對他來說就是一個很好的選擇。

　　反之，付費流量就是要花錢的流量，這不是廢話嗎？舉例來說，當別人在搜尋引擎找尋資料時，只要和你的產品或服務所設定的關鍵字相符合，那你的網站就能出現在最上面或最右邊的廣告區，曝光率可謂相當高；但要達到這個效益，你得付錢給關鍵字廣告平台才行，而這就是一種付費流量（上述的操作方式，又稱為關鍵字廣告）。當然，你付錢的對象不一定是搜尋引擎，看你是將廣告挹注在何種平台，那就付錢給誰，若你希望廣告出現在 FB 頁面上，那自然是付錢給 FB 囉。

　　付費流量的好處就是效果快，能產生立竿見影的流量，我用上述兩個案例做比較，假如你是透過 SEO 帶來流量，從開始操作到排名成功排到第一頁上，那可能要花三個月至半年的時間；但如果你是透過付費，購買關鍵字廣告的話，可能不用一週的時間，位置就衝到很前面了，甚至還是第一、二名（通常只要付完錢，審核通過後廣告就會出現）。

　　付費廣告還有一個好處，就是即使不增加額外的人力跟時間，也能讓流量倍增，且只要流量增加，營收自然也會跟著倍增，怎麼說呢？試想看看，如果你是用貼廣告的方式來增加流量好了，假設你每天花 2 小時貼

廣告，大約能為你帶來 30 個 IP 訪客，但如果你想讓流量增加 2 倍，那就得要花上 2 倍的時間去貼廣告，也就是 4 小時，而且可能需要更長的時間；那如果要成長 10 倍呢？就得花 20 個小時以上，豈不是不用睡覺了嗎？

這時付費廣告相對簡單些，你想帶來雙倍流量嗎？沒問題，只要下雙倍的預算就可以了，不過這裡是將情況設想得較簡單且理想化，在現實操作中，並非下雙倍的預算就能帶來雙倍的成效，付費流量會在某個點上產生最佳的投資報酬率（ROI），但凡超過那個點，報酬率就會遞減，類似於經濟學上邊際效應的概念。

且很多人在操作免費流量上嚐到甜頭後，就不願意再花錢使用付費流量了，我個人認為這是非常可惜的事情，不知道你有沒有聽過一句話：「免費的最貴！」這句話套用在流量上也通，你不試著使用付費流量，生意規模可能會一直停在原地，若你不想辦法去賺更多、更龐大的錢，這樣的損失比花錢還嚴重！

最後，我做了一張表，讓大家瞭解流量的種類，等等我會詳細介紹流量的來源。

	吸引式	推送式
免費的	免費的吸引式流量	免費的推送式流量
付費的	付費的吸引式流量	付費的推送式流量

哪裡可以挖掘出流量？

解釋完流量的種類之後，接下來我要詳細說明流量的來源。為了讓大家快速理解，我把現今常用的來源整理成下方表格，若你手上有不錯的產品，只要善用表上每一個流量工具來創造流量，保守估計，至少能幫你賺 30 萬，因為威廉就親身實驗過！我之前在某場促銷活動中，只用了下列幾項工具創造流量，就在該活動中創造 30 萬以上的利潤（不是營業額），所以光這張表格，就價值至少 30 萬以上。

NO	種類	細分類或平台	項目	發生方式	費用模式
1	SNS 社群	FB	個人塗鴉牆	吸引式	免費
2			粉絲頁	吸引式	免費
3			社團	吸引式	免費
4			廣告	吸引式	付費
5		人人網	塗鴉牆	吸引式	免費
6	官網	自己架設網站		吸引式	付費
7	E-mail	許可式行銷	會員電子報	推送式	免費／付費
8		非許可式行銷	垃圾廣告信	推送式	付費
9	行動通訊	LINE	群組	推送式	免費
10			私訊	推送式	免費
11			動態消息	吸引式	免費
12			LINE@	推送式	付費
13		微信	聊天室	推送式	免費
14			私訊	推送式	免費
15			朋友圈	吸引式	免費
16			微信公眾號	推送式	免費

17	直播	鬥魚		吸引式	免費
18		YY		吸引式	免費
19	視頻	YouTube		吸＋推	免費
20		優酷		吸引式	免費
21	網誌（部落格）	痞客邦	發文	吸引式	免費
22			側邊欄	吸引式	免費
23	微網誌	新浪微博	發文	吸引式	免費
24	關鍵字	SEO		吸引式	免費／付費
25		關鍵字廣告		吸引式	付費
26	聯盟行銷			吸＋推	付費

當然，在無邊界的網路世界，創造流量的方法之多，絕不是一張表就能整理完的，如果要認真列表的話，恐怕是列個 100 項也不夠，不過大家可以根據上表，從幾個較主流的管道操作，只要沿著這個思路繼續往下探究，一定能發現更多創造流量的方式。

接著，我要特別解釋一下表格其中幾項，首先是 SNS（Social Networking Services，社群網路服務），簡單來說就是有個網路平台，它能讓你在網路上與過去認識的朋友保持聯繫，瞭解他們的近況如何，你也能在上面找到其他志同道合的朋友。

全世界除了中國大陸外的地區，最主流的 SNS 平台非 FB 莫屬（有些地區把 FB 稱為面子書），中國大陸地區的 SNS 平台則是人人網。

FB 是一個黏著度很高的社群網站，使用者每天都會花費絕大多數的時間，把注意力黏在上面，雖然 LINE、微信……等其他社群出現之後，FB 用戶的平均使用時間有下降，但不可否認的是，它依然是許多人每天高度花費注意力與時間的平台，因而成為兵家必爭之地。

在 FB 上，除了能創造免費流量外，也能獲取付費流量，也就是花錢買 FB 的廣告，花錢買 FB 廣告要入手很簡單，但真要深入的話，箇中學問可大著呢。

若以 FB 廣告做為一個付費流量的來源，它有一個相當獨特的優勢，能精準針對你想觸及的族群曝光廣告，也就是你在下廣告時，能針對一些特別的屬性做設定，我簡單列舉如下……

★ 年齡。

★ 居住地區。

★ 性別。

★ 喜好的事物。

舉例，當你要做衛生棉的促銷廣告，如果是在別的平台做流量，那大多只能亂槍打鳥做曝光，但在 FB，你可以針對女性，甚至是 16 歲以上、45 歲以下的族群曝光，這對很多做生意、跑業務的人來說，可謂一大福音啊！

接著，在第 6 項（請參考 P67 表格）的部分，我提到官網，我發現有很多商家會為了貪圖方便、省錢，只創立部落格或粉絲專頁，沒有架設一個專屬的官方網站。這樣的思維其實大錯特錯，你要知道，在別人的平台上蓋房子，哪天人家要請你搬走，你可沒辦法拒絕，這就好比早期台灣很多人在雅虎部落格或無名小站上做宣傳，曝光自己的事業、賣產品，不料無名小站和雅虎部落格紛紛吹起熄燈號。而這些平台不再提供服務後，你只能啞巴吃黃蓮，默默接受原本的流量就這樣化為烏有，相信我，無論

你怎麼哭鬧都沒有用，天王老子也救不了你。

而且官網的便利性與形象感，是粉絲頁與部落格永遠無法取代的，所以不論你做什麼生意、有錢或沒錢，都要想辦法架設一個自己的官網；況且建立官網的方式很多種，有些根本花不了多少錢，甚至不用花錢。

另外在 E-mail 行銷的部分，我有寫到許可式行銷與非許可式行銷，所謂的許可式行銷就是你知道收信人是誰，且對方同意你寄信給他，而這個人有可能是你過去的同學、同事、朋友，或是跟你換過名片的人，甚至是在你的網站上註冊過會員、訂閱過電子報的訂戶。

不過在實際操作的過程中，即便這些人是你的朋友，他也不見得會樂於收到你寄這類的 Mail。像我之前曾花了不少心思，寫了一封文情並茂、很有深度的信，結果對方不但不領情，還很生氣地要我別再寄給他。所以，如果你有一天也遇到這種人，千萬別太難過，最好的處理方式就是捨棄他，也饒過自己，別再寄信給他了，並且把他的 E-mail 從你的名單中移除，或設為黑名單（後者的做法比較好）。

如果你有他的名片，也要記得在名片上註記，提醒自己不要再建檔到有效名單中，更別再發信！免得哪天你又不小心發信給他，或助理整理資料時，看到名片就建檔進去，害你無緣無故又惹來一頓罵。

關於 E-mail 行銷，雖然聽起來古板，但它能產生的價值其實非常高，入手也不難，不用太高的技術或資金門檻，不論你是大公司老闆還是一名小業務，或是你根本還沒出社會，只是一名學生想賺賺外快，我都相當鼓勵你經營 E-mail 行銷。

我舉個實際案例好了，我還在念書的時候，就意識到 E-mail 行銷的重要性，所以我極盡所能地去蒐集 E-mail 名單，相當狂熱且極度執著，

持續寄信給名單上所有的人；而且我那時手中也沒有產品要賣，只是單純分享我的讀書心得或生活近況，就這樣持續到我畢業。

出社會後，我選擇從事保險業，那時我發了一封信給 E-mail 名單上所有的人，跟他們說我開始做保險了，歡迎有保險需求的人可以找我，結果你猜怎麼著？還真的有人回信給我，說他想瞭解一下，重點是我們從來沒有見過面！我之所以會有他的 E-mail，只是因為學妹把他們班的通訊錄分享給我，那通訊錄上有著班上同學的 E-mail，我就這樣不斷寫信給通訊錄上的同學，以及我自己蒐集來的所有人。

我跟那個人見面後，約莫不到半小時的時間，他就跟我簽下要保書並付款，我還很訝異自己居然可以這麼快就談成這張保單，於是好奇地問：「我們今天不是第一次見面嗎？為什麼你敢這麼快跟我簽約，且放心付錢給我呢？」

他笑著回我：「雖然我們今天是第一次見面，但過去的兩年中，你不間斷地寄信給我，我已經從你這些信中，認識了你這個人，我覺得我們已經很熟啦。而且如果有一個人能持續寫信給你，我相信他應該也不是什麼壞人，因為詐騙集團絕對沒有這麼多耐心，連續寫這麼多年的 E-mail 來騙錢。」

雖然這是十多年前發生的事情，卻一直提醒著我 E-mail 行銷的影響力有多大，在這十多年來，我的 E-mail 名單量也越滾越大，從最早期的幾百筆，到現在約莫有上萬筆名單。如今，每當我有什麼新產品或新事業要發展，我只要寫一封信寄給名單上的所有人，就一定會有人回覆我，表示想瞭解、購買產品，或成為我新事業上的合作夥伴，而這其中只有兩個關鍵……

★ 關鍵一：我的名單經營得夠久，羅馬不是一天造成的，信任也一樣。

★ 關鍵二：我的名單量夠大，因為我透過一般人無法想到的方式，竭盡所能地蒐集名單。

關於經營 E-mail 行銷，我還有一個故事想跟大家分享，有一次我回母校參加校友活動，身邊坐的剛好是我很尊敬的學長，這位學長那陣子出來參選從政、想為民服務，可惜高票落選，但他並沒有因此失意，心情仍相當不錯。

他問我最近都在做些什麼？我就與他分享我當時研究 E-mail 行銷的心得，他聽了覺得挺不錯的，我再跟他分析說：「學長，你過去認識的人脈這麼多，如果你願意花時間經營，每週寫封信跟他們分享你對某些事的心得、看法，或好文章，透過 E-mail 去耕耘這些關係，等下次選舉，這些有收到信的人一定會更願意把票投給你，甚至主動幫你拉票。」

他聽了之後說：「太棒了，就來做這件事情吧，那我委託你來做，看一個月需要多少費用，你跟學長報個價，只要不會太貴，我負擔得起，我就委託你一直做下去。」

無心插柳柳成蔭，沒想到一次不經意的對談，反倒讓我接了一個案子，後來再度選舉時，學長果然高票當選，而且不只那一次的選舉，後來每一次的選舉，他都高票當選；所以，網路行銷不光是生意人要學，連有心從政、服務人群的政治家，也都要學習網路行銷！

我在 E-mail 行銷中還有提到另一個非許可式行銷，這指的是你自行發信或委託其他發信單位，發送的對象你不認識，而且對方也不認識你。

這樣的信件大家其實都接觸過，也就是所謂的垃圾廣告信，名稱有點不雅，我個人認為沒必要加上垃圾這兩個字。

有些人會覺得這年頭發廣告信的效果應該很差，畢竟誰喜歡信箱內全是陌生人寄來的產品推銷信呢？但根據我自己實際測試，發送廣告信件其實還是挺有效的。你想想看，如果一封相同的廣告信，你每天固定發送10萬封，一個月等於發了300萬封信出去，就算是亂槍打鳥，也會不小心被你打中幾個吧？當然，前提是你的信件主旨與內文必須夠吸引人，而且你的產品也不能是太冷門的東西，若產品本身就是小眾市場，自然會比較難銷售。

有些人可能會想，廣告信不都會自動被歸類到垃圾信件去嗎？其實你不用擔心，廣告信代發業者他們自然有一套辦法，能讓發出去的信件有一定的機率進到一般收件匣中，而且就算真的被歸類至垃圾信件匣，也有機會被看到、讀取，為什麼呢？因為信件過濾的系統，它有時候會不小心將非廣告信件也歸類到垃圾信件去，所以很多人偶爾會去垃圾信件匣檢查，看有沒有重要信件不小心被分到裡面，這時候你發的廣告信就很有可能被瞄到啦。

接著，在行動通訊的部分，由於現在幾乎人手一支智慧型手機（有的人甚至不只一支，像我個人就有17支智慧型手機，而且還在持續擴編中），進而讓智慧型手機衍生出許多行動通訊軟體，例如：LINE、微信、Whats App這一類的軟體，抓住現代人大部分的眼球（意指眼睛停留在某事物上的觀看時間），而且，**你一定要記住並相信一件事情，那就是眼球停留在哪裡，就會為哪裡帶來流量。**

行動通訊的部分，後面會用好幾篇章節來介紹，這裡就先輕描淡寫的

帶過。人們已習慣使用電腦上網，現又轉為使用行動設備上網（也可稱移動設備，例如智慧型手機、平板……等都算），連帶影響到原本的 PC（Personal Computer，PC，個人電腦）網路營銷，轉而走向行動網路營銷的年代，且市場調查結果發現，現在人們透過行動設備上網購物的交易金額，已超過電腦購物的金額。因此，學習並善用行動行銷（Mobile Marketing），絕對是關係到許多企業與業務員生死存亡的大事兒！

　　由於流量的來源內容比較多，所以我會分開來講解，以免大家一次看太多覺得太累，以致無法吸收。我先跟大家談談現在很紅的「直播」，這絕對是網路行銷界最新的殺手級應用，既奇妙又強大，你不可不知！

善用直播，抓住眼球

　　「直播」是網路界一股新興旋風，它不僅是個能創造極高流量來源與銷售的方式，同時也帶動許多新興職業與商品的誕生。那直播到底是什麼呢？簡單來說，直播就是……

　　透過一些設備與平台，將某處正在發生的畫面與聲音，即時傳輸至網路上，讓大家可以透過電腦或手機觀看。

　　直播呈現的方式類似影片，但它跟一般影片有何不同呢？首先，一般的影片是預錄好的，錄製的過程中可能會有 NG 重錄或事後剪輯……等，最後只呈現最完美的部分在觀眾眼前。而直播是實況轉播，自然沒有辦法像影片一樣，少去了 NG 能重來或事後剪輯的部分，所以大家才會

認為直播更有真實感。

　　舉例，有一次我在家煮飯請徒弟們吃，開始做菜前，我心血來潮想直播做菜過程，分享給網路上的朋友們。可是當我做完第一道菜，正準備第二道菜「三杯雞」的時候，熊熊發現我忘了買雞肉，只好很囧的對鏡頭說：「不好意思，雞肉忘記買了，我現在請人去買，等等再繼續播。」線上的網友看到這一幕覺得很爆笑，認為很經典，反而不經意地製造出特殊效果；而這正是因為我使用直播，才會意外創造出這個笑點，如果我像一般影片，錄製好才發布的話，就不會有這段插曲，那這個影片可能一點兒都不有趣了。

　　再者，影片只能觀看不能即時互動，如果想要互動的話，就必須在影片下方留言，等影片發布者看到後才能回覆；且看完影片後留言，早已事過境遷，並不會影響到影片內容，更何況影片主也不一定會願意與你互動。但直播就不一樣了，在直播的過程中，凡是線上參與的觀眾，他們都會成為影片內容的一部分，他可以在直播當下按讚、即時發問，跟直播者及線上網友們互動，讓人們覺得看直播的樂趣跟影片有所不同，很有臨場感。那要如何在直播中導流量呢？基本上有兩種做法。

　　第一，在直播的過程中，直接告訴網友希望他們能去哪裡逛逛……之類的，例如拿一個大大的牌子，在上面秀出網址或 QRcode，請大家輸入這個網址或掃描 QRcode，這樣就可以將流量引導過去了。有一點要注意的是，直播的畫面中，網友無法直接使用滑鼠或手指頭點擊螢幕網址，連結至你希望大家造訪的網站，所以你提供的網址要盡可能簡短、易讀，最好是一個專屬網址，而非透過縮址平台所產生的短連結，因為不容易控制網址中會出現什麼字母或奇怪的符號。

　　第二，等直播結束後，直播平台會自動將你的直播內容錄製起來，並封存在該平台的網路空間中，讓網友可以回顧收看，這時你就可以在影片下方的留言區放上推廣網址，讓他們看完影片後能透過點擊或觸控的方式，直接轉連結至該網站（一開始的直播預告貼文也可事先放上網址）。

　　而直播平台有三種，一種是以直播為主的平台，平台上所有用戶都是為了創作直播與觀看直播而來的，類似的平台在歐美有 Periscope；在大陸有 YY 直播、鬥魚直播、虎牙直播；在台灣則有許多人在使用 RC 直播、17 直播、UP 直播……等。

　　第二種直播平台不以直播為主軸，但它的功能介面上順帶提供了直播的功能，這類的平台有 FB、YouTube……它們都是用這樣的模式操作；值得一提的是，這樣的平台雖然並非以直播為主，但卻能透過直播創造更多效益！如果你的個人專頁、頻道或粉絲頁本就有不少好友數、訂閱數，那當你直播的時候，會有較高的人數觀看，吸引到更多的人喔。

　　最後一種平台，認真來說，它並非是提供直播的平台，它其實是一種線上會議的溝通工具，它的功能多元，可以用來產生直播的效果；又如果直播的內容是 ×× 教學，類似於授課形式，那效果就更好了！因為它的界面不只可以透過攝影鏡頭把某個地方的畫面照著轉播，它還能把指定對象的電腦畫面即時秀給所有參與的成員；所以，如果直播者的授課簡報都能透過這樣的方式來直播的話，那會比其他直播平台上的文字與圖片看得更清楚，而這類的平台有 GotoWebinar 或 WebinarJam。

　　既然講到直播，就不能不提到視頻平台，這兩個平台有著相似的性質，就像兄弟姊妹一樣，但視頻平台的發展時間較早，所以視頻平台可說是直播平台的哥哥。

視頻平台目前以 YouTube 為市場主流，中國大陸因為上不了 YouTube，所以大多用優酷。視頻平台作為一個流量來源，也有著很大的優勢，由於現代人越來越懶，在吸收資訊的時候，喜歡用看影片的方式去瞭解，且現在的人又少有耐心閱讀繁多的文字，所以視頻平台才會不斷做大。

此外，視頻平台有個很大的優勢，就是它的內容能被搜尋引擎搜尋到，而且排名通常都挺不錯的，尤其是 YouTube。因為它背後的老闆是 Google，基於肥水不落外人田的心理，當網友透過 Google 搜尋引擎查找一些資料的時候，Google 會把 YouTube 的內容排在比較前面，曝光率會稍高一些。

YouTube 還有一點很棒，只要你經營 YouTube 頻道，並擁有一些訂閱戶，未來只要你上傳新影片，YouTube 會很貼心地自動通知你的訂閱戶，告訴他們你發表新作品了，提醒他們上去觀看。而且 YouTube 的信件基本上是不會被信箱過濾掉或歸類為垃圾信件，畢竟它背後的老大可是 Google，有哪家電郵的服務業者敢阻擋來自 Google 大神的信呢？當然不敢！所以通知信函被看到的機率非常高，搞不好比你親自寫一封信通知他們還高、還有效！

講完視頻，接下來我要再跟大家探討另一個流量來源，那就是「**網誌**」。網誌在台灣稱為部落格，在中國大陸則稱為博客，其實都是同樣的東西，相信人家都耳熟能詳。

雖然現在網誌被許多竄起的新興平台，例如：FB、YouTube、LINE、微信……等，搶走許多人的注意力，導致網誌的創作者與瀏覽者大幅下降，感覺逐漸式微，但其實網誌還是有著無可替代的價值！不曉得

你有沒有發現，當你上網找某些資訊，例如美食或哪種品牌、型號的 3C 家電 CP 值較好的時候，想想看，搜尋引擎上出現最多的是哪些資料？

答對了！就是網友在網誌上發表的相關內容。網誌是一個與搜尋引擎相當友好的平台，長時間耕耘的話，就能擁有一定的流量累積性，只要平台不關閉，那些文章就會永遠存在，默默地幫你吸引流量。而網誌可分為一般的網誌與微網誌，差別不大，只是微網誌規定用戶發表的文章字數不能太長，只能在 140 字以內，這也是稱為「微」的原因。

網誌在世界各地其實挺普及的，歐美地區的網友大部分會使用 Blogger；台灣大多數使用痞客邦；在中國大陸則是使用新浪。這些都是在別人的平台上建立自己的網誌，好處是不需要費用，只要花時間經營，而且技術門檻低，自己摸索都能懂個大概；但長遠來看，其實我會建議你建立一個自己的平台，設置專屬的部落格網站，這樣你就不用擔心哪天平台終止服務了，你過去發表的文章和搜尋排名，就這樣全都報銷。如果你願意建立一個能完全掌控的部落格，有著自己專屬的網址（域名），那我推薦你使用目前最主流的部落格建置系統「WordPress」。

在建立自己的 WordPress 部落格前，要先去租一個專屬的網址及網頁空間（也就是我們之前提到的虛擬主機），費用沒有很貴，如果向國內的廠商購買，一年大概 1,200 元左右，看你挑選的網址型態，還可能更便宜；至於網頁空間的話，一年大概 3,000 元左右就能搞定。當然，自行建站需要一點技術活兒，視你的情況而定，看你是要自己摸索，還是直接花錢請別人幫你做到好也行，費用不會太貴。

如果你是一名公眾人物、小有名氣或是某領域的專業人士，想長期經營個人品牌，那一年花個幾千元投資自己，去經營一個永久擁有掌控權的

網誌，絕對是一件值得的事情；以筆者為例，我就用 WordPress 蓋了一個專屬的網誌，替自己帶來許多流量與資源。

接著，我想再聊聊網誌的另一種，也就是前面提到的「微網誌」。微網誌在中國大陸，最普及的是新浪微博和騰訊微博，西方國家的主流則是推特（Twitter）。

由於微網誌發表的字數有所限制，篇幅不能太長，所以跟網誌比起來，它會讓人覺得比較輕鬆，每次發文的時候，不用費心去想標題要寫些什麼；而且，就算只是隨口說說幾句發牢騷、紓解情緒，也不會覺得對不起網友，不像在網誌發表了一篇文章，結果內容寫不到三句話，感覺怪怪的，對那些追蹤你的網友感到不好意思。

若將微網誌做為一個流量來源，如果你操作得宜，它的擴散性是非常強的，因為微網誌通常都會有一個分享的按鈕，如果瀏覽者覺得你的內容不錯，他就會幫你分享出去，這樣就能讓更多人看到你的內容，替你帶來更多的流量。

但不論是直播、視頻、網誌還是微網誌，最重要的都是必須長期經營，務必將你的內容（Content）經營好，好久之前就有人提出**內容為王**這樣的說法。我認為不論過了多久，這都是真理，唯有好的內容，才能吸引粉絲、陌生網友的關注與回訪，持續產生流量，但要怎麼樣才能持續創作出好的內容來呢？

這沒有捷徑，最好的方法莫過於每天不斷學習，透過閱讀、上課進修、請教有智慧的人與其交談，多旅行、多觀察，多用心去思考，如此一來，你就能吸收足夠的養料，創作出富有涵養的內容，吸引更多的人。

最後，我順便跟各位分享一件很有趣的事情，你可能已經知道或還不

知道，但都不要緊，直播平台的興盛，其實趁勢帶起了一個新興職業，我們稱為「直播主」。有些直播平台為了有穩定的人流觀看（這樣才有錢賺啊），會特別雇用一些人，作為合作的直播人員，也就是直播主。

這樣的工作不需要到公司上班，沒有規定上下班時間，不管你是在外面還是在家裡工作都好，公司對直播主唯一的要求就是，每週要做足一定的直播時數，要在直播平台上面開直播，只要你的直播時數達到要求，公司就會發基本薪資給直播主；倘若你認真思考直播內容，讓網友看得龍心大悅，購買一堆線上的虛擬寶物打賞，還能賺取額外的獎金。

據我所知，一名與直播平台簽約合作的直播主，如果每天平均直播 1 至 3 小時，一個月約莫有個二萬二到二萬五之間不等的底薪，按目前的薪資行情來說，這筆收入應該還算 OK 吧？

畢竟去外面上班的話，一名基層的行政人員得要一天工作 8 小時，每月才能領到這樣的薪水，而且還要每天通勤趕公車、搭捷運；但如果做直播，你只要每天在家對著鏡頭跟觀眾聊聊天，聊個 1 到 3 小時，就能拿到相當於上班族一個月的薪水，還能感受當個小明星、有粉絲追捧的虛榮感，聽起來真的是蠻爽的，你是不是也很想成為職業直播主呢？

直播公司會簽約的基本上都是女生，而且還要有一定的顏值，所以如果你是男生的話，那機會可能會小一些（別罵我，這規矩也不是我定的，我自己也是男生，我也很想被簽約啊），當然，如果你會一些才藝，例如唱歌、跳舞、說相聲……之類的，那就有加分效果。有些人總認為直播主一定得賣弄性感，不時露胸、露大腿什麼的，這其實是錯誤的認知，現在絕大多數的直播平台，都會嚴格審查直播內容，絕不可能播出色情畫面，別說是露胸了，有時連女生露個肩都會被禁播。

至於顏值到底要多高呢？你可以參考右方照片，這兩位女生都是有跟直播平台簽約的線上直播主，同時也是我的學生，讀者們可以做個參考。

好啦，欣賞完美女，精神一定也提振不少吧？趕緊往下看，繼續探討流量的來源吧！我接下來會與大家分享我過去操作流量的心得——關鍵字行銷與聯盟行銷。

懂用關鍵字與聯盟行銷，有如手握倚天劍＋屠龍刀

這個小節是來源的最後一節，我想跟大家討論關鍵字行銷與聯盟行銷的部分，只要你善用這兩個行銷方式，絕對能替你帶來莫大的效益，請務必認真研讀接下來的內容，確實搞懂！

現在的生活真的很方便，我們只要遇到問題或是想購買×××商品的時候，直接透過網路搜尋，在搜尋引擎上輸入關鍵字，就可以查找相關資料。目前最主流的搜尋引擎有兩個：Google、Bing，但不論用哪一種搜尋引擎，只要輸入關鍵字，網頁就會列出好幾頁的搜尋結果，每頁幾乎會有 10 個結果左右。如果那個關鍵字有人購買廣告的話，則會在網頁的最上方及下方或右邊的廣告區曝光，至於被廣告包圍在中間的項目，就是根據你搜尋的關鍵字，自然排序的結果，為了讓大家更容易理解，下方截圖給大家參考。

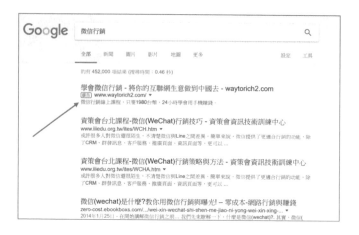

　　箭頭指的就是廣告區，其他部分則是自然排序的搜尋結果，我們接著來看 Bing 搜尋引擎，目前雅虎就是使用 Bing 的搜尋引擎）。

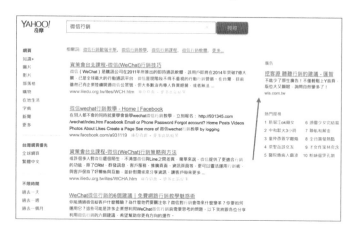

　　箭頭指的地方就是廣告區，中間則是依據自然排序，而廣告排序的部分，只要有付費（最低金額為 3,000 元，5％稅金外加，也就是單筆下單金額最少要 3,150 元），就會依據廣告預算跟其他購買者比價排列。

　　申請完一個廣告帳戶，並設定好廣告、支付完廣告費用後，還需要一段審核時間，時間多久不一定，快的話一天就可以好，但最慢也不會超過

一星期；審核通過後，廣告就會自動上架，只要大眾上網的時候，有搜尋到你購買的關鍵字，就能看到你下的廣告。

關鍵字廣告可以設定預算，通常點擊一次最低費用是 3 元，但如果有人設定的廣告預算比你高，他就會排到比你前面的位置；只要你又出了比他更高的預算，假設 4 元，那你就會排到他前面去，跟拍賣會的概念相似，只不過你們競爭的是曝光率。

我再解釋得詳細一點，關鍵字廣告就是只要有人看到你的廣告，並點擊連結至網頁，搜尋引擎就會從你的帳戶扣除一次廣告費。舉例來說，假設你在關鍵字廣告帳戶中儲值了 3,000 元，你的廣告預算設為 3 元，那你的廣告被點選 1,000 次之後，就會自動下架，除非你繼續儲錢到帳戶裡，否則你的廣告就無法在搜尋引擎上持續曝光。這彎像悠遊卡儲值、扣款的模式，你每搭一次捷運或公車就會用悠遊卡嗶一下，每嗶一下就會扣一次費用，只要原先儲值的金額扣完了，就無法繼續搭車。

但關鍵字廣告絕非單純付錢了事這麼簡單，畢竟你得思考要買哪些關鍵字？每個關鍵字的預算要設多少？標題跟文案又要怎麼寫才吸引人？關鍵字搜尋處處都是學問，筆者就花了大量的時間研究關鍵字廣告，投入的心力不知道讓威廉白了多少根頭髮（很像食神中的周星馳），當然我確實從中獲得豐碩的報酬。

如果你真的想申請關鍵字廣告，並請人幫你代為操作關鍵字廣告，但不清楚去哪裡找到好的關鍵字廣告廠商，你可以載入下方網址，填寫基本資料，我可以推薦廠商給你，請他們與你聯繫。

http://www.100w.info/keywords.html

至於自然排序就跟上述模式不一樣了，自然排序是透過你這個網站的設定，還有外界有多少網站連結到這個網站，來決定你的網站在搜尋上面能排到第幾名，搜尋引擎會自行綜合計算、評量，就算你付錢給搜尋引擎也沒有用。

自然排序不會在短時間內就排到很前面的名次，一般來說都要花上三個月到半年，甚至是更長的時間，你才有機會擠上搜尋引擎第一頁。但好消息是，只要你擠上去了，就不會輕易掉下來，持續維護好網站的運作與更新，就能持續為你創造不錯的流量與收益進來。

那要如何讓你的網站搜尋排名前面一點呢？有兩種作法，第一，花時間自學，或花錢進修 SEO 課程，自行操作網站的搜尋最佳化，另一種則是直接花錢找負責 SEO 的公司，把網站網址、內容、與你希望排名的搜尋關鍵字告訴他，他們就會報價給你，告訴你達成這些排名要多少錢，只要你同意並付錢，接下來的技術活就是他們的事了。

當然，如果你不知道要如何找到好的 SEO 課程或 SEO 服務廠商，你也可以在下方網址填寫你的資料，我會請我推薦的廠商與你聯繫。

http://www.100w.info/seo.html

最後，我們來談一下聯盟行銷。我相信這世界上許多老闆，都有品質優良的產品想賣掉（說不定正在看這本書的你也是），至於要如何把產品賣掉，一般不外乎是以下兩種方式：A、花錢請業務員推銷；B、花錢打廣告作行銷。

但不論是 A 還是 B，其實都背負著一個風險，那就是花出去的錢不

保證能回收。舉例來說，若你選擇 A，但你卻請到一位兩光的業務員，他的業績換算成利潤後，可能連他的基本底薪都付不起，你等於請了一個人來倒賠；反之，選 B 也有著另外的風險，就是你支付的廣告費有可能賺不回來，假設你花了 10 萬元做廣告，卻只增加 5 萬元的營業額，短期來看，你肯定是虧本。

可是，如果我跟你說，我有一個很絕妙的方式，可以幫各位老闆以穩賺不賠的方式賣產品，你會不會有興趣聽聽看？我想絕大多數的老闆肯定都會點頭如搗蒜地說：「我要聽！我要聽！」那我跟你說吧，答案就是**聯盟行銷**！

是的，聯盟行銷是一種穩賺不賠的行銷方式，可說是中小企業老闆們的福音，你可能不太相信，讓我繼續解釋下去你就知道了，聯盟行銷的英文叫做 Affiliates Marketing，運作的方式就是找一群想賺錢、又願意利用閒暇時間，幫你在網上推廣商品或服務的人，在此我們稱這群人為夥伴（有些公司會將聯盟行銷稱為夥伴計畫）。

這個世界上，有許多人他們都想賺錢、賺外快，那如果有一種方式能讓他們利用生活與工作中的閒暇時間，上網賺一點錢，他們肯定非常樂意，你只要計算好自己的商品利潤空間要有多少，然後決定這些人成功推廣產品或服務時，你願意支付多少比例的獎金給他們就好。

為何我會說這是一個穩賺不賠的行銷模式呢？因為你要發多少獎金全由你決定，這獎金比例肯定不會是你賠錢的比例，如果你計算出一個會讓你賠錢的獎金比例，那絕不是聯盟行銷有問題，完全是個人智商的問題了，但我相信你應該不至於那麼笨，所以根本不用擔心。而你之所以會發獎金，一定是這位夥伴順利協助你成交，你確定收到客戶的錢了；也就是

說，收入還沒產生的時候，你是不會有支出的！

哇，這是多美好的一件事情啊？你想想看，假如你有 1,000 名聯盟夥伴在幫你推廣產品或服務，雖然他們都是兼職，偶爾幫你宣傳，有的甚至沒在宣傳，但就算 1,000 人當中有 900 人都睡著了，只剩下 100 名醒著，那這 100 位兼職的行銷人員有沒有可能抵得過 4 名全職的業務員？我想這是完全有可能的，以威廉自己開的公司來說，我們沒有聘請任何一位業務員推廣我們開設的課程，但每次開課時，卻都有許多人報名，可謂場場爆滿！因為我們有超過 1,000 名以上的聯盟夥伴，即便沒有聘請專職的業務員，但只要我們有開課，這些夥伴中一定會有人幫我們宣傳、賺外快。

接下來你一定很想知道，聯盟行銷到底該如何運作？別急，讓我慢慢講解給你聽，我先說比較完整的版本。首先，你製作一個網站的註冊頁面，讓那些想賺錢的人透過這個頁面留下基本資料，這樣他們就成為你的夥伴了；接下來，你準備一個商品區的網路頁面，讓夥伴們自行到商品區挑選想推廣的商品，再提供他們商品的推廣網址與廣告文案，只要他們上網到處貼廣告，有人看到廣告然後點進該推廣網址，成功產生消費行為的時候，你就可以判別出是誰幫你成交了哪樣商品。

但有一點你一定要注意，你提供的推廣網址一定要專屬於他，假如你有 10 位夥伴的話，那你就要產出 10 個不同的推廣網址，A 夥伴就給他一個專屬的網址 A；若是 B 夥伴，你就給他 B 網址，不能 A、B、C、D……伙伴宣傳的網址都是同一個，若他們宣傳的網址相同，就無法判定來源為何，未來會產生許多爭議。

再來，他們宣傳的結果，必須只有你跟他看得到，別的夥伴看不到才

行。如果夥伴在宣傳的過程中，看不到自己宣傳的成果及績效，他可能會因此感覺不踏實、產生疑慮，沒有動力繼續宣傳下去。

最後，這些夥伴在幫你宣傳的時候，你一定要事先幫他們想好宣傳用的行銷短文案，這樣他們就能直接複製貼上，任意貼到 FB 塗鴉牆、微信或 LINE 上面，有效產生宣傳的效果，假如你沒有提供行銷短文案，只提供宣傳網址，他們就只會把網址轉貼出去，這樣是沒什麼人會點的，若沒有解釋、說明這個網址是什麼，網友可不會隨便點開它，又不是吃飽沒事幹？還怕點進去會中毒。

而且，如果你想：「我可不可以只提供推廣網址，行銷短文案我不會寫耶，讓夥伴們自己動腦想想看，自己寫好不好？」別傻了，我跟你保證，絕大多數的夥伴只會擺爛給你看，索性不賺這個錢了。既然你都當老闆了，你就得有一個覺悟，**倘若你想推動事業，讓生意越做越好的話，你不是花錢請人幫你做，要不就是自己認分點去學**；如果你沒有錢請人，又不願意自己去學，那還是乖乖當員工，領別人的薪水過日子就好。

話說回來，你可能會想問，要怎麼樣才能做出像我剛剛說的那些註冊頁、商品區、專屬推廣連結……之類的，我跟你講，這件事情有四種解決方案。第一個解決方案，如果你手上有一點錢的話，可以請專門開發聯盟行銷系統的公司，讓他們為你打造聯盟行銷系統，那這個要花多少錢呢？依我對市場的瞭解，客製化打造專屬的聯盟行銷系統，一般最少都要花30 萬才能搞定，而且這還是陽春價喔，他們會視系統的複雜程度而定，翻倍或多一個 0 都有可能。

講到這，一定會有人說：「威廉老師啊，我才剛創業，手頭沒有多少資金，30 萬我花不起耶，怎麼辦呢？別說翻倍了，光是花個 30 萬就可

以讓我翻肚，你有沒有什麼方法可以不用花到 30 萬，但又能用好一個聯盟行銷的系統呢？」

嗯，方法其實也是有的，如果你不一定要客製化開發的話，我認識一家松炎網路行銷公司，老闆就是知名的鄭錦聰老師，他們公司有開發一套模組化的聯盟行銷系統，一年的費用只要 39,800 元。而且你買了他們的系統之後，還可以回來自己 DIY，套入自己公司的商品或服務（請看清楚是自己套喔，他們只賣系統給你，並不包含幫你改製），當然，聯盟夥伴也得自己去找，他們不負責提供聯盟夥伴喔。

你若問我：「花 39,800 元也不是很便宜，到底值不值得啊？」我必須說這問題完全得看你自己，畢竟我不清楚你的商品或服務是否具備足夠的市場競爭力或良好的利潤；再者，你是否有些基本雛形已經備妥了？例如建立一個網站，要有精美的商品圖片和文案，才能構成一個有銷售力道的頁面，這些都是你得事先準備的東西，如果連這些東西都沒有，我勸你還是先別買好了，免得白花錢，寧可把錢投資在我前文說的能力……最基本的備妥了再說。

我自己也有買這套系統，而且還買了兩套，所以一年得付給他們公司將近 8 萬塊，但你問我值不值得，對我來說當然值得啦，因為我用這套系統一年所賺的錢，何止是 8 萬，後面再加上一個 0 都還不止啊。

對了，如果你想購買這套聯盟行銷系統，我把購買連結放在這下面，你可以透過下面連結購買，或自己上網搜尋松炎網路行銷。

http://www.100w.info/jielikupro-827032.html

當然，在此我要很誠實地做個聲明，如果你透過我提供的連結購買，我會得到小小的介紹費，所以我也會送一些我的付費課程作為回饋。但如果你購買這套系統後，在使用上有遇到什麼問題，請務必直接找松炎網路行銷公司的客服，畢竟這套系統操作起來有一定的複雜性，遇到問題在所難免，如果每個透過我介紹的讀者遇到問題都來找我，我肯定是招架不住的。所以，若你不能接受日後使用遇到問題時，不能直接問詢問威廉的話，那還是不要透過這個連結購買，直接找他們買就好了，我寧願不要賺這筆介紹費（咦？不過這樣好像遇到問題還是得問他們公司的客服）。

　　接著，我們來談一下第三種方法，這個方法就是找聯盟行銷的平台公司，直接跟他們對接，請他們將你的公司網站導入聯盟行銷機制。這世界上存在著一種公司，他們左手找需要聯盟夥伴的公司，右手則找想賺外快的人，他們就做中間的平台業者，當然，他們會賺取價差利潤，但你千萬要記得，當你跟他們合作前，公司網站一樣要先架好，而且還要串好金流機制，最好再請一個資訊人員或可靠的外包商，讓他們幫你把公司網站跟平台公司提供的 API 對接起來，這樣才能順利進入聯盟行銷。

　　當然，你要跟他們合作，他們也會先進行審核，並不是你申請，對方就一定願意與你合作，且就算過了，還會收取基本的導入費用，你可以先大概抓個 3 萬多元的預算。

　　透過第三種方式解決有一個很大的好處，就是這些平台通常都已經有很多的聯盟夥伴，一旦你建置成功，就有如招募到一批大軍相助，但相對也有一個小缺點，就是你無法掌握這些聯盟夥伴，他們的資料都在聯盟平台公司的手上。

　　最後，如果你跟我說：「威廉老師，我沒有辦法一年繳 39,800 元，

也沒辦法拿出 3 萬多元找平台，還有沒有什麼其他方法，一樣可以讓我達到聯盟行銷的效果呢？」唉，你的心情我明白，想當初我也是窮過來的，我最窮的時候，不但銀行沒存款，背有負債，身上只剩 7 塊錢，我永遠都記得那一天的晚餐，我連一個便當都買不起，只能買一支米血糕果腹（還好以前的米血糕沒有很貴，不然我可能連米血糕都買不起），咦！話題好像扯遠了，等等，我先拿張衛生紙把眼淚擦一擦。

假如你現在手上真的沒什麼錢，那還有一種很陽春的方式，一樣可以搞出聯盟行銷，那就是透過 Google 表單，這真的是不用錢。什麼？Google 表單也可以搞聯盟行銷？威廉沒說錯吧？沒錯，我沒說錯、你也沒聽錯，因為你的產品沒有非要串連金流不可，所以你可以用 Google 表單做一個訂購表，上面說明清楚你的商品、服務是什麼，包含其他相關的介紹資訊，最後底下放上姓名、電話、E-mail 和地址（你的東西需要寄送的話才需要），如果你希望對方在填表之前，就先把錢匯款給你，那你可以在表單上附上自己的匯款帳號，讓對方在填表時一併提供匯款帳號末四碼及匯款日期，這樣你就可以邊查帳邊出貨啦。

最後，只要有人想幫你推廣，你就複製一個表單給他，如果有 10 個人想幫你推廣，那你就複製 10 個表單，然後把資料結果設為與他共享，這樣彼此都能看得到。

這樣的做法好處是不用花錢，技術難度也不高，但缺點就是很費工，試想一下，如果你只有單一產品，給 10 個人推廣那還好，但如果要給 100 個人推廣，那豈不就是要複製 100 次？如果你們公司有 10 個產品的話，那就會變成 $10 \times 100 =$ 要產生 1,000 個表單。而且這還不可怕，最可怕的是，萬一你的產品日後有任何修改，例如售價的調整、規格的變

動，你得將表單一個個開來修改，這事情我就做過，真的是讓人改到想吐，感覺就像掉入一個修改表單的無限循環一樣。

用 Google 表單來搞聯盟行銷，雖然感覺是一個很 Low 的方式，但請相信我，如果你的產品有足夠的市場競爭力，圖片、文案又搭配得宜，再加上一群有戰力的聯盟夥伴，那這樣的方式，絕對可以幫你創造出高額業績。我曾聽說有個賣牙齒美白相關產品的賣家（聽說利潤還不錯），他就是用 Google 做了表單給一群人，請他們去推牙齒美白產品，創造出頗為豐厚的業績。

威廉在創業初期，也用過 Google 表單來做聯盟行銷，它確實幫我創造了不錯的營收，但我不想在無止境的改表單之無間地獄裡面輪迴，所以在賺到第一桶金之後，就趕緊花錢買了一套聯盟行銷系統。

流量的觀測與分析

想像一下，如果你開了一家店，你會不會希望掌握一些必要的數據？例如：每天來了多少客人？有多少是新客人？有多少是老客戶？他都買了什麼產品？或對哪些產品感興趣？我想你一定會想知道，對嗎？畢竟這對經營一家店來說是很重要的情報，對經營網路行銷來說也同等重要。

不論你是經營一個網站，又或是某個平台，例如 FB 粉絲頁、微信公眾號、LINE@，你都應該知道你經營的每個平台，它的訪客數據如何？從而去跟你做過的促銷活動做比較，這樣你才能知道你做的行銷手段，什麼效果好，什麼效果不好。

所以，為了幫網站做流量觀測，我們通常會使用一些訪客分析工具，

在這裡我向各位推薦兩個，一個是 Google Analytics（又稱為 GA），另一個則是友盟＋（以前的名稱叫 CNZZ），這兩個各有各的優點，你可以看哪個用得比較上手，隨個人喜好去申請與安裝訪客分析工具，這樣你就可以清楚掌握網站訪客的脈動。

OK，我先來介紹 GA 好了，要申請 GA 非常簡單，只要有 Gmail 的帳戶就行了，請直接用搜尋引擎搜尋 Google Analytics，登入之前，首頁的畫面大概是像這樣子。

而登入之後的畫面如下所示。

那從 GA 當中可以看出網站的哪些情報呢？可多著呢！我列舉如下。

★ 每天有多少人瀏覽？

★ 這些進來瀏覽的人，都是哪些語系的？各別佔多少％？

★ 整個網站中，總共有多少頁面被瀏覽？每個人平均逛了幾頁？

★ 訪客平均停留了多久的時間？

★ 他們都是用哪些作業系統？瀏覽器？螢幕解析度？

★ 有多少是新訪客？有多少是重複訪客？

★ 發生了多少次的轉化行為？

★ 訪客都來自於那些地區？密度如何？

至於要怎麼開始使用 GA 呢？很簡單，進到 GA 之後，我們先點一下左下角的管理員，就是左下角那個齒輪按鈕。

接著，在帳戶的地方，我們選擇建立新帳戶，一個 Google 帳戶可申

請 100 個 GA 帳戶，每個帳戶又可追蹤 50 個站點，所以一個帳戶就可以用來分析 5,000 個網站，對大部分的人來說應該相當夠用了。

然後會出現以下畫面，只要依序填完表中所有欄位資料，最後點擊「取得追蹤編號」就可以了。確實走完每一個流程後，會產生一段追蹤的編碼，這個追蹤的編碼是一段網頁的程式語言，你只要把它複製下來，貼到你想要追蹤的站點網頁上的 <head> 跟 </head> 之間就好。如果你使用的是一些簡易架站工具，像 Weebly 也有提供直接讓你貼上追蹤代碼的地方，類似下面這張圖。

當然，操作完記得廣發你的網站，把網址多貼給別人看，過一會兒再去看你的訪客數據是否有更新，查驗你的追蹤代碼是否有設定成功，不然

就做白工啦。

另外，GA有分免費版與付費版，但對大多數的人與企業來說，免費版其實就已經相當夠用了，不一定要買到付費版。

接著，我們再來介紹友盟＋的部分，兩者操作非常類似，也是先到友盟＋的網站上註冊一個帳戶，友盟＋的網址我提供如下。

http://www.umeng.com/

網站首頁的畫面大概是下面這樣子，可以按一下右上角的註冊，先去註冊一個新帳戶，一樣也是不用錢的，註冊完成之後，他們會寄一封確認信到你的信箱，確認完之後，即登入友盟＋平台，然後點選「產品」→「網站統計」，可以參考下圖反白處。

進入網站統計的頁面之後，會經過幾個類似確認、下一步之類的流程，接著就會連結到輸入網站資料的表單，如下圖。

把網站資料輸入完畢,再按「確認添加站點」就好,然後就會跳到選擇網頁上計數器的樣式,你可以選一個你自己喜歡、看得順眼的款式,我個人是偏愛最下面那款,你可以參考看看我的樣式,如下圖。

接下來使用方式跟 GA 一樣,把訪客分析代碼複製貼到網頁上面就可以了,一個網站可以只裝一種分析工具,也可以兩種都裝。順便解釋一下,在訪客計數器上有一個 PV 數值,這 PV 指的是 Page View,也就是你的網頁總共被瀏覽了多少次。

除了網站有所謂的流量觀測外,有些網路平台,它並不直接被歸類在網站裡面,但其實這些平台多半都有提供訪客分析數據的功能,你仔細找

一下應該可以看到。當你在經營這些平台的時候，千萬別忘了關心這些數據，以下我放一些我個人平台的數據資料給大家看一下。

先看 YouTube 頻道的，點選「創作者工作室」之後，左側的數據分析就能看得到，如下圖。

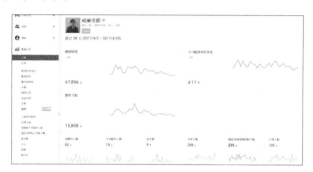

接著，我們來看看 FB 粉絲頁，在粉絲頁當中，會有「…」的地方，點進去後按洞察報告，就可以看到類似下面的畫面。

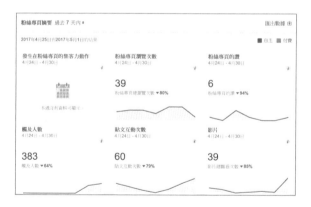

我們再來看看 LINE@，從 LINE@ 的後台管理進去之後，可以看到「數據資料庫」，能分別針對帳號與主頁做數據分析；微信公眾號也一樣有數據分析的功能。

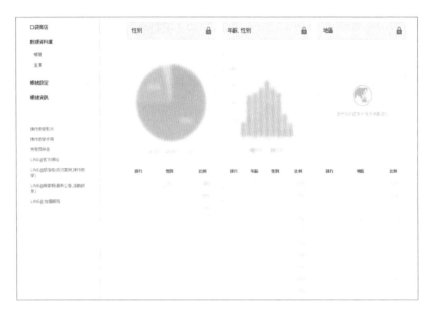

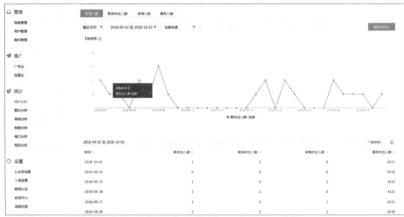

除了以上這幾種觀測方式能知道一個網站或平台的流量外，我們還可以透過不同的工具發送訊息，例如 LINE 或微信，有時光是用 LINE，就可以用好幾個不同的帳號發送訊息。如果你想掌握哪一個發送管道比較有效，也可以用前面操作聯盟行銷的模式，每個管道都用不同的網址發送，

這樣就可以去檢視各個發送的點閱率為多少。

此外，如果你有發行電子報的話，也可以留意一下，有些電子報工具具備了開信統計的功能，這也是需要觀測的一環，畢竟每次開信都是一種曝光，而曝光就是一種流量。

隨著時間的發展，你會看到你用心經營的站點或平台，數據一步步的往上成長，那是一種莫大的成就和樂趣，有如種植一棵幼苗，每天不斷地澆水、施肥，然後長成大樹，我體會過這種喜悅，也希望你能體會到。

好，流量觀測的部分就先講解到這邊，筆者邀請一位網路行銷老師（也是我的徒弟），跟大家分享如何獲得更多的免費流量。下一章會進展到「名單學」，這也是網路行銷三大絕學中最後一門絕學。

廣告費高漲？不怕！教你如何獲得免費流量

大家好，我是凱登，非常感謝威廉老師的邀請，讓我有機會分享自己的研究成果，讓大家學到更多獲得免費流量的方法，節省行銷費用。

以現在的市場來說，FB 廣告可說是網路行銷推廣的主流，但近期它們的廣告費大幅調漲，讓賣家和業主大喊吃不消，因而使免費流量再次成為網銷界討論的重心，其中以內容行銷最受關注。那內容行銷跟免費流量兩者間有什麼關係呢？

內容行銷指的便是製作出內容，比如說我們要做跟籃球有關的內容，吸引那些對籃球有興趣的人，也就是我們的潛在客戶（精準免費流量），讓他們因為你的內容，進而留下名單或購買產品。

那既然內容行銷這麼好，為什麼大家卻無法產生更多的內容呢？因為產出內容是一件很花時間的事情；拍影片放在 YouTube 又很麻煩、費力；而經營又要人力及時間成本……所以，為免去大家心中的煩惱，我要跟大家介紹一個「以內容為主，導流為輔」的好方法，只要簡單三步驟，就可以系統化地產生免費流量。

❖ **內容**：一魚多吃行銷法。
❖ **導流**：導引免費流量到官網。
❖ **改善**：流量分析並改善優化。

一般我們講的一魚多吃，是指一隻魚的各個部位，能用各種方法料理；一魚多吃行銷法則是指將相同的內容轉化為文件、影片、聲音、文章、圖文，再把文件放在文件平台，把影片放在影片平台，把聲音放在聲音平台，把文章放在部落格，把圖文放在社群平台。（如下圖）

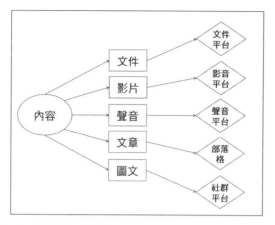

其中，官網的部落格為整個流量系統核心，輸出優質且原創的內容到各種不同平臺，而這些平臺又經由超連結，吸引不同的流量回到官網。（如下圖）

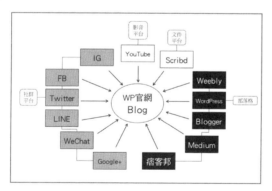

那一定有人問：「都什麼年代了還寫部落格？」因為部落格文章很容易被 Google 搜尋到，而且內容可包含文字、圖片、影片、聲音等，是讓客戶瞭解品牌理念最好的地方，不會受到其他因素干擾，潛在客戶自然更有可能留卜名單或購買你的產品。

簡單來說，一魚多吃行銷法是先大量產生優質原創的內容，然後以自動或手動的方式，將內容放在不同的平台，再根據平台來微調內容及發布時機，以達到行銷的目的。那要到什麼平台放內容呢？當然是人多

的地方才有流量！

所以你就要到流量多的網站曝光你那優質且原創的內容，將貼文內容放在社群上，比如說 FB、IG、Google+、LINE、twitter 等等；影片則是放到 YouTube 等影音平台上。那有內容後勢必要去推廣，初期你可以把 20% 的時間，放在產出內容，而且是大量產出，然後用 80% 的時間做導流推廣，這也是為什麼我們要把優質內容放到各種平台上，讓它產生流量，導回我們的官網，以快速導流的方式做推廣；因為初期沒有人會來看我們的內容，要花較多的心力曝光，讓別人知道我們的存在。

到了收成期，則要把 80% 的時間放在內容產出，而且還要是高品質的內容，然後導流推廣調整為 20%，因為你之前已經很積極地進行曝光，自然會有一些流量進來，你還可以做免費流量的導引，將實體流量導到網站上，好比說參加各種免費的說明會或講座，與學員互加 LINE 或 FB……等社群。你也可以在網路上回答網友的問題，然後留下你的官網網址，更可以利用一些免費的活動平台，比如活動通這類的平台做推廣，接觸到不同類群的消費者。

那還有免費廣告試用的方法，像一些廣告平台如 Google 或 FB、簡訊公司，都會推出一些免費的廣告試用，你可以善加利用，拿來推廣曝光；或是免費地區廣告和分類廣告，如奇集集百業分類廣告，都可以讓你產生很多的免費流量。

接著你要做流量分析，一來可以確認之前產生的流量是否有用，二來是將有效益的流量管道或方法再擴大，並改善低流量或停止無效的管道，這樣才算完整的三步驟，產生免費流量。

那如果還有一種省力的方法，可以讓你一次完成七天份的 YouTube 影片、部落格文章和社群貼文，而且廣告不用錢，讓你得到免費廣告，你會不會想學呢？這可以讓你建立一個真正免費獲得流量的系統，再也不必依賴廣告來取得流量喔！如果你想學，請連結下方網址或掃描 QRcode，進一步瞭解這個進階的流量技巧。

http://bit.ly/2CEF26e

　　另外，為了幫助讀者獲得更多的免費流量，我特別製作了「免費流量百寶箱電子書」，其中包含剛剛提到的內容行銷及導流需要用到的網站及相關工具，只要掃瞄右方 QRcode，加入我的 Line@，輸入通關密碼：24hrs，就可以獲得此電子書。

[弟子小檔案]

侯凱登

- 網海明燈創辦人。曾在網路行銷上走過很多冤枉路，花了數十萬元學習網銷，但效果不如預期，一度想放棄，所幸最終悟出製造免費流量的方法。

- 曾用部落格幫雅虎購物中心的多家廠商，締造出 500 多萬的營業額。

- 目前為威廉老師門下弟子，同時也是若水學院的合作講師。

5 網銷藏寶箱 Key 3 ——名單

破解名單的真相

在這個章節，我將帶領你認識名單，一樣先替名單下一個定義，照慣例分為狹義與廣義，我們先來說說狹義好了，名單狹義的定義是……

你有一群人的某種聯繫方式，然後你可以透過某平台機制發送訊息給他們。

舉例來說，你有 1,000 筆好朋友的 E-mail 信箱，然後你買了一套發信軟體，當你有什麼訊息想發送給他們的時候，你就透過這套軟體發送訊息，那這 1,000 筆資料就是一種名單。

你使用 FB、LINE 或微信，上面有許多好友，那也是一種名單，因為你可以透過 FB、LINE 或微信平台發送訊息給他們。如果，你過去曾跟很多人交換過名片，或因為唸書、參與社團的關係，手上有一些同學、社團的通訊錄，那同樣算一種名單。也有人把名單稱為數據庫，但以網站設計的觀點來說，名單只是數據庫的一種應用方式，並不代表數據庫就一定等於客戶名單。

名單不論是對個人、對業務，乃至對企業來說，都是非常具有價值的，甚至可以說是最重要的，名單雖然是一種無形資產，但它的價值有時甚至比有形資產還高。好比說，今天你把一間公司的電腦搬走，這家公司

可能還不至於倒閉，因為他只要再花錢買一批電腦，就又能繼續工作了，但如果你今天是把一間公司的名單搬走，而且他們沒有留下備份，那這家公司可能就這麼完蛋了，因為新商品上市的時候，他們不知道該如何跟過去的客戶聯繫。

不論是業務員還是企業，若想把生意做大、做穩，那就一定要學會經營名單，不僅越做越輕鬆，利潤還能越做越好。國外有位網路行銷專家也是這麼說的，他有 4,000 多筆名單，只要缺錢或想買些什麼東西的時候，他就會去找一樣好產品，並跟這個產品公司談好利潤模式，然後寫一封信給他那 4,000 多筆名單，推薦這個產品，就能賺到很多錢供他花用。接著，我們來解釋廣義的名單定義……

名單就是有一群人，他們認識你、喜歡你、信任你個人或企業品牌，你可能不一定有他們的聯繫方式，但有辦法透過某些方式影響到他們，那這就是一種名單。

我舉幾個例子給你聽，你就明白我在說些什麼了。蘋果公司有很多忠實粉絲（又稱果粉），每當蘋果公司有新產品推出時，就算它們手上不一定有這些人的聯繫方式，但蘋果公司還是可以透過打廣告，讓這些果粉知道又要出新產品了，接著這些果粉們就會追蹤此消息，待產品上市後馬上去購買，三更半夜也要去排隊！

又再舉例，假如你有某個高流量的網站，這個網站每天都有很高的訪客數瀏覽，而且還不乏舊訪客回頭來看，雖然你沒有這些訪客的聯絡方式，但從廣義的角度來看，這算不算名單呢？算！

從名單的依附模式來看，名單有所謂的開放式名單與封閉式名單，開放式名單指的是這種名單的聯繫方式，不受限於特定發送工具或特定帳號才能發送，舉例來說，像 E-mail 就是一種開放式名單，只要你有某個人的 E-mail，你可以用任何一個發信軟體或平台，像 Outlook、Gmail、Hotmail、Yahoo Mail……等等來發信，而且它不會規定你要用特定的信箱帳號發送，對方才收得到信。

除了 E-mail 之外，手機號碼也是一種開放式的名單，因為只要你知道對方的手機號碼，那不管你用哪一家電信或哪一個牌子的電話，都可以打電話給對方，並不會因為你換電信公司、換手機了，就沒辦法打電話；當然，除非你把對方的電話號碼搞丟，那就另當別論了，妥善保存客戶名單，本來就是自己的責任。

接著，我們來解釋一下，什麼是封閉式名單？封閉式名單跟開放式完全相反，你必須依附在某平台上，而且還必須用平台上創立的帳號，才有辦法跟對方聯繫，假如你換了一個平台或換了帳號，那就不能像往常一樣聯繫，得重新申請成為好友，且好友申請通過後，才能順利互動。

這種型態的名單，最典型的就是 FB、LINE 與微信，若朋友申請 FB 帳號，那你就只能透過 FB 來聯繫他，用別的平台就不行；而且就算是同一個平台，假如你原本的帳號或對方的帳號停用，之後你要發訊息給他，也會有發不成功的風險。

再來，若從對方認不認識你這個角度來區分，又可以分為許可式名單與非許可式名單，許可式名單就是當你發訊息給對方的時候，對方知道你是誰，甚至曾同意你能寄資料給他；例如去銀行開戶或申辦新的手機門號，他都會要你簽份文件，表示同意對方未來可以發送行銷訊息給你。

反觀來看，非許可式名單就很好理解了，非許可式名單就是對方不認識你是誰，當然更不可能同意你發送訊息給他，那在什麼情況下會發生這種事情呢？有種經驗大家一定都不陌生，就是打開 E-mail 信箱的時候，信箱中有許多人寄的廣告信，但這些寄送廣告信的人，你壓根兒不認識，這種信件又被稱為垃圾信件。

當然，非許可式名單不只會在 E-mail 上發生，FB、LINE 或微信也都有可能出現，像有人明明你不認識，卻莫名其妙的發廣告訊息給你。

非許可式名單的行銷方式存著某種風險，可能招致對方反感，甚至損及企業形象，畢竟對大多數的人來說，大家都不喜歡收到不認識、不請自來的廣告訊息；而且，非許可式名單的轉化率通常非常低，因為他們不認識你或你背後所屬的企業，那信任感自然就會降低。

但如果你問我非許可式名單的行銷方式到底有用還沒用？我會跟你說：「根據我本人親自操作且實驗證實，非許可式基本上還是有用的。」可前提是你得符合大眾市場，商品本身要有競爭力，而且商品文案、圖片的品質都要到位，這樣才有機會創造出不錯的 ROI（投資報酬率，前面已經解釋過了，若你忘記了可以再翻回去看）。

為了幫助大家更理解名單的種類屬性，我做了一張表格讓你們參考。

	種類一	種類二
狹義／廣義	狹義的名單	廣義的名單
是否綁定平台	開放式名單	封閉式名單
對方是否認識	許可式名單	非許可式名單

　　筆者聽過一個傳說，有一種神奇的珍獸，叫做金雞母，你只要擁有牠，牠每天都會下金雞蛋給你（名單就很像一隻金雞母的概念），這時金雞母的主人就想說，既然蛋是牠下的，想必肚子裡一定有更多的蛋，如果把雞的肚子剖開，就可以一下子拿到很多蛋，賺更多錢。於是主人就傻呼呼地拿了一把刀，把雞的肚子給剖了，結果他看著雞的肚子一臉狐疑地想：「為何雞的肚子裡面沒有蛋呢？」想當然爾，後來那隻雞也死掉了，再也不能下金蛋給主人了。

　　聽完這個故事，你可能會覺得這個主人可真傻，這樣的事情應該也只會在故事裡發生，現實生活中不可能有這麼傻的人吧？但我必須告訴你一件千真萬確的事，現實中還真的有人會對自己的名單幹這種殺雞取卵的事情，不但有，而且還不少！

　　什麼是**對名單殺雞取卵**？那就是永遠只對名單上的人做銷售，不花時間建立信任感，這麼做只會讓他們漸漸對你失去信任感，進而取消訂閱電子報或想辦法封鎖你的訊息，最後再也不會購買你所推薦的東西了。

　　所以，要盡可能地建立信任感，讓信任感大於銷售，可以的話，理想狀態是 2：1 以上，例如每天寫兩封無銷售意圖的電子報，第三封才開始推銷東西；如果做不到 2：1，那至少也要做到 1：1，低於這個比例的話，我個人認為有點危險。

　　那要如何建立名單的信任感呢？許多網銷大師們一致認同，建立信任感最好的方法，莫過於不斷免費提供有價值的資訊。什麼是有價值的資訊？就是一份在市場價值上，可被客觀條件認定為「能收取一定價格來販售的東西」，但現在拿來免費提供給名單上的人。

　　舉例，我錄製了一個教學影片，這段教學影片的內容主題叫做「如何

透過網路，創造百萬收入」，影片長達 1 小時又 52 分鐘，內容為網路行銷的實務教學。而類似這樣的影片，如果是由一位具有市場知名度的網路行銷老師所拍攝，通常可以販售 1,000 至 3,000 元的價格，這還算是一個客觀、可被接受的行情（有數據證明真的會有人會掏錢購買，而且挺多的）。可是，若我把這樣的教學影片免費寄給我名單上的朋友，他們收到後就會覺得很開心，加深對我的信任感。

但如果我今天是錄製一段述說做人要誠實樂觀、積極向上，遵守四維八德的影片，那這樣的影片放在市場上，會不會有人願意花錢買？我想可能很難！因為對大部分的人來說，這屬於常識，是我從幼稚園開始的學校教育及家庭教育中就在吸收的觀念，根本不需要額外花錢買。

把這樣的影片寄給別人，或許也能建立信任感，但效果就沒那麼好了，有很多人都會產生誤解，總自我感覺良好的製作一些自認為有價值的資訊，但對受眾來說其實並不是那麼一回事。

而除了提供有價值的資訊之外，還有一個方式能建立信任感，那就是傳遞溫暖的訊息給名單上的朋友，畢竟人是情感動物，都渴望、喜歡收到溫暖人心的訊息；因此，你應該讓你的訊息像跟老朋友聊天對話、說故事一樣，而不是像大公司寄給消費者的宣傳 DM。

關於名單的基本認識，我們先暫時聊到這兒，下一小節我們就來談談獲得名單的方法。

★ 如何透過網路，創造百萬收入的影片。

https://youtu.be/6Gha0f5cur8

★ 如果你想體驗威廉寄送有價值或溫暖的訊息，請連結下方網址，留

下你的資料，我就會寄給你，一同來感受溫暖吧。

http://www.jieliku.com/reg.php?mid=OTAy

高手都在偷用的名單密技

OK，我們剛剛已充分瞭解名單的重要性，那接下來，我們來談談大家都很關心的一件事情，那就是獲得名單的方法。我們先把獲得名單的方法，區分為線上與線下，一般對線下都較為熟悉且有操作過，所以我們先來談談線下。

線下獲得名單的方式中，若按照獲得名單的速度，我們可以再細分為零售與批發，那什麼是零售呢？就是一個個逐一獲得名單。舉例來說，今天你到一個社交場合或去參加一個課程，在這場活動當中，你所認識的新朋友，不論是交換名片，還是互掃 QRcode，加 LINE 或微信好友，都可以算是零售式獲得名單的方式。

那批發式獲得名單的方法又是什麼呢？所謂的批發式獲得名單，就是一次獲得大批量的名單，好比，你在整理過往的通訊錄時，把以前同學、同袍、同社團的人，整理成一個檔案（通常是 CSV 格式），然後一次性匯入你的名單數據庫中，這就是批發式獲得名單。

除此之外，還有一個很好的方法能讓你在現實世界中，以批發式的方法獲得名單，那就是演講或辦活動。以威廉自身來說，早期我都是用零售的方式拓展人脈，當時我規定自己每天都得認識一位新朋友，並取得聯繫方式，就這樣堅持了五年，而這五年，我獲得了 1,500 多筆名單。

後來，我學會了公眾演說，每次去演講時，下課都會有一大堆學生主

動找我換名片，後來我甚至連名片都不用發，直接把我的聯繫方式，例如把 LINE 或微信的 QRcode 放到 PPT 上，直接讓學員掃描，這樣一場演講下來，名單的數量至少能增加數十人，多則增加上百人都有。

有時候我自己不演講，辦活動請別的老師來演講，一樣可以蒐集到很多名單，我有統計過，從我開始透過公眾演說與辦活動蒐集名單，我的名單數量從 1,500 筆躍升超過 5,000 多筆，更為自己帶來不少收入，因為**一個人獲得財富的速度，跟他名單數量的多寡成正比。**

接著，我們再來談談線上獲取名單的方法。在這裡，我們先把它區分為主動式與被動式兩種，這有點類似主動式收入與被動式收入的概念，主動式獲得名單就是完全仰賴人工，只要你肯花時間蒐集，就能增加手上的名單，沒蒐集就沒有；而被動式名單是你設定好一些東西之後，名單就會持續產生，當然，你偶爾還是要去檢查與微調。

我們先來討論主動式獲得名單的方法，簡單來說，今天你在 FB 或是 LINE、微信上，主動透過社團或群組，將陌生人加入成為好友，這就是一種新增名單的方式，也是線上獲取名單最簡單的方式。

若想再稍微進階一點，那就設計一個可以填資料的表單頁面（又稱為名單蒐集頁或釣魚頁），記得要準備好某個「**魚餌贈品**」，清楚地告訴大家，你有什麼好東西，只要點擊以下的網址轉連結至新的頁面，並留下基本資料，就將這項好康送給你。

然後，你可以透過到處貼文章的方式，四處張貼你的宣傳文案，嗯，你問我要去哪裡貼嗎？很簡單，舉凡在網路上有機會被人看到的地方，都貼！例如 FB 社團、LINE 群組、部落格、電子報……等等。

當然，用表單頁提供網友填寫是一種方式，但絕不是唯一的方式。像

拍攝影片給人看也是一種不錯的媒介，尤其是現代人的眼球特別容易被影片吸引，影片會動又有聲音，比起在一堆訊息中停留下來關注，效果更好；且影片中也可以置入 QRcode 或 ID，讓人主動加你為好友、按讚。

好，我們再來討論被動式增加名單的方法，被動式增加名單主要有三種方法，第一就是你架設了某個網站或部落格，然後在該網站上的某處（通常會是側邊欄位），放上訂閱電子報或 QRcode 這類的東西，讓陌生人可以透過這樣的機制成為你的名單，要不就是想辦法將網站進行搜尋引擎的優化，讓人們在搜尋某些關鍵字時，就能看到你，而且名列前茅。

第二種方式則是對這個網站下廣告，也就是所謂的付費流量，不論是關鍵字廣告、FB 廣告、eDM 廣告……都行，只要是付了錢後，它就會持續運作一段時間的就可以。

最後第三種方式，也是我個人最愛使用的方式──聯盟行銷，先找到一群人，然後跟他們說我需要名單，只要你有辦法替我產生名單，我就會用某種方式計算報酬給你。至於計算報酬的方式通常有兩種，一個是按有效名單算，看一筆多少錢（所謂的有效名單的定義，就是聯繫上了之後，確定名單真有其人，而且該名單的確是有詢問過才留下資料，並且對名單蒐集頁上訴求的主題有需求，並非惡意亂填的資料）這樣的方式又稱為CPL（Cost per Lead）。

而另一種計算名單報酬的方式，就是名單取得之後，有成交才計算報酬。舉例來說，B 替 A 帶來 100 個 C（名單），而這 100 個名單當中，有 10 人跟 A 買了價值 1,000 元的產品，而 A 跟 B 約定好了五五對分，所以 A 就支付 $1,000 \times 0.5 \times 10 = 5,000$ 元的獎金給 B。

一個人不論是透過 SEO、付費流量還是聯盟行銷來持續獲得名單，

只要他能讓名單後續產生的利潤，高過獲取名單的成本，那這個人就等於是幫自己創造了一份被動收入；而只要一個人的被動收入高於他的生活開銷，那就是實現了財務自由，這樣是不是很棒呢？

如果你夠聰明的話，你會發現名單的重點在於，如何讓利潤高於蒐集名單所付出的成本，只要實現這點，那財務自由就能實現。關於這個問題的答案，以及其它網路行銷賺錢的關鍵，我會在後面的章節解答。

那如果有機會的話，筆者非常鼓勵大家去學如何公眾演說，或是如何辦活動，威廉自己的培訓公司，便有開設這類的課程，若有興趣，不妨上我們的官網看看。

★ 如何公眾演說的網址。
https://goo.gl/nGGoPx

★ 如何辦活動的課程網址。
http://www.waterstudy.org/howtoevent.html

6 網銷藏寶箱 Key 4 ——商品力

如何選擇你要在網路上賣的商品

從我踏入網路行銷教學領域後，常常看到一種人，四處上課、學新東西，卻始終沒有正式開展自己的事業，行動力相當不足。

我曾問過一名學員：「你為何還不採取行動呢？」

他回道：「報告老師，我卡關了！」

我相當不解：「什麼？你是卡在哪一關？」

他回答我：「我不知道該賣些什麼產品。我想過很多次，覺得賣這個好，賣那個可能也不錯，始終拿不定主意，無法做出決定。老師，你可不可以直接告訴我，如果要在網路做生意，賣些什麼東西好呢？」

我直接告訴你賣什麼，倒不如教你一些網銷的觀念和原則，你只要循著這些去檢視每個你可能賣的商品，就能清楚知道什麼產品可以賣？又什麼產品不適合你賣？

首先，第一條：「絕對不要感情用事。」很多人經營網路生意，總會用「因為我喜歡什麼，所以我就去賣些什麼」的心態來思考，好比我喜歡花，那我就來開個花店，或是我的興趣是做麵包，所以開了一間烘培坊。這樣的想法不全然是錯的，但如果你選擇商品時，是用這個角度來思考的話，反而很有可能讓自己掉入一個坑。

要知道，你喜歡的事物不一定適合當一門生意！萬一你喜歡的事物恰好不適合商業化，你卻偏偏執意如此，那威廉只能跟你說，一場災難就此降臨，有相當大的機率，你會漸漸痛恨當初喜歡的事物；這種事情倘若沒有親身體會，威廉再怎麼苦口婆心地相勸，你也不會有感覺，但那些經歷過的讀者，看到這段一定很有共鳴，心有戚戚焉，想幫我按個讚，但本書沒有內建按鈕就是了。

好的，各位看官請聽我娓娓道來，就我的觀點，在網路上賣東西就是一門生意，而做生意最重要的是什麼？當然是「賺錢」！像我現在選擇生意，會用兩大原則來進行篩選，只要符合這兩個原則就可以做，若不符合就絕對不做，第一個原則剛剛說了，就是賺錢，日本經營之神松下幸之助也說過：「做生意若是不賺錢，是不道德的。」

那第二個原則是什麼呢？長遠來看，賣這個產品或服務可以越賣越輕鬆，收入會持續越滾越大，這才是一筆好生意；若一項生意不管做多久都一樣累，甚至越做越累，那就不算好生意。

威廉曾看過無數老闆（包括我自己），在剛開始創業的時候，從沒有想過這兩個問題，看到什麼自己感興趣的，就一頭熱的跳下去，殊不知是蓋了間牢房，把自己請進去，還順手上了道鎖，回首才發現已是白髮蒼蒼、齒牙動搖（其實沒有那麼悲慘，但也有好幾年的青春就這樣報銷了）。

在我看來，我寧可選擇一門生意，是不是自己感興趣的並不重要，只要他能讓我賺錢就好（當然不是違法或黑心的錢），然後可以越賺越輕鬆，再用賺到的錢去做我感興趣的事情；我怎麼也不要賣自己感興趣的產品，結果日子過的苦哈哈的，永遠只能埋頭苦幹。

前面說到的賺錢，我認為你找到的產品，直接銷售的毛利最好能有50%，萬一不行的話，退而求其次最低也要有30%。嗯？你問我：「威廉老師，不好意思請問一下什麼是毛利？」砰！（威廉老師瞬間跌倒的聲音，然後又拍拍灰塵馬上爬起來）好吧，我來解釋一下什麼是毛利，毛利當然不是利潤長出毛來，也跟柯南裡面的偵探毛利小五郎無關，毛利簡單來說就是產品售價減去進貨成本，例如售價為 1,000 元，你的進貨成本 500 元，那毛利理論上就是 500 元，毛利率為 50%，這樣懂了嗎？

如果你又問我說，咦！威廉老師，可是我想賣的東西毛利沒有到30%耶，怎麼辦？不怎麼辦，不要賣那個產品不就好了？天底下可以賣的產品那麼多，你何必偏偏要去賣一個毛利不到 30%的東西呢？那豈不就像一個癡情女，明明天底下可以選擇的男生那麼多，偏偏要去愛一個渣男又喊心痛，過著悲慘的日子才在那邊說愛恩丟郎。

但如果你又問：「威廉老師，不對啊，我看很多企業家他們做的生意，毛利也不高，但他們還是很賺錢啊，一年起碼都賺幾個億。」問題是人家是超級大公司、大財團，有那個資本去做那樣的事情，當然，如果你有那樣的資金，也可以去玩玩看，但如果你是剛從新手村走出來的玩家，那還是別去地下城打惡龍了，你非但撿不到裝備，還會讓自己噴裝備（這個梗要有在打電玩的人才看得懂）。

除了毛利不能太低外，售價也不能太低，如果你賣的東西是 150元，那就算毛利有 50%，賣一個也才賺 75 元，那未免太辛苦、太難賺了吧？當然，太便宜不好，但也不是越貴越好，因為賣得貴不代表賣得動，否則你上架一個商品，把價格訂得很高，結果乏人問津，那也只是賺到一個自我感覺良好而已。

我個人最推薦的金額是 1,500 元至 3,000 元之間，為什麼這麼訂呢？因為我覺得這個金額對消費者來說，不會考慮太久，也不到需要跟家人商量的程度，重點是還可以讓商家有利潤。你想想看，如果你賣的產品是這個金額，利潤也符合我剛剛說介於 30 至 50％的條件，那是不是一天只要賣個二到三單，就相當於一般上班族的一日工資了？

再來，還有一個重點——消耗性。我個人很喜歡去賣一種東西，消費者購買後，會在一個不會太長的周期內消耗掉，必須再跟我買，這樣我只要建立起一批客戶，就持續有錢可以賺啦。反之，如果是賣消耗性低的產品，那我每個月都要開發新客戶，而且上個月的客戶還不確定會不會回購，這樣不是很累？那週期多久為宜呢？我個人建議一個月，也就是這個東西他買回去一個月內就會用完，用完下個月還會再買，這樣就太好啦。

除此之外，還有幾個重點要告訴讀者，那就是體積不要太大，這樣庫存管理的時候，才不會佔掉太多空間，寄送的時候也只要用很小的包裹、很便宜的運費就可以寄送了。啊，對了！重量也千萬不要太重，假如你賣的產品是啞鈴，很有可能在出貨的時候閃到腰，那就得不償失了。

接著，就是不要賣容易過期或退流行的產品。如果你今天賣的是生鮮產品，那生產或進貨回來後沒有馬上賣掉，很快就會變成報廢品啦；如果你賣的是流行性的產品，也有可能批貨進來，結果當季沒賣掉，下一季又退流行，滯銷變成庫存。

有些東西我個人是不喜歡賣的，例如有尺寸或色差問題的產品，因為那樣可能光為了賣一個產品，就要準備好幾個尺寸進貨，那樣很累，而且同樣一個人穿某個衣服可能是穿 M，穿另一件衣服卻要 L 才穿得下。再來，每個人螢幕顯示的顏色都不一樣，對顏色的認知也不一樣，曾有一個

賣家賣紅色的衣服，在商品描述寫衣服為寶石紅，買家收到貨後卻很不滿地客訴，向店家投訴這明明就是豬肝紅，怎麼欺騙消費者是寶石紅？那寶石與豬肝的紅到底要如何去界定？這是一個非常主觀的問題啊！

最後兩點，這並非必要的，但若能符合的話，算是加分項目。首先，不要賣那種到處都在賣的產品，如果你賣的東西網路上一堆人賣，那市場就會被瓜分掉，而且你也會沒有獨特性；此外，你賣的東西最好要能在大市場做，而不是有侷限性、小地區範圍的生意，市場小，收入自然跟著小。

最後，我來總結一下好產品的定義有哪些，為了方便記憶，我整理成以下口訣，請跟著我念一遍……

毛利不太低，售價也不低
體積不能大，重量不太重
消耗性良好，顧客會回購
不容易過期，或者退流行
無尺寸問題，無審美認定
要有獨特性，能做大市場

只要能符合以上十二個條件，就是一項非常好的產品，趕緊拿著這樣的放大鏡，去檢視每一樣能賣的潛在產品，如果你找到了，那恭喜你，你「有可能」挖到金礦了。為何我要說只是有可能？因為生意到底能不能做、好不好做，終究還是要做了才知道，畢竟實踐是檢驗真理的唯一辦法。

不過，如果你始終找不到，但又非常渴望知道有什麼產品可以符合以上十二種條件，我其實已經有找到一些這樣的產品，而且不光是我賣了有賺到錢，有些跟著我賣這個產品的學生，也賺到了不少錢喔。

如果你想知道符合這十二種條件的產品，可以連結網址，並留下你的資料，我會請助理跟你聯繫，並安排面談（因為我們正在招募代理）。

http://bit.ly/2Qy2tkG

對了，假如正在閱讀這本書的你，有自己的企業、自己的品牌（公司是你自己開的，你有權利決定商品的銷售利潤），正在尋求代理商或銷售團隊幫你賣產品，也歡迎填寫以下的表單跟我聯繫，說不定我能幫得上忙。

http://bit.ly/2NmwXrQ

網拍貨源懶人包

延續上一個小節，為了幫大家解決找不到「商品」來源的困擾，威廉貼心地幫大家整理了一個貨源懶人包，不論你是只想經營小小的網拍事業，還是想打造自己的電商事業帝國，都可以運用以下的資訊，找到你想賣的商品喔。

綜合類

NO	名字	參考網址	所在地
1	好貨大市集	http://www.1111boss.com.tw/new/source/	台灣
2	Mancity	http://www.mancity.cc/	台灣
3	BOSS33 批貨創業通	https://www.boss33.com/	台灣
4	台灣批發貨源	https://www.world168.com.tw/	台灣
5	58 創業加盟網	http://www.58cyjm.com/	大陸
6	Ttnet	http://www.ttnet.net/	台灣
7	台灣批貨批發網	https://www.coolbuy.com.tw/	台灣
8	淘貨源	https://tao.1688.com/	大陸
9	53 貨源網	https://www.53shop.com/	大陸
10	奇奇批發	http://www.qiqipifa.net	台灣
11	超級好批發商城	https://www.ezp.com.tw/	台灣
12	津田批發網	http://www.gintiantw.com/?	台灣
13	花漾小物	https:// 文具禮品批發 .tw/	台灣
14	微商網	https://www.wshangw.net/	大陸
15	愛店家	http://www.aidianjia.cn	大陸
16	夢想丞蓁	http://www.dreamcz.net/	台灣
17	一手貨源號	https://world.taobao.com/	大陸
18	微商貨源網	http://www.lizhi23.com/	大陸
19	1688 採購批發	https://www.1688.com/	大陸

飾品類

NO	名字	參考網址	所在地
1	15 批發網	http://www.15p.tw/	台灣
2	Eleanor	https://www.eleanor.com.tw/	台灣

茶飲 / 食品類

NO	名字	參考網址	所在地
1	綺豐食品行	http://www.milktea.com.tw/	台灣
2	吉康食品	http://www.jicond.com.tw/	台灣
3	承恩	http://www.tachungho.com.tw/tw/	台灣

日系商品批貨

NO	名字	參考網址	所在地
1	Super Delivery	https://www.superdelivery.com	日本

韓系商品批貨

NO	名字	參考網址	所在地
1	SHOONG	https://shoong.com.tw/	
2	OKDGG	https://www.okdgg.com/	

6 聯盟行銷類

NO	名字	參考網址	所在地
1	通路王	http://ibanana.biz/23vKS	
2	聯盟網	http://goo.gl/VB8YZ6	

同樣的，如果正在閱讀這本書的你，是能夠提供貨源的廠商，也歡迎您提供產品資料與合作模式，請寫信寄到 service@waterstudy.org。

7 網銷藏寶箱 Key 5 ──文案力

踏出文案新手的第一步

在找到預計要拿來賣的產品後，接下來最重要的功課，莫過於幫產品寫一個吸引人的文案了，這是很多人最容易卡住的一關，為了幫助大家打通這個關卡，威廉就來跟大家談談如何寫文案吧。我知道絕大多數的人都沒有受過專業的文案訓練，所以我教的這些內容就算沒有任何文案基礎也可以學，因此，你也可以當作是文案新手的第一堂課。

你是否曾經有過一種經驗，在滑手機或是用電腦上網的時候，看到某個廣告手一滑，就忍不住花錢買了，我想這經驗應該蠻多人都有過吧？威廉自己也是一個重度的網購控，每個月都會花很多錢在網路上買東西。那你是否還有另一種經驗，就是看到一些電視廣告或戶外廣告，結果你就心動、跑去買那個東西了，但事後回想起來，你自己也很納悶，當時為何會這麼想買這個東西？冷靜下來思考，發現自己好像沒有很需要那個東西，當時為什麼會掏錢呢？

其實不管你看到的是電視廣告、網路廣告，還是推銷員，它們背後都被施展了一種神奇的魔法，這個魔法就叫做「銷售文案」，文案有如一個精靈，在廣告上灑下了魔法晶粉，讓你在閱讀文字、收聽聲音、觀看影片後，忍不住掏錢購買。

而且最有趣的是，即便你回想起上次的經驗覺得莫名其妙，但下一次你遇到這些廣告卻還是中招，忍不住掏錢購買。你可以思考一下，如果你

也有這樣子的魔法，看到你撰寫的文字，就忍不住掏錢購買你的產品，不再是你掏錢給別人，這種感覺如何呢？是否覺得很開心、很興奮，因為你擁有一個點「字」成金的能力；而且這個能力很棒的是，像威廉本身不太喜歡跟人閒聊，是個惜話如金的人，但只要擁有銷售文案這個能力，就可以不用跟別人說話，照樣把產品給賣出去。

首先，我來解釋一下什麼是文案？文案就是為了達到某個目的，而設計出來的一段內容，這些內容有時候會以文字的型態直接呈現，有時候又會以另一種型態呈現，也就是說，有些文章他是隨意寫的，就像散文或塗鴉文，他通常沒有一個特別的想法，想要去說服誰、達成什麼特定的目的。就好像「水」大部分是以液態呈現，但有的時候是以氣態或固態的方式呈現；文字也會變換它的型態，例如變成是影片的旁白、廣播電臺裡面工商時間的台詞，又譬如業務人員要跟別人推銷產品、一個演說家要上台演說，也要先打好一番草稿再來開口吧？那個也是文案喔。

有的廣告會單純設計成只有一個畫面，沒有任何文字或旁白在裡面，乍看之下文案是不存在的，但仔細想一想，文案存不存在？其實還是在，只是它把文案隱藏在畫面裡面了，設計者預先想好一個概念，那他為了讓你的腦中也自然而然地產生相同的概念，特別設計了一個圖片或一段影片，當你看到那幅照片或影片，內心真的浮出那些話語的時候，設計者的目的就得逞了。

舉例，漢堡王先前設計的廣告，有一個長的很像麥當勞叔叔的人，穿著風衣到漢堡王點餐，只露出背影而已，雖然他沒有直接表明這就是麥當勞叔叔，但明眼人一看就知道，那你覺得這廣告想讓看的人內心產生什麼對話？無非是漢堡王比麥當勞好吃，連麥當勞叔叔都偷偷來這裡吃。

　　文案的目的有很多種可能，第一種目的可能是要**把產品直接賣掉**（最多的時候是這個目的），舉例，當我們在滑手機或握滑鼠逛購物網站的時候，購物網頁上是不是通常都會有一些產品的介紹文字？我若以打籃球來比喻，那這就是投籃或灌籃。

　　第二種目的則是**製造銷售的機會**，我把這個比喻為傳球，舉例，你逛街經過某餐廳，看到餐廳門口貼了精美海報，因而被海報吸引，想瞭解海報上的套餐或活動，然後在櫃台人員的解說下入內用餐。

　　第三種目的是**阻止消費者購買競爭對手的產品**，這情況最常見於政治上，君不見許多政見發表會，候選人都會提到競爭對手的缺點，這就是在阻止自己的消費者（選民），去買對方的產品（投票給對方），但這要使用得很小心，不然反而適得其反，讓消費者更想買對方的產品。

　　第四種目的是**傳達良好的企業形象，建立品牌**，這通常是企業已經營到一定的規模了，才有足夠的資金與時間去打這種品牌戰，因為新創事業的資金通常不多，會建議把行銷資源優先拿來賣產品，先求生存，再求發展。好，最後一種目的則是**營造良好的購物氛圍**，像購物商場為了怕東西被偷走，會貼一種警示標語，上面寫著「**攝影監控中，請勿偷盜，倘若抓到偷竊，報警處理**」，這樣的文字對那些想偷東西的人，能產生警嚇作用，但也可能會讓那些沒有偷盜想法的顧客覺得不舒服。

　　後來有一個很厲害的文案寫手，設計出一句話，叫做「攝影中請微笑」，這句話一樣能對那些意圖偷盜的人產生警告作用，卻不會讓其他消費者引起不愉快的感受，搞不好還覺得挺有意思、挺好玩的呢。又比如說現在有的餐廳會在工作區掛一個標語寫著「忙碌中，有的時候會忘了微笑，請見諒」道理也是一樣，希望藉由這些精心設計過的文字，為消費者

製造良好的消費氛圍。

　　文案同時也是一種工作上的職位名稱，英文叫做 Copy right，是為了達到行銷目的的文字工作者。羅斯福總統曾經說過：「不當文案就去當總統。」這句話很耐人尋味，代表對他來說，文案似乎是一個比當總統更好的工作選擇？文案通常會偕同別的工作者一同執行一個專案，例如視覺設計、創意總監……等。如果你也是位老闆，可能會想一個問題，有沒有一個員工的文案能力和視覺設計能力都很強，這樣就只要花一筆薪水就好，不用請到兩個員工？嗯……這是一個好問題，以我十多年的職場經歷來說，這樣的人才是少之又少，如果有的話，他的薪水通常也不低。

　　那學好文案可以用來做什麼呢？首先，學好文案可以幫你自己的商品取一個好名字，要知道一個產品是否好賣，名字是很重要的，好比台灣名模林志玲，如果她的名字取名叫如花，可能就很難成為名模了。有時候，一模一樣的商品只要改個名字，就能讓業績翻倍，不相信嗎？我們來看看實際案例吧，早年，有位非常會賣書的人，他叫霍得曼・尤里斯，他在 1920 至 1930 年間，共賣掉近 2 億本書，包含了兩千種不同類別的書，你有沒有覺得很牛？這簡直牛到爆棚，而且那個年代不但沒有網路，其它的傳播工具也不發達。

　　那他為什麼可以賣掉這麼多本書呢？主要是他很會幫書取一個好的書名，所以原本賣得不好的書，到了他的手上，就變得很暢銷。

NO	原本的書名	原本銷量	後來的書名	後來銷量
1	十點鐘	2,000	藝術對你有什麼意義	9,000
2	金羊毛	5,000	追求金髮情人	50,000
3	矛盾的藝術	5,000	怎麼樣有邏輯的辯論	30,000
4	卡薩諾瓦情史	8,000	千古第一情人 - 卡薩諾瓦	22,000
5	格言警句	2,000	人生之謎的真相	9,000

看到這裡，你是否覺得：「哇，會取名字真的是太重要了！」沒錯，不只商品名稱，你的店名、品牌名、公司名……一樣都很重要，下一節我會跟大家深入剖析品牌命名的眉角。

踏出文案新手的第二步

OK，剛剛提到命名的重要性，在這一節我們就來討論企業品牌的命名，我要先說明一件事情，那就是企業品牌，跟公司在營業登記上的名字，並不一定要一樣！舉個例子來說，當年我第一次創業，登記的名字是「若水整合行銷有限公司」，然後我也把網站上的名稱設為若水整合行銷有限公司，過了一段時期後，我隱約發現不太對，因為我公司主要提供的業務項目是「網頁設計」，如果我的網站名稱是若水整合行銷的話，就不太有人因為網頁設計來找我，搜尋「整合行銷」還比較有可能跳出來，問題是我當時並沒有真的提供整合行銷（IMC）的服務啊！

當我意識到這個問題的時候，我就把對外的企業品牌，改為「若水網頁設計」，這樣一來有幾個好處，當潛在顧客在網路上搜尋「網頁設計」這四個關鍵字的時候，會比較容易找得到我；而且我出去外面跟人交際

應酬、跑業務，跟別人交換名片的時候，名片上寫著若水網頁設計，也比若水整合行銷好，因為別人可以清楚知道我在做網頁設計，有需要就會找我。

包含像我後來第三次創業，公司登記為若水文創，但我做教育訓練的時候，我的品牌名就叫做「若水學院」。為什麼要這麼做呢？因為文創的定義太廣泛了，舉凡文物考古、文創商品製作與販售、辦藝文活動……還有一堆事情都可以被歸類在文創的範疇，如果現階段我只做教育訓練這件事的話，那我最好取一個直接了當的品牌名稱，所以我就取名叫若水學院。網址放在下方，歡迎有空上去看看。

www.waterstudy.org

對了，當你在命名品牌的時候，名字建議是 2 至 4 個字，最好不要超過 4 個字，為什麼呢？這是為了之後方便設計圖標。現在很多東西都會用到圖標，像 LINE@ 或微信公眾號，都會有一個圓形的代表圖，去代表你這個頻道，而 4 個字是最好呈現的，2 至 3 個字也有對應的設計方式，只要超過 4 個字，就不太好處理。

如果你是要發展中國大陸市場的話，可以善用疊音字或設計三個字的品牌，然後最後一個字是寶，因為這樣的命名方式在中國大陸很討喜，我舉幾個受歡迎的品牌，你就會知道了……

★ 支付寶。

★ 餘額寶。

★ 加多寶。

★ 至尊寶（周星馳電影裡面的某個角色）。

★ 哇哈哈。

對了，一家公司旗下可能會有 N 個品牌，例如若水文創底下專門做教育訓練的品牌叫若水學院，有沒有可能若水文創改天又做別的生意？非常有可能，像威廉在寫書的時候，腦中就有一堆創意構想。舉例來說，我很想成立一個品牌，專門辦軟性活動，例如品酒會、婚友聯誼、第二春聯誼……等等，因為我覺得再怎麼喜歡學習的人，也不會想天天上課，那樣壓力太大了，偶爾也想去參加一些吃吃喝喝、熱熱鬧鬧的活動，那與其讓自己魚池裡的魚游去別的單位參加別人的活動，何不自己籌辦活動，滿足他們的需求呢？

看到這篇文章的你，如果剛好是個活動達人，又對這樣的提議感興趣，歡迎來跟我們合作，也可以由你來當品牌策劃人，若水學院的資源做你的靠山，讓你搭在若水的品牌下創業，我們的聯繫電話是 +886 2-2382-7288，24 小時全年無休喔。

再來，除了品牌名之外，文案還有一件事情能幫上你的忙，就是幫產品設計出一個好故事！你知道嗎？設計一個好的故事雖然不花錢，不過如果你自己設計不出來，要請文案高手幫你設計，那就另當別論了，一篇精采的故事，絕對能幫你賺來大筆大筆的鈔票！

舉例來說，有一個保養品的品牌不知道大家有沒有聽說過？叫做〈海洋娜拉〉，它有個很傳奇的故事，話說有位叫做 Max Huber 的博士，他有著強烈的好奇心，熱衷於研究在宇宙飛行的火箭。但 Max 博士在一場

實驗中意外被燒得遍體鱗傷,為了拯救自己的外表,他花了相當漫長的時間,研究有什麼成份可以修復受傷的肌膚,起初他找到一些礦石、花卉和樹木來提煉藥膏,但進展並不是那麼順利;最後他轉向海洋尋找,意外找到某種海藻,順利提煉出 Miracle Broth 濃縮精華,救回自己的皮膚,恢復到受傷之前的狀態。

看到這裡,你覺得消費者聽完這個故事後,會有什麼想法?會不會認為:「哇!一個嚴重燒燙傷的人,使用這罐保養品後,都能修復到正常人的外表,那一般人用了這罐保養品,不就變得更好嗎?」這是消費者很容易對號入座的想法。

看到這裡,如果你是做保養品生意的,千萬不要拍著大腿或桌面感嘆道:「唉!可惜,我怎麼沒有經歷過什麼爆炸或災難事件,讓我的皮膚受到一些傷害,這樣我也可以去找些什麼神奇妙妙工具來修復我的肌膚,如此一來,我就有故事可以寫了。」千萬不要有這種愚蠢的念頭啊!我剛剛講的只是因為它剛好發生了,借此把已發生的事清巧妙寫成故事,變成行銷武器,不代表非要經歷什麼傷害不可。下面我再介紹另外一個故事。

筆者從小在高雄長大,在高雄的四維路上,有一家麵包店叫做吳寶春麥方店,他們的老闆吳寶春先生曾得過世界盃麵包大賽個人賽金牌,同樣身為高雄人,威廉對此與有榮焉。

他們跟一般的麵包店不一樣,因為生意太好,怕店裡過於擁擠會影響消費者的購物感受,所以他們在門口擺上紅絨,要進去的人得排隊等候,

如果想看海洋娜拉的品牌故事,可以參考這個影片。
https://youtu.be/PmcXp8fNTFU

等店裡面的人消化一些後，才又放人進去消費。一家麵包店可以牛到這種程度，也可以說是很勵志，不過我今天要介紹的重點不是他們的店，而是他們的招牌商品——無嫌鳳梨酥。這個鳳梨酥可是有故事的，話說吳寶春先生小時候，正值五〇年代，鳳梨加工業崛起，他的母親無嫌女士就靠著在屏東大武山下採收鳳梨、打零工養家，生活困難時，晚餐配菜更只有被淘汰的鳳梨。後來，母親去世了，鳳梨的氣味轉化為對母親的思念，寶春師傅決定將伴隨自己長大的鳳梨，化為顆顆飽滿的鳳梨酥，邀請大家一起感受酸中帶甜的台灣滋味。

我猶記得我第一次是基於好奇，而買了這盒鳳梨酥，我並不知道這個故事，但當我打開盒蓋，看完上面印製的故事之後，我深受感動，瞬間熱淚盈眶，因為我想到我的媽媽，她也很努力地想讓我有個快樂的童年；我想每個人身後也都有個偉大的母親，所以像這樣的產品故事很容易打中每個人內心深處，產生認同感與共鳴。

後來我常常光顧吳寶春麥方店，有時候一買就是十幾盒，不是因為我是個鳳梨酥控，愛吃鳳梨酥到如此瘋狂的程度，而是買來送人。特別是到大陸出差時，我都會在行李中準備好幾盒鳳梨酥當伴手禮，而且每次送人時，我還會特別告訴對方這是個「有故事」的鳳梨酥。

你有沒有發現一件事情，這個產品根本不用強調它有多好吃、用了多昂貴的食材，連產品取名都不是那種高端、大器、上檔次的範兒，僅取名無嫌（不嫌棄的意思），便讓消費者印象深刻，甚至幫他傳遞故事。

註　吳寶春麥方店一開始只有在高雄有店，現在別的城市也有開分店，這裡是他們的官網網址。

http://www.wupaochun.com/

每次我在教文案課的時候，都會講這個故當案例，講到激動處，甚至還會眼眶泛紅、淚珠轉圈圈，所以當我講完文案課，這世界上就又多了一批人知道這個故事，進而去買這個產品的人，甚至像我一樣，繼續傳遞這個故事給更多人。

你看看，用文案的思維去設計一個好故事有沒有很厲害、很重要？記住！消費者通常都記不住產品規格、產品成份，但往往記得住你的產品故事，可前提是你得要有故事才行。

那文案新手我們就先講到這邊，如果你想學習更多文案技巧，我這邊有一個「文案新手的三堂課」免費送給你，你只要到下方網址留言，就會收到囉。

http://bit.ly/2D728CS

8 網銷奧義──太極心法

 ## 心法奧義（一）

　　在讀完了心法中的流量、名單、與轉化之後，相信你對網路行銷已紮下良好的根基，接下來要傳授給你的，是威廉對網路行銷研究十多年來的心血結晶，也可以說是集我對網路行銷的學習、實踐、領悟之大成。

　　在寫這篇之前，我停筆了好一陣子，因為我一直在思考，市面上談網路行銷的老師和書籍這麼多，早已提出許多很棒的觀念，那如果有一個心法可以總結所有重點，貫通所有的行銷方法的話，會是什麼？

　　我苦惱、思索了幾個月後，心中終於得到一個解答，這個答案講出來可能會讓很多人跌破眼鏡，因為它是來自中國古老的智慧──**太極**。

　　是的，你沒聽錯，網路行銷是很新穎，是資訊科技的玩意兒，它的終極奧義怎麼會是古老的太極思維呢？別急，容我解釋下去，你就能慢慢理解了，我先把網路行銷之太極心法分成幾句話來描述。

　　首先，在解釋太極之前，請允許我借用老子《道德經》中的一段話，來作為太極心法的開場前導，畢竟太極是個被普遍認知的存在，所以，在太極思想被認同前，當然得有些什麼來證明、促使這個存在，而這正是我想解釋的部分……

　　老子說：「道生一，一生二，二生三，三生萬物。」這句話原始真正的含意，在此我先不去探討，如果要認真解釋的話，就又是另一本書的篇幅了，有興趣的可以自行上網查找相關資料或書籍，我只是覺得這句話恰

好可以用來解釋網路行銷（我對研讀老子的經典一直很有興趣）。

首先，我們先來討論道。什麼是道？在我的理解裡面，世間有許多的法則與定律，例如地心引力定律、熱漲冷縮定律、業力法則；行銷學有所謂的 4P 理論、鐘擺效應；經濟學則是邊際效應……等等。

而這一切法則與定律的總結，都可以用一個「**道**」來解釋，一個人或一個團隊都可以藉由對道的理解與運用，創造出一個產品、商業模式，甚至是一家公司，這就是所謂的「**道生一**」。

接著，我們再來解釋什麼是「**一生二**」，如果你看過太極圖，應該知道，太極圖當中，有黑色與白色的部分，又稱為陰陽，如下圖。

而在網路行銷的架構中，我借用太極圖當中黑色的區塊，代表著實體、線下的；白色的區塊則代表著虛擬、線上的，如下圖。

這兩者可以彼此交互作用，互為對方的起點與終點，循環生生不息。這幾年被大家廣泛討論的 O2O（線上離線商務模式，Online to

Offline），在我看來其實也可以用太極詮釋。實體可以是真實商品，例如一支口紅、一件衣服；虛擬則可以是虛擬商品或是一種服務，例如彩妝教學、穿搭教學的線上課程，或是可以模擬客戶使用某種口紅或穿某件衣服的 APP 或網站服務。

以線上或線下來說，線上代表著網站、網路商店、網路平台、APP、線上活動……等等，線下則可以是門市店面、展覽會、策劃出來的實體活動，或現實中某些特定族群會出沒的地方。

我們繼續來探討「二生三」，不論是虛擬與實體、線上與線下，都能衍生出三種關連應用，也就是前面說過的流量、轉化與名單；是的，網路有網路的流量，實體世界也有實體的流量。

最後，我們來說「三生萬物」，這句話延續著前面所說的，運用了道的法則，應用虛擬、實體、線上、線下、流量、名單、轉化等變化，就能創造出許多的事物，這裡的萬是指一個大量的概念，不一定剛好是一萬或幾萬，有可能產生上萬名顧客、上萬名員工、合作夥伴或上萬筆訂單。

解釋完太極的前導後，就要來說說太極這個概念，該如何運用在網路上。具體有幾個思維要討論，首先送給你的第一段話是……

以虛帶實，以實養虛

虛在前面解釋過，指虛擬的商品或一種服務，在這裡我們可以舉例某間賣鋼琴的店，老闆為了吸引更多人來買鋼琴，因而開設了鋼琴的教學課程，吸引人來上課，再建議學生家長購買鋼琴以利在家中練習；再舉例，賣烘焙機器的公司，可以另外開設烘焙課程，課堂中所使用的機器都是自

家產品，學員若覺得烘焙機好用，就可以直接訂購這台烘焙機。

不論你現在是賣什麼產品，我都鼓勵你想辦法產生「課程」這種東西，課程有很多好處，一來它的單價可以很彈性，一般推銷的實體產品若很貴，很難讓人一下掏出那麼多錢來購買；反之就不一樣了，他可以先購買你的課程體驗，只要他上過你的課程，他就成為你的名單了，你可以持續跟他保持聯繫，總有一天你會成功向他銷售實體產品；而除了這個好處外，課程還有另外一個好處，就是讓你的身分**從銷售員變成顧客的老師**。

自古以來，不論東、西方文明，都有著尊師重道的文化，因此，當你成為顧客的老師之後，他會更易於接受你所推薦的產品，而且是用良好的態度與你互動，比較不會產生亂殺價或客訴的問題。

虛的部分，除了課程之外，也可以是一種服務，例如賣影印機或飲水機，由於這類商品通常單價較高，又有維修與折舊的顧慮，所以不如直接用租的，讓企業能以租賃的方式使用產品，反而吸引更多人使用。

在眾多的虛擬商品型態中，我特別推薦一種東西，那就是「資訊型商品」。例如把在某方面的專業知識，製作成一個影片或電子書（別想得太複雜，其實存成 PDF 檔就可以），接著，你就看是要把資訊型商品拿來送還是賣都行。

因為資訊型商品有一個特色，就是它只有製作時會產生成本，之後幾乎不會追加成本，物理成本非常低，銷售的金額可說是純利潤。所以，你可以再利用這些利潤打廣告或透過聯盟行銷，分高額的佣金出去，吸引更多人幫你賣資訊型商品。

且只要市場上有人買了你的資訊型商品（不論他們是買還是免費取得）就代表你取得了這些人的名單及流量，因為你可以設計一些機制在

你的購買、贈送頁上面，或直接置入商品之中，讓他們點擊某網址留下資料，甚至是掃描 QRcode 就好，獲得更多有價值的資訊。

接著，我們再來解釋什麼是**以實養虛**。資訊型商品或課程，通常有幾種特性，一是重複消費性不高，一個人一輩子基本上只會花一次費用，購買你的一種資訊型產品，除非你一直推出新的資訊型商品給他，否則就沒有辦法創造持續性收入；但要一直創作出新的資訊型商品獲利，那未免也太累了，所以如果有實體產品，而且它還是消耗型產品的話，那你就可以用實體產品的銷售利潤，來養虛擬產品的行銷成本。

舉例來說，如果你賣了一堂「**如何烤出美味蛋糕**」的教學影片，後續你可以針對購買影片的族群，販售做蛋糕的食材或器具，有可能是比較好的麵粉、奶油或電動攪拌器，只要你後續有實體產品銷售的利潤在支撐，就能讓你有更多的本金，挹注在 FB 或關鍵字廣告上，宣傳課程影片。

好，我們已經理解完太極之始，與太極心法的第一句話，讓我們喝口茶，稍作歇息，再繼續往下討論太極心法的第二句，這也是威力非常強大的八個字。

心法奧義（二）

延續前面內容，我要來講解第二句太極心法，如果你能領略其中奧妙的話，肯定能為你帶來源源不絕的資源，這句話就是……

借力使力，借勢乘風

假如你聽說過太極拳這門武術，那你一定知道，這門武術的獨特之處就在於「借力使力」，只要以自身極少的力量，就能牽動對方，將其力量為己所用；而網銷界也是如此，一個人即便再怎麼懂網銷，其力量勢必也有限，但如果你能借用許多人的力量，那就可以發揮出無窮的力量。

　　借力當中的「力」，其實只是多種資源的統稱代名詞，沒有規定一定要是物理學裡面的力量，在此分析如下，只要借用以下「**資源**」，都可以稱之為「**借力**」……

★ 借商：借用別人的商業模式或熱賣的商品，研發成自己的東西。

★ 借時：借用別人的時間為自己工作，例如發展聯盟行銷夥伴。

★ 借智：借用別人的腦袋，來幫自己思考，例如：顧問或智囊團。

★ 借物：借用別人的設備，來投入生產。

★ 借場：借用別人場地、場所來舉辦活動，安置人員或設備。

★ 借流：借用別人高流量的網站或實體門市，來實現自己的轉化。

★ 借名：借用別人的名氣或品牌，為自己的事業背書。

★ 借單：借用別人的名單，來進行銷售。

★ 借利：借用別人高利潤的商品，來當自己的後端。

★ 借金：借用別人的資金，建構自己的商業模式。

★ 借餌：借用別人的魚餌，來釣自己的魚。

　　繼續往下說的話，其實還可以寫出許多的借力項目，但我們就先列舉出這些就好。

　　不論你要向誰借什麼力，都必須符合一個很重要的原則，那就是「**讓**

利」，也就是讓對方獲得利益。倘若今天對方與你合作不能獲取利益，那他為什麼要把力借給你呢？而且，讓利還有一個重要的關鍵，那就是讓利的方式，必須要對他現階段關注的目標有所幫助；畢竟，如果你提出的讓利方式是讓他協助賣你的產品，與他拆分利潤，但這有可能不是對方現階段所關注的目標，這樣的讓利只會是你一廂情願的做法。

反之，如果你跟對方合作的方式，能幫他賣出想賣的產品，或實現對方現階段關注的目標，那就可以算得上讓利。我們必須知道，每個人在不同的人生階段，都會有他想實現的人生目標，有的人是求利，有的人是求名，有的人則是求能對社會有所貢獻。

所以，若想要與人合作、向人借力，你就要先學會「忘」，也就是暫時忘掉自己的目標，不知道你有沒有看過武俠小說《倚天屠龍記》，主人翁張無忌在跟張三豐學太極拳的時候，張三豐發現張無忌忘記招式時，總能忘得很快，因而感到非常欣慰。向人借力也是一樣的道理，如果你心裡始終關注著自己的目標，那就不會懂得虛心傾聽，觀察對方的目標；忘並非真的要忘記一切，就如同張無忌一樣，他雖然忘掉招式，但記住太極的含義。所以，向人借力時先忘掉自己的目標，但要達成互利共生的結果，我用下面的太極圖來表示。

接著，我們來解釋第二句話「**借勢乘風**」。所謂的勢有兩種，一種是

趨勢，一種是氣勢，在任何年代都會有當時未發展起來，但未來絕對會成長壯大的東西，就如同過去的個人電腦、網際網路、智慧型手機一樣，只要你借到了這股「**勢**」，就好比走到風口浪尖上，豬都能飛上天。

勢的另一種解釋則是氣勢，舉凡一個人、一個產品或一家公司即將要爆發性成長時，都會有一股氣勢，那種感覺就像山雨欲來風滿樓，如果你發現身邊有人、產品、公司有這樣的氣勢，只要跟他合作，借著這股勢，那你也能乘風破浪，成就一番偉業，甚至在歷史上留有你的篇幅。

正所謂英雄選擇戰場，戰場成就英雄，諸葛亮遇到劉備的時候，劉備還很弱小，但諸葛亮看出他未來定有一番作為，所以加入劉備的麾下，也才有了後來的火燒博望坡與赤壁之戰。

接著，我們再來解釋太極心法的第三句話，這句話就是……

捨其難捨，賺其不賺

這句話的意思是，把一般人最難割捨的捨棄掉。一般人做行銷，最難割捨的第一順位通常是產品的銷售利潤，倘若你願意捨棄產品的銷售利潤，然後想辦法從別的部分，也是一般人不會想到的地方，把錢賺回來，你就有可能異軍突起，在該行業裡佔有一席之地，讓同行難以與你競爭。

舉例來說，一般的防毒軟體都要收費，但中國大陸就有一套防毒軟體「360 殺毒」宣稱永遠免費，迅速搶下大片市場，讓競爭對手受到強大的威脅；但免費提供防毒軟體要如何賺到錢呢？原來它們改成向網站收取認證費，只要網站繳交安全認證費用給 360 公司，那該防毒軟體的用戶，到那些有繳費的網站時，網頁就會自動跳出提醒標語，告訴你在這個網站

瀏覽是安全的，如果你的電腦因為瀏覽這個網站中毒或詐騙，360 公司會代替網站賠錢給你。

還有一個案例也很有意思，一般連鎖洗車場，除了要加入會員外，每次洗車都還要額外收錢，可中國大陸有一家洗車廠，它採取會員制，標榜洗車不另外收錢，只要是會員就免費幫你洗車。可是加入會員有兩個門檻，一是車子必須是雙 B 等級以上，二來你要向他們公司投保車險，你的車得交給他們管的意思（這家洗車廠找了間產險公司，具有代理汽車保險代辦的資格），所以他們雖打著不賺洗車錢的名號，但其實只是換個方式，變相從車險去賺！

如此一來，其它同業就很難與他們競爭，因為洗車廠大多靠主服務（洗車）來賺錢，但它們在競爭激烈的市場反其道而行，捨棄主服務賺錢的機會，改用延伸的服務賺錢，且後來該洗車場還不只賺車險錢，更賣水賺錢（大陸很多車主習慣在車上放一箱水）；它甚至跟房地產公司合作，把這些高資產族群（記得剛剛說會員資格是要開雙 B 等級的車嗎？）透過賞房團旅遊的方式，導人流去買房地產，又再賺一筆，只要沿用這樣的思維，就可以永無止境地賺取很多其它收入。

接著，我們來談太極心法的第四句，也是最後一句話，這段話是……

道法自然，德以聚財

道法自然這句話的意思是指，向自然界學習，其實只要留心、多觀察自然界的一些現象，你會發現很多事情都值得我們學習，並應用在網路行銷上。舉例，你應該有吃過水果吧？水果的種子（果核）外面會包覆上甜

美的果肉，讓動物想去吃它，然後種子就會隨著動物的糞便排出來，在某處落地生根，幫助這個植物繁衍。

思考一下，假如樹的種子只有果核而沒有果肉，或是果核在外，果肉在內，那動物還吃不吃呢？肯定不吃啊，果核那麼硬，又不好吃，誰要去吃它？所以，若動物沒有意願吃的話，那這棵樹就達不到繁衍的目的了。

而我們做網路行銷也是如此，我們必須把自己想達成的目的藏在中間，在外面包覆（裝）著別人想要的東西，這樣他們才有可能為了得到自己想要的東西，而付出你希望他做的事。

當然，除了水果外，還有很多現象值得借鏡學習，就看你能否睜開智慧的雙眼，用心觀察，舉凡四季變換、風雨雷電，都有其寓意所在。

最後，我們來解釋最後一句話：「**德以聚財。**」德就是品德的意思，不論個人還是企業想透過什麼產品、通路賺錢，都必須符合品德、遵循正道，這樣獲取的財富才能長久；若賺取財富的方法缺德，那這樣的財富必然無法長久。

一個人能獲得的財富絕對與品德成正比，若你想賺 100 萬，那你就要有 100 萬的品德，若想賺超過 1,000 萬，甚至是 1 億元，那就要有相對應的品德。有些人的品德只有 10 萬，但可能因為跟上某個趨勢、契機，僥倖賺取 100 萬，那只是暫時的，超出的部分會像滿出杯子的水一樣流洩出來，而這就叫「**德不配位**」，社會上屢見不鮮。

所以，我們在操作網路行銷的時候，必須時常問問自己，我現在銷售的這個商品或服務，是品質有保證、安全且對人有益的嗎？我協助的企業意圖良善嗎？我是否能維持正直公義的信念，行銷手法是否光明磊落？

聚財除了是聚集財富之外，還有另外一種解釋，就是聚集「**人財**」，

因為人也是一種大量財富，如果有很多人信任你、喜歡你，願意成為你的消費者、推廣者，甚至是你的員工、合夥人、股東，那你的事業才能風生水起、扶搖直上，人財比錢財更寶貴，寧可財散人聚，切勿財聚人散。

跟大家聊這麼多，整個太極心法就到這邊結束，我另外設計了一個謎題讓讀者腦力激盪，解答成功的話，就能得到價值 15,000 元的獎品。

千古謎題，未完之局

在金庸小說《天龍八部》當中，逍遙派掌門無崖子設下一個珍瓏棋局，期待高人破解此局，成為掌門接班人，習得絕世的武功真傳，並為他執行一項重責大任。這個故事情節，激發出筆者的靈感，進而設下謎題，讓讀者們也來猜猜看（目前為止還沒有人猜對）。

我先說猜對會有什麼獎勵好了，這樣大家比較有動力思考，猜對謎題的讀者，威廉會請他到咖啡廳喝杯咖啡，時間約莫一小時，在這一小時中，你可以問我任何與網路行銷、創業、文案、會議行銷、網紅……等有關的問題，只要是威廉有研究過，算得上是專長的事情都可以問，我知無不言、言無不盡。平時類似這樣的顧問諮詢，我一小時可要收取 15,000 元的諮詢費，所以這杯咖啡的價值可不便宜喔。

好啦，接著我要來公布謎題，聽好了喔……

流量誠可貴，誠可貴，名單價更高，若有「×××」，一切都好搞。

一起來猜猜看「×××」是什麼吧！威廉可以稍微提示一下，這個答

案並非剛好三個字，但也沒有標準的字數，只要概念對，那我就算你答對。此外，×××其實代表三種要素，好比說，構成生命的三要素，分別是陽光、空氣、水；日本神話中有三種神器，分別為八咫鏡、天叢雲劍、八尺瓊勾玉。當然，答案自然不是陽光、空氣、水，更不是八咫鏡、天叢雲劍、八尺瓊勾玉，這只是舉例。

一旦你獲得了這三個要素，那名單、流量、轉化對你來說就不再是個問題，當然流量與轉化後所能帶來的收入，也就可以持續創造出來囉。

如果你有想到答案的話，請將你的答案，寫信寄到我公司的客服信箱 service@waterstudy.org。若沒有得到回信的話，就代表還沒猜對，但你可以繼續猜，直到猜對為止，猜對就會回信給你，請你喝這杯價值15,000 元的咖啡囉。

Part II

善用工具，讓你的
收入倍增式成長

Guide of Internet
Marketing

The Greatest Book
for Getting Rich

1 網銷兵器譜 Tips 1 ──社群

如何善用 FB 做行銷

FB（Facebook）又稱臉書、面子書，是全球最大的社群平台，除了少數幾個國家（中國、北韓、古巴、伊朗）外，幾乎全世界都在使用，其全球使用人口數約有 18.6 億人；如果將 FB 的用戶視為一個國家的話，那 FB 應該是全世界人口最多的國家了，也因而讓它成為網銷業者的兵家必爭之地。

透過 FB 行銷有許多好處，它可以讓你從免費開始，也可以讓你在它身上花不少錢（FB 廣告）。雖然同樣是網路廣告，但 FB 廣告卻有著一個獨特又強大的優勢，它能非常精準地針對目標族群下廣告，包含：多少年齡區間、對象是男生還是女生、居住地在哪，或是對哪些事物感興趣……等等，FB 對廣告受眾的定義，絕對複雜到超乎你的想像！

你也許會好奇，為何 FB 可以對廣告受眾作出那麼精細的分類呢？答案是，你在使用 FB 的時候，它會主動根據你註冊的資料、發文的內容、參與了哪些社團與粉絲頁……等行為進行分析，歸類出你屬於哪一種族群，它甚至連你最近有沒有出國、小孩幾歲都知道！是不是很厲害呢？而這樣的分析技術又被稱為「**大數據**」，相信各位都有聽過。

好的，瞭解完 FB 的重要性後，就讓我們來學習如何用 FB 行銷吧。首先，我們行銷的前提，當然是先要有一個 FB 帳號，下面我用電腦版的FB 進行示範，請先打開瀏覽器，來到 www.facebook.com。

填完畫面中的姓氏、名字、手機號碼及註冊郵件、設定密碼、生日、性別，並完成信箱驗證之後，一個新註冊的 FB 帳號就產生囉。剛註冊好的 FB 帳號什麼資料都沒有，記得先換上一張自己帥帥或美美的照片，只要進入個人頁面，就能替換自己的照片了。

　　你可以適度使用 FB 內建的照片裁切功能，盡可能讓整張臉的面積佔據版面的大部分，具體建議是頭上留約 2 指幅的空間，肩下留 3 指幅就好，不要全身或半身入鏡，避免臉部看不清楚，可參考下圖範例。

　　這時候，眼尖的你可能會發現左側有一欄位在等你填寫，像你讀過哪間學校、有哪些興趣、愛好……等等，也許你會納悶，這東西有必要填寫嗎？當然！而且越詳細越好！網路世界難免存著一種虛幻、不真實的感覺，連互動者到底是不是「**真人**」都是一個問號，而且網路有太多以行銷為目的而創建的假帳號了，那種帳號往往都只有一張或寥寥數張照片，沒

有個人學經歷、生活喜好，感覺就像一個橫空出世的人，沒有真實感，進而產生不信任。所以，若要做好網銷，請務必記住下面這句話……

你越真實，就越能帶給別人信任感；越能帶給別人信任感，你就越能透過網路去行銷你想賣的東西！

而且，除了大頭照之外，最上方的版頭也很重要，就是照片頂部那塊橫幅的區塊，它預設是黑色的，如果你能準備一張合適的圖片放上去，對你的形象有很大的加分效果喔！大家可以上我的 FB 去看看 www. facebook.com/williamonline。

做好 FB 的基本布置之後，接著就要充實我們的「**內容**」，也就是塗鴉牆的部分，最好能三不五時就放一些東西上去，可以的話一天 PO 三篇為宜，分別是早上 8 點到 10 點、中午 12 點到下午 2 點、晚上 7 點到 9 點，這三個時段滑手機的人特別多。

那塗鴉牆 PO 些什麼好呢？一般人普遍會將去哪玩，吃了些什麼或跟家人之間的互動拍照上傳，要不就是轉貼一些名人語錄，例如馬雲、郭台銘先生……之類的，但你最好不要永遠只 PO 這些東西，有時要適度地加上一些自己原創性、有啟發性的東西，網友對你的印象才會深刻。

如果你持續發表跟工作領域或興趣相關的文章，日積月累下來，人們就會認為你是該領域的專家，舉例來說，像我會在 FB 上發表跟網銷有關的心得文章，所以有很多人都相信我確實是網路行銷的專家。

　　千萬別小看發文這件事情，其中學問其實還挺多的，要發表出讓人愛看、會按讚，甚至還會留言跟你互動的貼文，需要你稍微費些心神思考。首先你發表的東西不能只有文字，要搭配些圖片，如果有影片的話，效果更好；而且你的發言最好不要像在自說自話，要跟網友們對話，想辦法在結尾鋪一個梗，讓人想留言、互動或幫你按分享。

　　塗鴉牆開始有內容之後，接著就要開始擴充好友數了，記住一件事情，網銷若要成功，行動是量大的基礎，而量大是成功的關鍵，但要如何產生好友呢？方法有幾種，首先，你會看到 FB 有時會冒出一個區塊，告訴你誰誰誰有可能是你認識的人，如果那真的是你認識的人，不妨加一下好友，但不要亂將你不確定的人加為好友，這樣有可能會帶來反效果，導致 FB 判定你濫用加好友的功能，暫時將你加好友的功能限制住。

　　我個人最推薦的加好友方式，莫過於加好友的好友了，試想你的好友中，有沒有誰是人氣比較旺的？最好是那種發表一篇文章後，底下有很多人跟著留言或按讚的好友，如果有的話，你可以去看看貼文下方有哪些人留言，幫每個人的留言都按一下讚，然後自己也在下方留言，這樣你朋友的朋友對你產生印象，未來送出好友邀請時，對方加你為好友的機率就會高。但如果你實在想不起來你 FB 好友中，有誰的人氣比較高的話，那就來加我的 FB 吧，我的人氣還是不錯的。

　　除了從好友的好友中加人之外，透過 FB 社團加新好友也是不錯的方式，在 FB 左上角有一個搜尋的框框，在那邊輸入特定的詞句，就能找到

與這個詞句相關的社團，你可以針對搜尋結果去申請加入社團，等加入成功之後，再到這個社團加好友就可以囉。

假如想多認識一些從事業務工作的朋友，你可以在左上角的搜尋框輸入「業務」，接著點選最底下查看「業務」的所有搜尋結果。出現這樣的畫面的時候，再點選下面的「查看全部」，就可以看到一堆跟業務有關的社團囉。

當你成功加入某個社團後，連到社團頁面，然後點選成員的地方。看哪個人你認為比較順眼，想認識他或她，就點一下加他為好友吧。

講完 FB 的個人帳號後，接著我們再來談談 FB 的粉絲專頁，在 FB 的右上角有一個向下的三角型，在那邊點一下即會出現一排選單。然後，請在選單上選擇「建立粉絲專頁」，如下圖箭頭指引處。

接著，會出現建立畫面叫你選擇，如果你是要幫自己設立的話，那就請選擇表演者、樂團或公眾人物吧。什麼？你說自己目前還不是公眾人物？沒關係，以後就會是了啊！關於粉絲專頁後續的細節操作我就暫時先不講了，因為光是 FB 粉絲頁的經營與行銷，就可以足足寫上一本書，有興趣的朋友可以來參加新書發表會與我聊聊，或是等威廉出下一本專門教 FB 粉專的書也可以。坊間也有一些機構開設經營粉專的課程，若你的時間跟經濟能力許可的話，也可以去上上看。

最後，我們來教一個很有趣的東西「FB 社團」，同樣在剛剛的選單，但這次點選「建立社團」，如下圖。

接著，你要幫社團取一個名字，這個名字最好符合某個主題，才能吸引該族群加入，而這個族群又最好符合你日後想行銷的族群。以下我做一個操作示範，在隱私設定，我會建議你選擇不公開，至於參與的成員，就先從你的 FB 好友中，篩選出可能感興趣的人，主動邀請他進來。然後選

擇一個跟你社團主題較吻合的小圖片，再按「確定」就可以囉。

　　剛成立的 FB 社團，記得上方的橫幅也要設計一張有質感的圖片放上去喔，這樣才會讓人感受到版主的用心。然後右邊會顯示推薦邀請的人，你可以自行斟酌，看是否將他們邀請進社團，你也可以在右方的搜尋框輸入一些英文字母（例如 a）或中文姓氏，這樣就會產生一些朋友的提示清單，你再把合適的人選邀進社團就好啦。

　　一個經營得宜的社團，絕對能產生巨大的經濟效益，威廉在此鼓勵大家努力經營出幾個萬人社團，像我自己就已經成功經營好幾個萬人社團，而且這些社團都是我自己建立的，我高興在裡面打廣告就盡情打，完全不用擔心被刪文。

　　至於 FB 社團在商業上可以有什麼應用呢，首先，如果你有東西要賣，例如產品或事業合作機會，你可以先成立一個公開社團，然後在社團放上產品介紹或事業介紹的說明影片，接著到處貼廣告，告訴大家你有什麼很棒的構想與資訊，能幫他們實現什麼效果，欲知詳情的話請留言或私訊，然後再把他拉入私密社團，裡面有更完整的相關資訊。

　　且如果社團裡面放的都是有價值的資訊，你甚至可以規劃 FB 社團的入會費，舉例：我有某個 FB 社團，裡面就放著微信行銷的高階教學資

訊，但要支付 1 萬元台幣才能加入此社團，可沒想到之後有將近 300 人願意付錢，只為進入社團學習，很不可思議吧！

當然，FB 社團也可以用來作為服務 VIP 客戶的專屬平台，或拿來提供高附加價值的贈品，只要是跟你買過東西，且累計一定金額以上的客戶，都可以進入這個專屬 FB 社團，裡面有提供一些特別的資訊情報，是一般客戶看不到的，你也可以在 FB 社團中，提供客戶解決問題的諮詢服務，以上這些都能構成客戶更想購買、回購的理由。

當然，FB 社團也可以用來當做你服務專屬 VIP 客戶的平台，或是一個附加價值的贈品，假如跟你買過東西達到一定金額以上的客戶，都會被加入一個專屬 FB 社團，裡面有一些你特別提供的資訊情報，是一般客戶看不到的，或者提供諮詢服務，這都會構成客戶更想購買的理由。

好，FB 基礎行銷的部分，我們先暫時教到這邊，接著，我要教大家一個很厲害的東西—— FB 機器人。

最夯的新技術：FB 機器人

在上個小節當中，我們已經學會用 FB 行銷的基礎概念跟方法，那你會不會想用更方便、更聰明的方法做行銷呢？尤其現在 FB 廣告的演算法有加以調整，廣告費變得更貴了，過去只要花一些錢，就能帶來豐碩的業績，但現在卻反過來，花了大筆的廣告費後，卻只能替自己帶一些業績而已，讓很多從事網拍電商的商家們麥哭無目屎（台語）。那究竟有沒有什麼好方法可以解決這個問題呢？這個問題其實是有解的，答案就是透過「**FB 機器人**」行銷！

所謂的 FB 機器人，並不是真的有個實質的機械設備，長的像霹靂五號或無敵鐵金剛那樣幫你操作 FB。它是無形的，好比一套軟體，只要將這套軟體附加在你的粉絲專頁，你的粉專就增加機器人的功能**註**。

FB 機器人具體有哪些功能呢？目前市場上有許多供應商都有提供 FB 機器人的服務，功能也不盡相同，但使用 FB 機器人的前提是你得先有一個粉絲專頁，一般的個人帳號是不行的喔。粉絲專頁的申請教學威廉剛剛已經教過了，所以我就假設你申請完了，接著就讓我們開始申請與設定 FB 機器人吧！我先提出機器人一般最常見的功能吧。

★ 訪客進入粉專的時候，系統會自動發一個問候訊息給對方，該訊息包含了選單，只要訪客觸發選單上某按鈕，就會自動產生回應。

★ 針對某文章底下留言的人，會自動私訊給他，如果對方有回應的話，就會主動將他設為訂閱戶。

★ 可以針對訂閱戶做群發。

★ 針對不同的群組，設定好排程，未來會按照排程發送訊息。

★ 在私訊介面，可以設定指定的選單讓對方點選。

★ 在私訊介面，可以設定「快速回應」訊息。

註 這樣說是為了讓一般人比較容易快速理解，但精準來說，FB 機器人並不是真的要在電腦上安裝軟體，也不是安裝在 FB 粉專上，機器人其實是一種雲端服務，就好像我們平常收 E-mail 也不會透過收信軟體去收，而是在瀏覽器上登入你慣用的 E-mail 服務商的網頁（例如 Gmail）收信。所以，FB 機器人就是把你在 FB 的粉專，跟機器人的雲端服務連結在一起，讓機器人能協助你控管粉專，當然，類似的事情也有可能發生在 FB 與其它雲端服務的連結上。

★ 對方的訊息中，若包含特定關鍵字，則給予預先設置好的回覆。

接著，威廉就來逐一解釋上述這些功能是什麼意思，首先第一條。

訪客進入粉專的時候，系統會自動發一個問候訊息給對方，該訊息包含了選單，只要訪客觸發選單上某按鈕，就會自動產生回應。

試著想像一下，粉專就是你開的一家店，如果這間店開張卻沒有店員服務，客人只能自己在店裡閒逛瞎晃，沒有任何服務生出來招呼客人，詢問他的需求，你會不會覺得這間店少了一些溫度？

但如果你請了一名店員，有客人上門時，店員會親切地向客人打招呼，並詢問對方有什麼需求，然後依照客人的需求，給予進一步的引導或解答，這樣你會不會放心許多呢？而 FB 機器人，就能產生這樣的效果。我們繼續來看下一點。

針對某文章底下留言的人，會自動私訊給他，如果對方有回應的話，就會主動將他設為訂閱戶。

首先，我們先說明一下，在你的粉專上按讚的人，一般都是有在追蹤該專頁的粉絲，但你發布文章的時候，粉絲們其實不一定都有看到，或發現這件事情。而且，在絕大多數的情況下，他們都不會發現，因此觸及率很低，甚至是低於 5％，5％是多少？假設你的粉專有一萬名粉絲，那你

發布的文章，可能只有 500 人看到，甚至更低，看到這有沒有覺得很沮喪呢？不用怕，FB 機器人可以幫你解決這個問題。

因為你可以透過 FB 機器人，設定只要你的粉專上某一篇文章有人留言，軟體就會自動用私訊的方式，發給對方一段訊息（對方會透過 messager 收到），至於這個訊息的內容是什麼由你自己決定，但重點是要讓對方再回傳某個訊息給你，這個訊息是什麼也不重要，反正有發就好，只要經過這道程序之後，恭喜你！對方成為你 FB 粉專的訂閱戶啦，掌聲鼓勵鼓勵！

至於對方成為你的粉專訂閱戶有什麼好處呢？最大的好處就是你可以透過群發（又稱廣播）的方式，發訊息給所有訂閱戶，這跟訂閱電子報的概念很像，如此一來，訊息的觸及率就會大大提高，不但會超過 5％，根據我親自實驗，還有可能超過 50％。

等於訊息的觸及率整整高出十倍以上！

訊息的觸及率提升，意味著你的轉化量會多出十倍，收入也會增加十倍，這樣不是太棒了嘛！假如你有聽懂我說的，應該會很興奮才對，但如果沒有任何興奮的感覺，那你可能還沒有弄懂，趕緊倒帶回去多看幾遍。那為了幫助你更瞭解我在說些什麼，我把操作畫面截圖下來。

在粉專發布一篇文章，設好如果有人留言，就自動拋出一段訊息。

 如果你要體驗看看我設計的流程，可以連結下面網址。

http://bit.ly/2D55t5B

看！留完言，機器人真的跑出訊息了，只要依照指示回覆訊息，又會出現下一個訊息，這就代表對方已成為我們粉專的訂閱戶囉。

假如你想申請 FB 機器人的話，我這邊提供一個網址，這是一家叫做Chatisfy 的機器人服務，我覺得他們做得很棒，你可以連結下方網址或掃描 QRcode 進去玩玩看，就明白我在說什麼了，網址如下。

https://lihi.cc/r0PPn

進來的畫面會長的像是這樣子，請點右上角的免費試用。

接著，你會來到這個畫面，請連續點選「確定」。

都確定後，來到這個畫面，請圈選你想連結的粉絲頁，然後按下一步，選擇新增空白機器人。

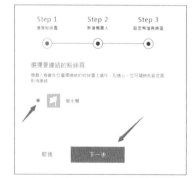 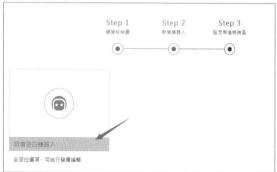

替機器人取個名字吧，這個名字只有你自己看得到，所以取什麼都無所謂，看得懂就好，取好名字後，就按完成命名。幣值與時間的預設值不需要更改，直接按完成就可以。

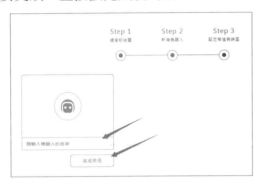 

看到這個畫面，基本設定就算完成，可喜可賀。如果你跟著我一步步來到這個階段，也出現了這個畫面，應該會覺得很有成就感吧！

如果你還有心想學習其它功能，但進階的教學會佔用很多篇幅，幾乎可以單獨出一本書了，所以威廉在這邊附上還不錯的網路教學。

http://bit.ly/2PQbBjv

好，FB 機器人的教學，我先教到這邊，等等我要與你分享如何透過 FB 下廣告，機器人搭配良好的廣告投放，能產生非常棒的行銷效果喔！

如何透過 FB 下廣告

我們來談談 FB 廣告這件事情，FB 幾乎可以說是世上擁有最多、也最豐富的大數據平台，為什麼這麼說呢？因為我們每天使用的時候，FB 其實都偷偷記錄著我們的數據，包含我們人在哪裡、喜歡什麼，有可能會購買什麼商品？

它可是把我們的底細摸得一清二楚，但也因為如此，透過 FB，你可以針對你想要的各種條件，比對出最精準的客戶，然後再針對該族群去投放廣告，它的設定可以精細到讓人驚嚇的程度。

FB 廣告有很多種下法，威廉先教最常見的做法。如下圖，一樣在右上角的選單，只是這次我們改選擇「建立廣告」。

接著，會來到一個類似下方的畫面，要你選擇行銷目標。如果你的畫面跟我略有不同也不用太擔心，FB 每隔一陣子介面就會變，在這邊你會發現有很多不同的行銷目標，針對適合你的部分去做選擇就可以囉。

如果你眼花撩亂，不知道要選什麼好的話，可以自己做一個簡單的分析，如果你已經有做好一個銷售網頁或名單蒐集頁（Landing Page），希望能從 FB 引一些流量過去，那就選「觸動考量→流量」；如果你已經有一篇貼文在粉專上，希望能吸引更多人在底下留言，如同 FB 機器人搭配貼文那樣，那就選「觸動考量→互動」。

接著，你會來到一個像是這樣的畫面，請參考下圖。記得取一下行銷活動的名稱，這個也只有你看得到，自己看得懂就好。

然後來到下方畫面，記得也取一個自己看得懂的名稱，如下圖。

接著，這邊會比較複雜，我分別按照圖片上的序號，解釋如下。

1. 如果你從來都沒有設定過自訂廣告受眾的話，你可以直接無視。

2. 選擇想下廣告的地點，你可以指定國家、城市，甚至可以利用圖釘的方式，去針對某個地點方圓半徑 17 ～ 80 公里的目標範圍下廣告，是不是超厲害的？這很適合在特定商圈的店家使用。

3. 針對指定年齡投放廣告。

4. 針對指定性別投放廣告。

5. 針對指定語言下廣告。假如你的商品是線上課程，課程所使用的語言是中文，但你想銷售的地區是馬來西亞，你就可以針對馬來西亞地區，看懂得中文的人口去下廣告。

這邊你可以針對希望的廣告目標去做更詳細的設定，請點選「瀏覽」（箭頭標示處），會出現人口統計資料、興趣、行為，每個選項底下又有更詳細的設定。看完後你肯定會很驚訝，FB 竟然把我們摸得如此透徹。

接著設定預算，建議先從小小的廣告費，例如一天 300 元開始，就像賭博一樣，一開始先小額下注，等你的賭技成熟了，再加碼下注，將金額拉高。在獲得最佳廣告投遞成果的部分，基本上不去變動它也沒關係，最後按下方的「繼續」按鈕。

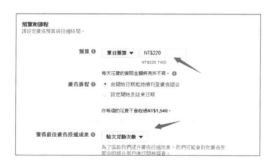

繼續來設定貼文的身分，通常是選擇你的某一粉絲頁，假如你現在只有一個粉絲頁，那基本上不會有什麼問題，接著請選擇你要針對哪一則貼文去投放廣告。

選好之後，你會發現旁邊原本空白的區域，出現預覽圖，只要看到預覽圖，就代表你做對了，很棒！接著請點右下角的確認按鈕。

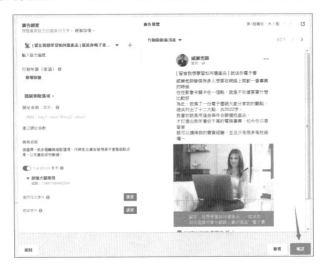

確認後，會來到這個畫面，你可以看到你剛剛下的廣告，已經陳列在廣告管理員的列表中，並且顯示「審查中」的狀態，沒什麼問題的話，FB 會在 1 小時內發通知給你，告訴你審查通過啦！（放心，它要賺你的錢，手腳可是非常勤快的）

通過後，原先的狀態就會變成「進行中」，記得三不五時回來關心一下狀況，就好像你種了一株小樹苗，也要三不五時來看一下生長得如何對吧？必要的時候澆點水、施些肥，也就是看一下情況，看需不需要調整預算或調整受眾、文案內容……等等。

當然，FB 廣告還有更進階的，但我先不往下教，因為這個領域的學問很深，又可以寫另一本書了。有興趣的話，你可以自己摸索、往下探究，你也可以找我的好朋友許凱迪老師，他有開設 FB 廣告的課程，我覺得教得很不錯（威廉也有花錢跟他學喔）。課程網址如下。

http://ipro.cc/course/16

報名的時候，只要輸入優惠代碼 WATER，就可以減價 7,000 元，很不錯吧！那 FB 行銷就先教到這邊，下一章要跟大家聊聊如何用 LINE 來行銷。

弟　子　專　欄

📣 打造個人 / 商業品牌的最佳神器：Instagram

　　各位讀者大家好，我是天行，非常感謝威廉老師的邀約，讓我有機會在威廉老師的鉅作中與讀者們分享，希望我過去的研究與實踐出來的成果，能幫助大家縮短在 Instagram（以下簡稱 IG）行銷上所需花費的寶貴時間與金錢。

　　「社群媒體」已經席捲全球網路世界超過十年，是每個行銷人都最想掌握的東西，所以，想必大家都想知道繼 FB 後，最受歡迎的社群新寵是什麼？我個人認為，在眾多的社群媒體中，只有 IG 能超越 FB。像筆者本身已透過代操 IG，成功打造不少網美（網紅）和許多店家與商家的品牌，現在就來分享一些在 IG 打造品牌的訣竅吧。

　　第一步，要打造 IG 品牌，就必須有個 IG 帳號，註冊帳號非常簡單，你只要準備以下素材……

❖ 智慧型手機（系統隨意，但 IOS 的影像處理功能較強大）。
❖ FB 帳號，你也可以使用 E-mail 或手機號碼註冊。
❖ 下載 IG App。

　　然後，在你的手機上下載 IG，如果是 Android 手機，就開啟 Google Play，如果是 IOS 手機，則使用 APP Store。安裝好後打開 IG，系統會請你用信箱或簡訊驗證，驗證通過後，就可以開始使用 IG 了，提醒大家以下幾個小地方都要做設定喔。

❖ IG 姓名。
❖ 用戶名稱。
❖ 網站連結。

❖ 個人簡介。
❖ 綁定臉書、E-mail 信箱及電話。

一切設置完成後，接著便是我們的重點——如何讓追蹤數提升？有幾個方式可以增加追蹤數，讓我們一起來操作吧！

❖ 同步聯絡人。
❖ 設為公開帳號。
❖ 發送網址連結。
❖ 轉成商業帳號。

要怎麼同步聯絡人呢？請打開你的 IG，點擊右上方三條橫線的圖案，然後點擊右下方的「設定」。接著點擊「Facebook 朋友」和「聯絡人」。

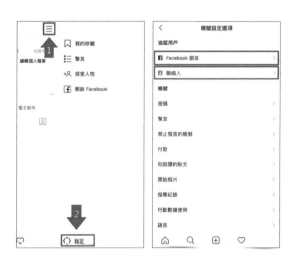

連接至 FB 的追蹤好友，並將「聯絡人同步」開啟，自動同步追蹤。

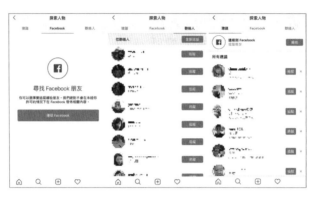

之後就複製網址連結，再另外邀請朋友加入 IG，或是將網址製作成 QRcode，這樣就可以在任何地方曝光、宣傳，例如你的網站、粉絲專頁、個人 FB、YouTube，甚至是你的名片、DM、部落格、店招牌、店門口……等等，都可以直接在 IG 上搜尋你的 ID 來追蹤。

如果你想將帳號設為公開，一樣到你的個人檔案，在設定那點選帳號隱私設定，將不公開帳號切換為關閉，這樣就向所有使用人公開了。那公開貼文有些地方要注意，一般用戶可能會看見你分享到其他社群網站的公開貼文，但實際情況還是要視你在其他社群平台上的隱私設定而定。舉例來說，你把 IG 上設為不公開的文章分享到 FB 時，會看見 FB 貼文的用戶能看見該則貼文，但如果你的設定是不公開帳號，任何想查看你的貼文，都必須向你發送追蹤要求。

你可以查看追蹤要求，然後決定接受或略過要求。如果你將貼文設為不公開分享前，就已經有用戶追蹤你，但你不希望他們再閱覽你的貼文，那你可以封鎖他們。但要注意，用戶不論是你的粉絲，都可以直接

傳相片或影片給你。

再來教大家如何把個人帳號變成商業帳號。一樣回到設定介面，往下方拉會看到「切換到商業檔案」，然後看到這個頁面，請點「繼續」。

接著，它會要求你連結自己管理的粉絲專頁，請選擇你要的項目，並設定你的商業檔案信箱，電話以及地址。

那設為商業帳號有什麼不同呢？在大頭貼的下方，會出現一個「品牌」、「公眾人物」等字樣，那個是你選擇粉絲專頁的分類，你連結到

的粉絲專頁分類是什麼，它就會顯示什麼，若需要修改的話，只要到編輯個人資料修正就可以了。

頁面中間有「撥號」、「電子郵件」、「路線」的選項，這是剛剛你所寫的商業檔案（如果沒有填寫其中的項目，這邊就不會顯示）。這些額外的附加資訊能讓你的品牌的推廣效益更好，如果你是一名商家，能夠強化與顧客之間的連結程度。

轉成商業檔案後，可以到右上方查看你的洞察報告，看到每則貼文的觸及人數，這是個人帳號裡所沒有的，能用來評估貼文內容的效益，並作為廣告投放的參考數據。

接下來跟大家介紹推廣利器「#Hashtag」。Hashtag 其實就是一種標籤，在 FB、IG、Google+、Twitter、LINE 等不同社群平台，都可以看到「#」，其中又屬 IG 的功能最為完善。

那在文章中加上這個標籤功能有什麼用呢？它可以增加目標受眾的觸擊機會，假設你是一間衣服專賣店，你可以在貼文當中加上 #beauty、#fashion、#colorful、#boy、#girl、#hippop、#clothes……等標籤，因為它不僅是一個標籤，也可以視為一個搜尋關鍵字，讓使用者能直接找到他們感興趣主題，只要品牌經營者的 Hashtag 下得夠精準，就能獲取更多的曝光機會。以下整理出全球熱門的 Hashtag 排行榜 Top100。

1	#love	2	#instagood	3	#photooftheday	4	#fashion	5	#beautiful
6	#happy	7	#tbt	8	#cute	9	#like4like	10	#followme
11	#follow	12	#picoftheday	13	#me	14	#summer	15	#selfie
16	#instadaily	17	#art	18	#friends	19	#repost	20	#girl
21	#fun	22	#nature	23	#smile	24	#style	25	#instalike
26	#food	27	#family	28	#likeforlike	29	#fitness	30	#travel
31	#tagsforlikes	32	#igers	33	#follow4follow	34	#nofilter	35	#life
36	#amazing	37	#beauty	38	#instagram	39	#vscocam	40	#sun
41	#music	42	#photo	43	#beach	44	#followforfollow	45	#bestoftheday
46	#photography	47	#sky	48	#sunset	49	#vsco	50	#dog
51	#ootd	52	#l4l	53	#makeup	54	#f4f	55	#foodporn
56	#pretty	57	#hair	58	#swag	59	#cat	60	#model
61	#girls	62	#party	63	#cool	64	#motivation	65	#baby
66	#lol	67	#gym	68	#instapic	69	#funny	70	#healthy
71	#tflers	72	#night	73	#design	74	#yummy	75	#flowers
76	#hot	77	#lifestyle	78	#instafood	79	#black	80	#pink
81	#blue	82	#fit	83	#wedding	84	#work	85	#handmade
86	#workout	87	#blackandwhite	88	#	89	#drawing	90	#christmas
91	#instacool	92	#holiday	93	#home	94	#inspiration	95	#nyc
96	#sea	97	#iphoneonly	98	#london	99	#goodmorning	100	#followback

　　在社群時代，店家、商家要思索的不再是社群行銷適不適合自家產品，而是要思索如何讓自己的商品，更完善地在各社群平台上經營，在電商及網路商城漸漸沒落的情況下，打造好自家品牌。口碑是不變的硬道理，即使社群龍頭再度改變，你也能輕易將舊有的粉絲顧客導到新平台。

　　關於怎麼使用 IG 打造個人／商業品牌，我就分享到這邊，如果對 IG 有興趣，想了解更多，可以參考下面的網址或掃描 QRcode，輸入關鍵字

「我要學 IG」，就可以獲得「IG 功能大彙整」，或輸入「修圖神器」，你就能獲得「5 分鐘學會拍美照」的電子書。如果你真的想了解 IG 的話，我也有一堂進階課程，可以與讀者們分享。

http://bit.ly/2R2Vqkf

○── **[弟子小檔案]** ──○

天行老師（SKY WALKER）

- 曾任網路電台主持人、Garena 聊聊語音官方頻道管理者、社群媒體經理人，網紅經紀人、直播培訓師。

- 代操過無數網紅及品牌社群媒體，其粉絲數超過百萬，管理的社群媒體追蹤人數加總超過十萬；培育過破百位直播主。目前為威廉老師門下弟子，同時也是若水學院的合作講師。

2 網銷兵器譜 Tips 2 ──通訊軟體

 如何善用 LINE 做行銷，訂單搶翻天

在台灣，使用 LINE 的人口數與黏著度，可說是所有社群、通訊平台中最高的，甚至比 FB 還要高，因此，使用 LINE 行銷，可是一件非常重要的事情。你可能早就知道有人會透過 LINE 私訊或群組的方式來打廣告，但對於這點，威廉敢說：「絕大多數的人，其實都沒搞懂到底要怎麼用 LINE 來做行銷，往往是耗盡巨大的力氣，卻沒有得到理想的成果。」

威廉本身透過 LINE 成交過不少東西，不管是課程、實體產品，乃至直銷會員都有，所以，現在我就來跟大家分享用 LINE 行銷的奧義吧！

首先，要用 LINE 行銷，你就必須先有一個 LINE 的帳號，而註冊帳號需要準備以下東西，分別是……

★ 智慧型手機（Android 或 iPhone 都可以，但用 Android 會好一些）。
★ 安裝 LINE。
★ 手機門號的 SIM 卡。

接著，請在手機的 APP 安裝平台上搜尋 LINE，如果是 Android 手機就到 Google Play，iPhone 的話就到 APP Store。安裝好並打開 LINE，請先進行簡訊驗證，驗證通過後，就可以開始使用，在這裡提醒大家，有幾個小地方記得要做設定。

★ 照片。

★ LINE 暱稱。

★ 狀態消息。

★ LINE ID。

★ 綁定的 E-mail 信箱。

★ 設定動態消息的版頭。

　　都設定好之後，接下來的重點就是讓 LINE 上面的好友數增加，而增加好友數有以下幾種方法……

★ 比對手機通訊錄，自動尋找、加入好友。

★ 掃描 QRcode（ 不論是你掃描他，還是他掃描你都可以 ）。

★ 發送 E-mail。

★ 搜尋 ID（需要對方告知）。

　　至於要怎麼比對通訊錄號碼呢？首先，在手機通訊錄中，用逐一建檔或一次性匯入的方式，把過去所有朋友的手機電話都進行存取，讓 LINE 比對出這些手機號碼是否有在使用，如果有的話，就會自動加為好友，是一個很強大的功能呢。

　　接著，我們來看掃描 QRcode 的部分，LINE 的右上角有一個小人頭的圖案，請點進去，然後再點選「行動條碼」，如下圖所示。出現最右方這張圖的畫面後，再點選顯示行動條碼就會出現自己的 QRcode 了。

接著你可以把這個圖片存下來，放到任何能讓人看到的地方，不管是你的名片、DM、部落格、店招牌、店門口……都好，你更可以放在錄製的影片中，只要有越多人看到你的 QRcode，就有越多機會讓人認識你，成為你的 LINE 好友。當然，如果有人當面跟你聊天，聊完感覺還不錯，想跟你加好友，這時你只要按到同樣的畫面，看是要你掃他，還是他掃你都可以，相當方便！

如果你想用 E-mail 的方式，加對方好友的話，那就按上方第二張圖的第一個按鈕「邀請」，選擇電子郵件與寄送的對象，這時就會出現一串訊息，只要將此訊息寄給別人，他們就可以透過連結成為你的好友。

若是以 ID 的方式加好友，那就按「搜尋」，這個時候 LINE 會問你要搜尋 ID 還是搜尋電話，基本上這兩種方式都可以，就看你是否知道對方的 LINE ID 還是註冊 LINE 時所使用的電話。但有時候，明明對方給了 ID，你卻怎麼都搜尋不到，這是為什麼？難不成被他騙了？不，是他可能關閉了可被搜尋的功能，你只要請對方開放被搜尋，就可以透過 ID

的方式加他為好友。

再來，就要來講 LINE 的群組行銷了，這可以說是 LINE 行銷中最重要的一個環節，在剛剛按了人頭＋按鈕後，你可以看到新畫面中有一個建立群組的按鈕，如下圖。

至於要建立什麼群組呢？嗯，這是一個好問題，我的建議是，一個好的群組就一定要有某個主題，這樣才能吸引到特定族群。舉例來說，我建立了一個創業家專屬的群組，那我就會四處去宣傳，跟大家說我建立了一個專門給創業家交流的 LINE 群，歡迎有興趣交流創業情報，或想與其他創業家交流的人，加入我的 LINE ID，並跟我說你想要加入創業家群組，那我就會邀請你進入。當然，除了加 ID 外，還有別的方法能讓人加入群組，一個是用掃描 QRcode 的方式，另外一個則是點選群組的邀請網址，我有把操作流程依序截圖讓你們參考，很貼心吧。

請在群組頁面上點擊右方上的「向下小箭頭」，再按「邀請」。

　　順利來到這個畫面後，就看你是要用掃 QRcode 的方式，還是用網址的方式加入都可以！底下圖片有兩個箭頭給你看囉，你要留意的是，如果是用網址的方式，那對方必須要在手機上操作，而且手機必須要有安裝 LINE 才有效，沒有的話就無法成功邀請囉。

　　也許你會納悶，到底要去哪裡找人加入我的群組呢？答案很簡單啊，透過 FB 就行了。記得嗎？ FB 的左上方有一個搜尋框，如果今天你建立

的是創業主題群組，那就去搜尋框內輸入「創業」兩個字，這樣就會有一些跟創業有關的社團出現，你只要再去這些社團內貼文打廣告，邀請那些對創業感興趣的人，就能撈到「精準的魚」了。

且為了提升別人加入 LINE 群組的動力，你還可以蒐集或創作某些好康的文章放在記事本裡面，這樣在宣傳的時候，你就可以跟大家說，這個群的記事本裡放了什麼有價值的資訊，只要加入群組就能看到，這樣原先在猶豫的人，可能就會感興趣、很阿莎力地加入。

經營一個群組真的不容易，但經營成功後絕對能為你帶來很多價值，所以威廉有幾個原則想與你分享，請盡可能地把握。

★ 設立群規，不遵守群規的人就會被踢出群組。

★ 發文要盡量跟群組主題有關，持續提供有價值的資訊在群組內。

★ 建立版主或副版主幫忙維持秩序。

★ 要有幫忙炒熱群氣氛的小幫手。

再來，我們來思考一下，建立 LINE 群組到底有什麼用？用途可大了！今天，如果這是你的群，那你絕對可以大大方方地在裡面賣商品、服務、事業機會，完全不用怕被踢出去，你也可以透過在群組裡提供有價值的資訊，來提升你個人的形象與地位，並不斷擴充人脈。

至於賣的方式，可以單純只貼廣告文，也可以透過在群內「**演講**」的方式來賣，這個方法還蠻好的，我自己就曾在某 LINE 群組內幫某直銷公司講了一場 OPP，結果就成交 23 個人！這真是太神奇了，連沒見過面都可以說服別人加入直銷團隊！

那要怎麼在群內演講呢？簡單來說，就是先把你要說的講稿，存成一張張圖檔，然後在群內以語音訊息的方式跟大家互動，每講到一個段落，就丟一張圖片上去，這樣就可以進行演講了。

且 LINE 的語音訊息具備了可轉發、可下載的特點，所以你演講完後，還可以把所有語音檔都下載下來，這樣下次要講的時候，你只要再把語音檔傳至其他群組就好，不過會比較建議用電腦來操作。可轉發的特點可以讓協助賣產品的人（例如你的下線），建立他們自己的群組，轉發你的演講圖片與語音訊息，拓展銷售範圍，達到更多成交的機會。

記住，一定要持續在群組內提供有價值的資訊後，再來打廣告，千萬不要什麼都不提供，只曉得打廣告。短期來說或許能賺一些錢，但長期來說，這對個人形象和推銷的商品企業形象都是扣分的。

接著，我要來探討一個大家常問我的兩個問題，第一個問題，就是有沒有什麼方法，可以大量加好友？關於這個問題，方法其實有很多，例如匯入亂數的手機號、用隨機生成的電話號碼或 ID 的方式去查詢、加好友，這樣雖然有機會增加一堆 LINE 好友，但對他們來說，你是誰？你是一個不請自來的陌生人，**沒有任何理由能解釋為何會認識你，既然不認識你，我又為何要花時間去理解你推銷的產品或服務呢？**

所以，我個人比較鼓勵透過換群的方式加好友，畢竟每一個群都可能有 100 到 200 多名成員，如果你手上已有 5 個百人群，那就試著再去找 1 個人交換 5 個百人群，那你等於又擁有了 500 名新的潛在客戶。

加好友後，千萬別急著發廣告，否則很容易被檢舉或封鎖，到時候這個帳號就報銷了，辛苦養了一個帳號，好不容易加了一堆好友，結果說掛就掛，而且，之後透過 LINE 申訴的方式去救回帳號也很麻煩。

再來，我們來聊聊 LINE 群發，這有幾種方法可以實現，第一種是以轉發的方式，但這樣的方法有一個限制，就是一次只能轉發給 10 個人，也就是如果你有 1,000 人要發的話，就要轉發 100 次，而且實際操作時，也許還不同 100 次，你的帳號就被限制發話了。

另一種方式則是群發軟體，網路上有些商家會販售群發軟體，我自己也抱著神農氏嚐百草的精神，親身試過 N 種群發軟體，我先不說哪家軟體好或不好，但有幾件事情你一定要明白……

★ 任何群發軟體都無法保證可以用多久，也許你今天買了可以用半年，但有可能今天買，下個月下一週、甚至明天就不能用了。

★ 群發軟體買了不能用是小事，比較嚴重的問題是，使用後有可能導致帳號被封鎖，萬一這件事情真的發生了，相信我，找那些販售群發軟體的人也沒用。

★ 懂得將心比心思考，那些收到你群發廣告的人，他會怎麼想？我想對大部分的人來說，每個人都不喜歡收到罐頭式的群發訊息；所以，你要深思一件事情，就是用群發軟體發廣告，對你的企業形象、個人形象真的是一件好事嗎？除非你做的事情，不太需要重視企業形象，否則還是建議你不要太過依賴群發軟體去發廣告。當然，新創事業就另當別論了，如果你是一個新創生意，能不能有幾筆生意上門，存活下去都不知道，起初就不用太注意形象與面子的問題了。

★ 群發完後，可能會有一堆人回覆你，到時你有辦法招架嗎？萬一有一堆訊息回覆，提出相關的疑問，結果你因為忙不過來而忽略，這樣是不是反而讓對方不悅呢？

不過，如果你真的非常想知道群發怎麼弄的話，我在此提供一個免費的網址，你可以試試看，但會不會產生反效果，後果自負喔。

https://autos.blueeyes.tw/

我個人認為，若要群發的話，最理想也最不會有反效果的方式，就是透過「LINE@」，雖然這樣的方式可能會累積得稍慢一些，但比較不用擔心以上那些副作用。我自己也有經營個人 LINE@ 和公司的 LINE@，如果你願意持續收到威廉或若水學院發不錯的學習資訊給你，請掃描以下 QRcode，左邊是威廉個人的，右邊是威廉的公司若水學院。

威廉老師

若水學院

OK，LINE 行銷這個單元，我們就分享到這邊，下一節我會來跟你分享我最擅長的微信行銷，學好微信行銷，才能順利開拓中國大陸市場，如果你是有企圖心，想發展中國大陸市場的人，千萬別錯過。

PS. 我有另外一堂線上課程，有教 LINE 行銷額外的小撇步，若有興趣，可以至下方網址瞧瞧。

https://goo.gl/ZmEbYu

弟 子 專 欄

如何用 LINE@ 做行銷，彈指化做千萬軍

大家好，我是 Meiyasa 美燕老師，非常榮幸能獲得威廉老師的邀請，讓我可以在本書露一手，與讀者分享 LINE@ 在生意上有多好用！

如果你經營的市場主要是台灣、日本或泰國，你一定有發現這些地區最主流的通訊軟體就是 LINE，所以，只要你能有效地向客戶或潛在客戶廣發產品或服務訊息，那就贏了！

運用 LINE 作為行銷工具，雖然即時又快速，但其實它有很多限制，因為 LINE 起初是設計來讓家人、朋友之間溝通的封閉社群，並不適合用來操作「開放式」的商業互動，限制會非常多。例如加好友、訊息發送都有數量限制，無法將大量訊息推播出去，即使透過一些小工具發送，支付額外的費用，還是有被封鎖帳號的風險。

且群組經營的行銷模式，也會衍生出許多問題，好比說商家發出的訊息容易被洗版、垃圾訊息氾濫、負面評價和客訴快速傳播、內容不具隱私性、無法多人管理、親友與客人公私混雜管理不易……等，讓商家著實困擾。那究竟有沒有什麼方法，能更妥善地使用 LINE 行銷呢？有的，那就是透過 LINE@ 生活圈。

台灣的 LINE@ 生活圈已擁有 120 萬個帳號，隨著用戶數提升，其功能也開發地更為多元，未來也會積極與 LINE 各項行銷方案整合，甚至推出 0 元起跳的進化版 LINE 官方帳號。為什麼這些商務型的用戶能成長地如此快速呢？若 LINE 是一種聊天工具，LINE@ 就是一個做生意的平台，不管是實體店面、網路賣家，還是個人業務，都能提供業主許多好用、有效率的功能。那 LINE@ 超好用的功能有哪些呢？

❖ 超越 LINE 一個帳號好友數 5000 人的限制。
❖ 一個手機門號，可建立 100 個認證帳號和 10 個一般帳號。

❖ 可以對帳號內所有人做群發。

❖ 可以依照設定的「屬性」，去設定能接收到群發訊息的對象。

❖ 可以預先設定好發送的時間。

❖ 可以設定自動關鍵字回應。

❖ 可以設定最多 100 人共同去管理一個帳戶，並做到分權限管理。

❖ 可以設定優惠券，並用此來達成類似抽獎的功能。

❖ 可以使用集點卡，刺激消費者累積消費。

❖ 精美的排版方式，將多元化的訊息傳遞給受眾。

❖ 可以傳送聲音或自動播放的影片訊息。

❖ 可以設計圖文選單（有點類似於網站選單的概念）。

❖ 可以做出屬於自己的行動官網。

❖ 可以進行數據分析，知道訂閱戶的性別、年齡、地區。

❖ 可以自動管理動態貼文裡的不當留言。

❖ 可以搭配使用 LINE@ 口袋商店

❖ 可以結合 LINE Pay 和 LINE Points，讓新顧客回流。

❖ 可以串接一些自動化應用，又稱「LINE@ 機器人」。

❖ 費用超級省，0 元起跳。

　　哇，沒想到吧！ LINE@ 竟然有這麼多好用的功能，有沒有覺得它真的很厲害？迫不及待地想學習 LINE@，行銷你自己的產品或服務呢？請把手機拿出來，讓我一步步來教你怎麼使用吧。

　　首先，請先在手機上安裝 LINE@，請在 APP Store 或 Google play 輸入上 LINEAT，可以看到一個綠色底色，中間有著@的圖案。安裝好之後，用你的 LINE 帳號登入就可以了。

　　若第一次使用，需要先建立一個帳號，要取一個帳號名字，請思考一下這個 LINE@ 帳號的定位是什麼？下面提供幾種思考方向。

❖ 主打訴求就是你自己的個人品牌，例如「威廉老師」。

❖ 公司的品牌，例如「若水學院」。

❖ 經營特定的主題，蒐集整理或創作資訊分享給大家，例如「台灣好課程」。

❖ 若是有營業登記的實體店家，或是有政府核可文件的機關團體，建議申請擁有較多曝光機會的認證帳號，且商家名稱務必跟「實際店名」和「帳號名稱」一致！

　　帳號建立好了之後，LINE@ 會很貼心出現使用教學，如果以後忘記了，也可以點選「小提示」，就可以看到全部的教學內容了。

接著，請先將預設的歡迎訊息修改掉，改好後再去加好友，歡迎訊息可以從大頭貼或回應模式進入。如下圖。

將歡迎訊息改好後，就可以開始邀約好友了，但建議你把每個功能都設定好之後再開始，你可以參考前面提過的 LINE@ 教學或是購買操作書籍、線上課程、實體課程來學習，我這裡就不多加介紹，因為我想跟你聊聊幾個經營 LINE@ 的小訣竅。

加好友（粉絲）

首先，我們要回到最初的定位，這個帳號是宣傳用還是熟客路線？是無遠弗屆還是在地商圈？再根據定位來決定加好友的方案與模式。

通常，我們會用下面幾個方式來導入粉絲，不論採用哪些方式，重點都在掌握每個與客人接觸的時刻，對於無法與客人面對面接觸的網路店家，LINE@ 還提供加入好友連結與加入好友按鈕。

❖ 從現有的手機通訊錄導入。

❖ 把握每個接觸點，比如把 QRcode 印在產品的包裝、紙箱、DM、名片、制服上。

❖ 把 QRcode 和加好友連結放在各個網站和社群平台上。

❖ 如果有客戶名單的話，透過 E-mail 與簡訊，寄出 QRcode 與加好友連結。

❖ 透過各種行銷活動，比如抽獎活動、贈送優惠券等方式吸引粉絲加入。

❖ 提供優惠，邀請好友推薦好友，人多力量大。

❖ 在店裡面張貼或擺設吸睛的輔銷物品，比如立牌、海報、桌卡、公仔，上面印有 QRcode，並做出推廣 SOP，讓店員落實推廣。

2 歡迎訊息

歡迎訊息很重要，一定要認真寫，且最好包含下面這些要點。

❖ 加入帳號的好處，或是保留這個帳號的理由。

❖ 好朋友般的口氣。

❖ 輕鬆簡短的招呼，包含常態資訊與當期活動。

❖ 歡迎訊息最多 5 則，但建議不要超過 3 則，文字也不適合太長。

❖ 適度地加上一些表情符號，會看起來較生動活潑。

❖ 如要設定自動回應的話，要加上關鍵字清單。

❖ 刪除 LINE 提供的範本，不需要特別提醒粉絲關閉提醒。

❖ 排版要清楚，搭配圖片或放上連結，提升導購。

3 認證帳號的曝光秘訣──狀態消息

如果你的帳號經過認證，擁有藍色盾牌，那「狀態消息」這個項目，是你能否被搜尋到的關鍵！要增加曝光度，就要好好運用，不要因為字數有限，就設定一些官方的語句或文字，因為這串文字可能會影響網友的加入意願，務必要以吸睛為主。

4 群發訊息要親切且不干擾

現在廣告訊息氾濫，很多人看到都會自動忽略，所以被封鎖也是很正常的。你可以透過後台的數據庫，觀察與修正群發的內容，群發訊息要讓對方覺得是真人與他說話，而不是制式化的廣告訊息，也可以結合時事、趣味，真心的問候，增加互動的溫度。此外，記得測試發訊息時間點，找到最適合的時段，設定未來發送的時間。

5 創造誘因，鼓勵客人擴散分享

Line@ 主頁，就是 Line 的動態消息，當你請客人點選右上角小房子的時候，如果還能告訴他，點了小房子的價值或好處，會讓他更有去點的動力，你也可以設計一些行動呼籲，讓客人按讚、留言、分享，當客人做了這些動作，你的主頁內容就會被曝光在客人的動態消息，接觸到更多的客群，長期經營下來，能幫你增加不少好友數。

善用 LINE 強大的行銷工具來辦活動

店家一般在辦活動時，都會耗費很大的資源成本在設計、傳單印製或派送上，而且在傳統通路上派送，兌換率甚至低於 10％；反之，LINE 的優惠、抽獎券，開封率超過 30％，又可以無時差地即時送達。且不論是加入好友的優惠還是舉辦抽獎活動，「持續」都是非常重要的力量，如果你經常舉辦優惠促銷，或在固定時間舉辦，能讓客人養成習慣與期待；且獎品的大小不是重點，重點在於跟客人保持互動，建立良好的關係，讓彼此的關係越玩越緊密。

7 善用集點卡，創造高回客率

這是相當普遍的行銷方法，集點對消費者來說，有種莫名、無法抗拒的魅力，像我自己就很愛集點，但經常把集點卡弄丟；所以，如果集點卡可以放在手機上，那不管是對消費者還是店家，都是有利的。

人情味與信任感是 LINE@ 強強滾的核心關鍵

經營 LINE@ 時，維繫目標族群比追求關注人數更重要。一般行銷概念上，透過量大來換取轉換人數的概念，在 LINE@ 不見得行得通，其經營關鍵就是朋友關係，即使是使用機器人帳號，網友也不希望是冷冰冰的客服在與他互動。

在購買行為上，人們普遍較相信朋友的推薦、信任的品牌與通路，或是過去良好的消費體驗，所以經營 LINE@ 最重要的原則，除了與消費者保持聯繫外，最好還要與消費者建立起朋友般相互信任的關係，讓消費者保持一定的活躍程度，也確保你傳遞的訊息不會中斷。

現代人每天都很認真滑手機，如果你還沒開始用 LINE@，別再猶豫了，與傳統的行銷方式相比，LINE@ 絕對能幫你省下好多錢，趕緊拿起

手機，一起用 LINE@ 做行銷吧！

LINE@ 方案一覽表		免費版	入門版	進階版	進階版（API）	專業版	專業版（API）
費用	設定費	免費	免費	免費	免費	免費	免費
	月費	免費	798 元	1,888 元	3,888 元	5,888 元	8,888 元
目標好友數	目標好友數	無上限	20,000	50,000	50,000	80,000	80,000
每月群發訊息則數	群發訊息傳送數量	每月 1,000 則以內	無上限	無上限	無上限	無上限	無上限
每月主頁投稿數	動態主頁投稿數量	每月 10 則以內	無上限	無上限	無上限	無上限	無上限
管理後台	LINE@ App	○	○	○	×	○	×
	網頁版後台	○	○	○	○	○	○
功能	群發訊息	○	○	○	○	○	○
	優惠券	○	○	○	○	○	○
	1 對 1 聊天	○	○	○	×	○	×
	行動官網	○	○	○	○	○	○
	調查功能	○	○	○	○	○	○
	LINE 集點卡	○	○	○	○	○	○
	數據資料庫	○	○	○	○	○	○
	圖文訊息	×	○	○	○	○	○
	聲音訊息	×	○	○	○	○	○
	影片訊息	×	×	○	○	○	○
	圖文影片訊息	×	×	○	○	○	○
	圖文選單	○	○	○	○	○	○
	分眾訊息推播	×	×	○	○	○	○
	統計資料	×	×	○	○	○	○
	Reply API	○	○	×	○	×	○
	Push API	×	×	×	○	×	○

資料來源：LINE@ 官網

　　如果你有興趣，卻不知從何開始，或是想學習更多 LINE@ 的知識與技巧，我有一門課程叫做「LINE@ 手把手操作實務班」，歡迎連結下方

網址或掃描 QRcode 瞭解。

http://bit.ly/2×RWT43

　　對了，經營 LINE@ 時可以搭配吸睛的圖片、影像，但這對大部分不擅長美工的朋友來說，可能有點小困擾，所以，美燕老師很貼心地準備了一點小心意，請掃描右方 QRcode，輸入通關密碼 Meiyasa，就送你兩本電子書：「用手機輕鬆簡單修出美美商品照」、「三招影片製作術，手機 app 也能神剪輯」。

○[弟子小檔案]○

Meiyasa 美燕老師

- 學 BAR 學院創辦人。

- 中小企業／公會合作電子商務顧問。

- 10 年以上專案管理與教育培訓經驗，學員分布各行各業，烘焙、食品、日用、咖啡、茶葉、教練、美容、補教、美髮、實體店家、網路賣家……等。

- 諮詢類別：資訊業／連鎖通路業／五金貿易業／直銷業／服飾／美容／路邊攤／小老闆／講師。

- 目前為威廉老師門下弟子，同時也是若水學院的合作講師。

如何善用微信賣出好業績

早些年因為工作因素，我常常要到大陸出差，也因此有內地朋友推薦我使用「微信（WeChat）」，說這個軟體很方便，通話不用電話費，就算對方沒空接電話，只要發一個語音訊息，對方有空時，就會回覆你。

我當初不太願意安裝，有點兒抗拒，因為手機每多裝一個 APP，就多佔一份容量，會降低手機的效能，可是後來裝上去一用，才發現這個東西不但非常好用，而且還是**業務、中小企業老闆們最佳的行銷利器**！其行銷的應用價值，完全不亞於台灣人慣用的 LINE，只可惜台灣人普遍對微信沒那麼瞭解，也較不願意花時間去學習，這是多麼可惜的事啊，所以，我就好好來跟大家分享一下如何善用微信行銷吧！

既然要用微信做行銷，我們當然就要有一個微信帳號囉，你可以到 Google Play 或 App Store 搜尋「WeChat」，就會找到一個像這樣的圖示（可參考下圖），請直接下載安裝。

這邊要留意的是，每註冊一個微信帳號，就要使用一個手機門號做簡

訊認證，所以，如果你想要有多個微信帳號的話，能怎麼做呢？

　　方法有二，第一個方法是多申請幾個手機門號，用最便宜的預付卡方案就好，反正只是為了收簡訊驗證，平常也不會拿來接電話、打電話，且一張預付卡半年只要 300 元左右；如果你用微信的目的是為了業務用途，那我個人是覺得這點小錢沒什麼，畢竟如果你真的透過微信成交的話，很可能隨便一張訂單賺的都不只 300 元吧？

　　第二個方法則是「**解綁法**」，也就是用一個手機門號申請微信帳號後，把該微信綁到信箱上，過一陣子之後（至少要三天），再把帳號原先使用的手機號碼解除。有些人聽到這裡可能會一頭霧水，這是怎麼回事？只要我拿婚姻做舉例，你就比較清楚了，每個人在一個時期內都只能跟一個人結婚，這就好像**一個手機門號在一段期間內只能拿來綁定一個微信帳號**；所以，當你想用手機門號註冊另一個帳號的時候，該怎麼辦呢？答案就是先解綁，這就好像一個人得先離婚，才能跟另外一個人結婚是一樣的道理。

　　不過說真的，我並不鼓勵用這樣的方式申請多個微信帳號，因為微信帳號若沒有綁定手機號碼，安全性相對較低，與其省那易付卡的錢，而冒著可能無法正常使用的風險，還不如乖乖繳錢，綁定手機門號比較實在。

　　另外，註冊微信帳號有幾點務必留意，首先微信也有大頭照，請記得一定要放，而且務必放上自己的個人照，不要放風景照、動物照、卡通照、合照……等等。

　　微信 ID 也記得進行設定，微信的暱稱要讓人知道你是做什麼的，能提供什麼樣的服務或價值。最後，微信有一個「**朋友圈**」的介面，功能類似於 FB 的塗鴉牆或 LINE 的動態消息，這邊也記得要布置一下，就好比

你開一家咖啡廳、餐廳，總要裝潢一番，才會有客人想光顧，對吧？

　　至於朋友圈要裝潢些什麼呢？首先，朋友圈上方會有一塊區域，這塊區域預設是灰色的，你可以選一張照片或圖片放上去，至於要放些什麼照片好呢？我個人建議是可以代表你個人形象、身分與價值的照片。舉例來說，我的微信朋友圈上放的就是我拿著麥克風講課的照片，這樣對於剛認識我的新朋友來說，他們就會好奇地問：「咦，你是講師嗎？你是哪個領域的講師呢？」想更進一步認識你（參考下圖）。

　　布置完上方的版頭區，接著就要在朋友圈內發表內容了，若一個人的朋友圈上什麼內容都沒有，那就好比你的塗鴉牆一片空白，感覺很怪，好像這個帳號只是一個廣告帳戶一樣。

　　至於朋友圈裡要放些什麼呢？我的建議是：**1/3 放自己的生活記錄**，例如去哪裡玩、吃了些什麼？**1/3 放個人創作**，例如文章、圖片、影音，如果能讓人覺得你言之有物，瀏覽你的朋友圈時，會有所啟發性、趣味性，甚至感動，那麼恭喜你成功了！**最後 1/3 才是放一些廣告**，看你想賣些什麼東西再擺上去，朋友圈切忌推銷味道過於濃厚（這點是許多直銷商或微商都常犯的老毛病），如果你的朋友圈一直滑下來，看來看去都在賣

產品或宣傳公司，那反而會讓人覺得很感冒，不想跟你做朋友。

記住，微信行銷是先交朋友，再做生意

而朋友圈布置完畢之後，就要努力增加微信的好友數囉，增加微信好友數的方法有很多種，我分別介紹如下……

 搜尋附近的人

請先打開微信左下角數過來第三個按鈕，也就是「發現」，然後點選「附近的人」，如下圖所示。

接著，你可能會看到類似下面這樣的畫面，微信會把你周遭也有使用的人列出來，而且很厲害的是，它甚至能將距離幾百公尺都計算出來，若你對誰比較有興趣，想認識他或她，彼此做個朋友，看看日後有沒有機會推銷的話，就點一下列表上的頭像，對他發出一句訊息就可以了；如果你想指定性別進行搜尋，也可以點右上角那三個點，如下圖。

　　想想看，不論是你自己做生意的，還是從事業務性質的工作，最理想的客戶是不是那些離你業務範圍比較近的人呢？所以，「在哪裡」搜尋這件事也很重要，畢竟如果你在較偏遠、落後的地方搜尋，那就只會搜到些薪資水平較低的人；反之，若在豪宅區或市區搜尋，就會找到一群有錢人士或是中產階級；在紅燈區搜尋，就容易遇到一些八大行業的人。

2 漂流瓶

　　微信除了搜尋附近的人之外，還有一個很有趣的功能，就是漂流瓶。請先打開微信的「我的設定」，然後選擇「設定」，按「一般」。

接著再按「功能」，啟用「漂流瓶」，如果已經啟用過了，就直接點進去就好。

點進去會來到這個畫面，這時你可以選擇扔一個瓶子，或撿一個瓶子，有時候還有機會撿到外國人的瓶子喔，如果你撿起來結果看不懂也不要緊，再扔回去就好啦。

　　漂流瓶這個功能雖然只是個小遊戲，但我的學生與朋友中，真的有人因為撿漂流瓶而成交一個下線，甚至是交到女朋友，所以不可小看漂流瓶的效益喔！

　　微信加好友的方法除了上述這兩種之外，還有非常多種方法，假如你想瞭解更多方法，可以掃描 QRcode，關注威廉的公眾號，再傳訊輸入數字「100」，我就會寄給你「微信的 100 種加好友的方式」電子書。

　　如果你不方便用掃描的方式輸入，也可以按「通訊錄」→「官方帳號」→「＋」→輸入「william234」，這樣也能成功加入我的公眾號，裡面蠻多有趣的東西。如果你有什麼問題想問我，也可以透過這裡發問，我來得及看到的話，就會回答你喔（公眾號有回覆時間限制）。

威廉老師的微信公眾號

　　看到這裡，你也許會好奇，那這個公眾號是什麼東西啊？是的，微信除了個人號，還有所謂的公眾號，就好比 FB 的個人頁與粉絲專頁，FB 的個人頁最多只能加 5,000 名好友，但粉絲頁卻不會受

限，可以無限制被粉絲訂閱；而微信也是相同的道理，微信個人號最多只能加 5,000 名好友，因此，你可以將微信公眾號理解為微信的粉絲頁，而且微信公眾號某些功能甚至比 FB 粉絲專頁強大！

在微信加了許多好友後，要不要經營這些「微友」們的關係呢？肯定要的。有些人會以為，所謂的微信行銷就是把一堆人加進你的微信，然後發廣告給他們，對方就會跟你買東西，或加入你推薦的事業機會，一起合作、打拼，我只能說：「代誌不是憨人想的那麼簡單（這句話要用台語來唸）。」

畢竟人們會跟你買東西或加入你的事業，都是基於對你的欣賞與信任，否則如果只是單純需要產品，別的通路也可以選購，何必要透過微信跟你購買呢？

所以，關鍵是要微友們欣賞、信任你，甚至喜歡你，那要如何做到這個地步呢？方法有幾種，首先，你一定要認真經營你的朋友圈，因為朋友圈是人們認識、瞭解你是一個什麼樣的人的一扇窗，如果你都沒有放一些個人訊息，那大家會連你是個什麼樣的人都不知道，更別說欣賞你了。

平時就要跟微友們有一定程度的互動，關於互動的方式，可以透過廣播助手這個工具，它可以批量發送訊息給 200 位好友。下面我就來教各位廣播助手的使用方式，首先一樣來到「我的設定」 → 「設定」 → 「一般」 → 「功能」 → 「廣播助手」 → 「開始廣播」 → 「建立廣播」，就可以勾選你想要群發的對象（參考下圖）。

　　關於廣播助手，有幾件特別要注意的事情，首先是單次只能對 200 人進行廣播，如果你的微信好友數超過 200 人，那就要批次廣播，例如你的微信好友有 5,000 人，那就要分 25 次廣播。第一次操作會比較費時，但只要發完一輪，下次若要再針對微信好友做廣播，就只要點選再發一條就可以了，很方便吧！

　　而且收到訊息的人，不會知道你是用廣播助手傳給他的，對方不會看到其它收到相同訊息的人，若從這點去著想，其實可以想到蠻多其他有趣的應用，試著動動腦吧。

　　記得，廣播助手不要使用過度，或在太晚、太早的時間發送，以免造成別人的反感，而且廣播的時候，你的內容最好不要讓人輕易察覺你在發罐頭訊息，因為有的人非常厭惡罐頭訊息。最後，除了廣播助手之外，偶爾還要針對微信好友中，那些比較重要、較值得經營的人，進行一對一的私聊，不能永遠都只靠廣播助手與他們打交道。

　　好啦，關於微信行銷，我們先暫且分享到這邊，微信行銷的學問其實

很多，若真要詳述，寫上一本書也沒問題的，若你有興趣進一步的瞭解微信的功能與應用，我在這裡提供一些延伸學習的方式。

★ 微信初階班 　　http://basic.wechatmarketing.net

★ 微信中階班 　　http://pro.wechatmarketing.net

★ 微信高階班 　　http://www.wechatmarketing.net

實際案例：運用微信，實現知識變現

微信帳號可說是人人都有，但卻不是每個人都知道如何用它來賺錢，大多是下載微信後，不知道要怎麼做；或加了一堆好友，但不知道怎麼把這些好友變成實質收入，最後乾脆擺著或解除安裝。不懂得用微信，實在是一件非常可惜的事情，**只要你懂得善用微信的話，它可以幫你收到很多錢，甚至可以實現半自動化收入！**

筆者就來向讀者們展示一下成果，讓你們相信用微信真的能賺到錢。威廉有次就用了這招，

有好一陣子持續收到網友用微信打錢給我，雖然**每筆都只有 9.9 元人民幣，但累積下來也收了不少錢**。而且，這件事情**不用花到什麼本錢，也不費勁**，只要一些前置準備，就能收到有人打錢到錢包的訊息囉！

現在就來解釋到底是怎麼做到的，我把所有的流程步驟拆解如下。

★ 構思商品。

★ 建群。

★ 構思宣傳文案。

★ 群發（用廣播助手）。

好像不難對不對？讓我們繼續看下去，首先構思商品的部分，我的想法是建立一個「**微信的收費群**」。簡單來說，就是你若想加入這個群，就得先付錢給我，不是想加入就可以加入，但別人為什麼要平白無故的付錢給你呢？總得要有點好處吧？所以我的魚餌就是，只進入這個群的人，就可以聽五天的課，每天 12 分鐘，總計一個小時。

9.9 元人民幣折合台幣約 50 元，花 50 元就可以聽一小時的課程，是不是超級划算呢？只要**主題吸引人，就會有人願意付費學習**，尤其現在中國大陸很流行這種「微課程」。

那接下來我得找到一個願意合作的講師，這對我來說並不難，因為很多老師都希望有人可以幫他們招生、打知名度、擴大影響力。以這次的案例來說，我找來一位台灣的黃正昌老師，他是人際溝通專家，同時也是暢銷書作家。我向他提議在微信上開一堂叫做「如何一開口，就讓人喜歡你」的課，因為這個主題他本身就有研究，知識儲備量早就款便便（台

語）在那邊等著；而且只要有支智慧型手機，並在一個安靜、有網路訊號的地方就能講課，非常方便，所以他很爽快地答應。

建好群之後，接下來就是要到處宣傳啦，這時你必須寫一篇有殺傷力的文案，好險這對威廉來說不是難事，我只用了不到一首歌的時間，就把這個宣傳文案完成啦，請看！

哈囉～你想學會如何一開口，就讓人喜歡的能力嗎？

好消息，我邀請到來自台灣的金牌講師～黃正昌教練，

在 9/14 星期五晚上開始，連五天跟大家分享如何說話說到別人的心坎裡，如果你想學，請發 9.9 元的紅包給我，並回覆數字"1"，

我就會邀你進去這個高品質的收費學習群；學習完畢，如果覺得課程對你沒幫助，只要跟我說一聲，我就退你 10 元。

名額有限，額滿不收，請把握機會。

好，那接下來的問題就是「如何大量宣傳這則訊息」，一條條的發肯定很累人，所幸微信內建一個好東西──廣播助手，不過微信把這個功能藏得很隱密，不熟微信的人可能不知道在哪裡。威廉就來告訴你們這功能要從哪裡啟用吧！首先，請開啟微信，並點選右下角的「我的設定」，接著，請點畫面中的「設定」，然後再點選「一般」。

請點「協助工具」，然後再選「廣播助手」。

點選「開始廣播」，「建立廣播」。

　　這邊可以勾選你想發送的對象，每一波發送最大上限是 200 人，如果你的微信好友數超過 200，那只要分批發送就行了。例如你的微信好友有 2,000 人，那就分 10 次發送，且如果要發一模一樣的對象，只要點「再發一條」就好，不用再去勾 200 人，相當方便。

　　這裡威廉提醒一點，如果看到不適合發廣告的朋友，請 PASS 過去，發廣告的對象最好要進行篩選。

操作教學到這邊，如果都沒問題的話，你就會像我一樣陸續收到紅包了，但可能會有些人在執行上遇到問題，我整理出幾點如下。

 我沒有可以收微信紅包的功能，怎麼辦？

沒關係，這在另外一篇文章有做教學（參〈金流〉單元），你只要照著操作，基本上就能學得會。

 手動群發很累耶，有沒有比較省力的方式？

有的，但要用特殊的手機才行，一般的手機做不到，威廉有買這樣的手機，但不便宜，印象中是 4,000 人民幣左右（約 20,000 元台幣），要不要買就自己決定囉。如果你的微信好友數本來就不多，那手動發一發就好啦，別那麼懶啊，那為了讓你了解自動群發是如何操作的，我錄了一小段視頻，請參考下面網址。

https://youtu.be/gJr1zYTrd3g

不過，這是因為威廉的微信好友數比較多（約 3 萬人），手上有 11 個微信帳號，如果每個帳號都必須手動勾選，那真的會有點累，而且過程很枯燥乏味……所以，我就把這件事情交給我的「自動化行銷專用手機」，看著它努力勤奮地幫我工作，又不要求薪水，只需要餵它一點點電力跟網路訊號就可以了。

把群發的訊息灑出去後，過一會兒再去檢查有沒有人發紅包給我就可以了，有發紅包的人，我便把他邀進群組裡面，而這需要人工操作，不會

很花時間，自己來或請別人代勞都行，沒有技術難度。

我的微信好友不足耶，少少的

若你不像威廉有那麼多人可以發，怎麼辦？方法是有的，只是比較花時間，那就是不斷搜尋附近的人或群組中加好友……等方法來增加好友數。但如果你是台灣人的話會有一個困難點，因為你搜尋到的多半也是台灣人，而台灣人的微信紅包裡又幾乎沒有錢，怎麼辦呢？

關於這個問題，我有兩個解決之道，第一個方法是**放棄微信**，改用LINE，我相信你的 LINE 好友應該不少，若微信上可以講課收錢，那在LINE 上可不可以？當然可以！只要你找的講師、講題夠吸引人，一樣會有人願意付錢聽課，這不是一個假設或幻想出來的事情，而是**已經有人這麼做、這麼收錢，只是你不知道罷了**。

而且不管是在 LINE 還是微信上聽課都有一種好處，就是不用舟車勞頓，在手機上就可以聽，也不用在指定的時間聽，若講課那時候你沒空聽，只要事後再回放就好，非常適合忙碌的現代人，用瑣碎的空檔學習。

第二個解決之道，如果你真的很想做大陸市場，那就買支我剛剛說的行銷專用手機吧，它有幾個特殊的功能，例如可以把你的**手機虛擬定位在中國大陸某個指定城市，甚至是該城市的某條街道上**，而且這支手機還可以自動跟搜尋出來的人互動、加好友，也可以自動在群中加好友，功能非常多，這個功能的執行過程威廉也拍了一個短視頻，你可以看一下。

https://youtu.be/WPqc-FbCDnc

看完這個短片，你可能會聯想到……咦，那如果用這支手機，搭配威廉所教的技術，不就可以實現半自動化收入了嗎？**加好友自動化，廣播助手也是自動化，根本是建好群等著收錢就好了嘛！**

嗯……理論上是這麼說沒錯啦，但也不要把事情想得這麼單純、樂觀，不然我怕你到時候會失望，因為還有幾個問題要考慮。

你的微信頭像、暱稱、朋友圈有沒有用好基本的門面？如果你想賣東西，卻沒有放上自己的照片，反而放一些寵物啊、風景啊、卡通照什麼的，儘管只要 9.9 元，也不想發給你，因為沒有基礎的信任感。

微信加完好友，需不需要互動？其實還是要的，萬一你什麼互動都沒有，整天只曉得發廣告，那別人看到你絕對會嫌煩，不把你拉黑就不錯了，還妄想他們跟你買東西嗎？如果真的懶得互動或不屑跟這些網民們交流，我勸你還是放棄經營微信賺錢這條路吧，因為不互動、不經營人與人之間的關係，不論你是賣知識還是實體產品，都是賣不太動的。

記住！偷雞也要蝕把米，欲傷敵一萬，請做好損兵三千的準備，如果真的覺得這樣的方式不適合你，也不要對網路行銷感到絕望，因為在網路行銷的世界裡，總有別條路適合你，這本書將代替我陪你一直走下去。

對了，雖然我並不鼓勵你買專門的行銷手機，一來要花上不少錢，二來是花了錢，也不是所有問題都解決了，後續還得花上相當多的精力去研究，想想如何發揮手機的功效與價值，否則買了也只是浪費。

但如果你真的很想知道如何買到這支手機，可以加一下我的微信私人帳號，然後**發訊息跟我說你想詢問自動化行銷手機**，我就會把當初買手機的業務窗口介紹給你認識，後續關於手機的功能細節、如何付款、交貨，包含售後服務……那些，請一律找那名業務窗口，我不處理這一類的事情

喔，我只很單純的牽線而已，不然那支手機的功能那麼多，如果每個功能都要來問我，威廉肯定會崩潰的，所以請先有這樣的共識，再來找我索取窗口的聯繫資訊。

我的微信 ID 是 williamtrt5，你也可以掃描 QRcode 加我，萬一哪天這個帳號滿了或有任何狀況，無法加我為好友，請發信至我公司的客服信箱 service@waterstudy. org

期待你能因這篇教學有所啟發，如果你參考我的模式賺到錢，也歡迎與威廉分享，我會很開心的。

The Greatest Book for Getting Rich

3 網銷兵器譜 Tips 3 ─── 網誌（部落格）

 ## 如何善用網誌做行銷

網誌，在台灣又稱部落格，在中國大陸則叫做博客，網誌按照長短的限制，還分成一般網誌與短網誌，一般網誌在發表字數上沒什麼限制，但每次發文都要有標題、內部分類、外部分類……等等；短網誌則會限制在140字以內，發文時不需要選擇類別，也不用打文章標題，形式上較隨興、輕鬆，既方便又快速，因此得到廣大的網民喜愛。

首先，我們來談談網誌的部分，要建立網誌有兩種方式，一種是透過別人的網誌平台，申請一個自己的帳號，再透過該帳號建立自己的空間。在台灣，類似的平台有痞客邦、UDN 部落格、Xuite 隨意窩網誌；在海外，有 Blogger、Mdeium；在中國大陸，則有新浪博客、天涯博客、網易博客……等等。

而另外一種建立網誌的方式，則是透過內容管理系統（CMS）的模組化程式來建站，這當中最具代表性的莫過於 WordPress 了，透過 WordPress 建立網誌需要一點點的技術（但不會太難，也可以考慮外包），和些微的花費（包含網址申請費、虛擬主機租賃費用，如果沒什麼特別要求的話，1 萬元以內應該可以搞定）。

兩者主要區別在於，第一種方式不用花錢，技術門檻也低，可以快速上手，但有些事情的主控權比較差，例如網誌中能不能不放廣告？能不能放自己想放的廣告？版面要長什麼樣子？能否將擴充功能的插件，安裝在

自己的網誌上？但這些其實都還只是小問題，最大的問題是……

這樣的建站方式，網誌存續與否的主控權不在你手上

如果網誌平台願意持續提供服務，那你就可以繼續透過這個平台揮灑自己的創意，在網誌上盡情發表自己感興趣的文章，但天下無不散的宴席，任何一個平台都無法保證讓你永久免費使用，如果網誌平台因為任何原因（例如繼續營運下去賺不到錢），而決定結束平台服務的話，那你的網誌也就跟著關門大吉了。

舉例，之前台灣有很多部落客都選擇使用無名小站、雅虎部落格建立自己的網誌，結果這兩個平台陸續吹起熄燈號，原先在上面經營的部落客只好被迫搬遷；倘若文章數不多，搬遷也還不是什麼大事，但如果是一個長期經營、內容豐富的網誌，那就是一件大工程了。當然，還來得及搬就都是小事，只要願意花時間就能解決，最怕平台結束時，你剛好在忙，沒留意通知或忘了，完全沒計畫搬家這件事，等想到才發現網誌沒了，之前的文章、圖片、影片又都沒存檔，這才是最可怕的大事。

不過通常在一個比較大的網誌平台結束，都會有其它平台為了接收這些廣大的用戶群，貼心地設計出一些好用的「**搬家工具**」，只要你做好設定，它就會把你在舊平台所發表的文章，批次搬到新網誌。

但這樣真的就解決問題了嗎？並不是，因為還有另一個問題沒辦法解決，就是網誌原先的網址也跟著消失了。一個網誌如果經營得好的話，網址會存在於兩個地方，一個是搜尋引擎，讓網友在搜尋特定關鍵字時能找到你，另一個則是曾瀏覽過的訪客，他們可能會把你的網址儲存在他的書

籤（我的最愛）；所以，一旦你搬了新家，即便內容搬過去了，過去累積的**搜尋引擎排名地位**可沒辦法搬過去（**這個損失比較慘重**），無法直接過繼到新空間，以前的訪客也有可能無法再從書籤連結到你的網誌。

因此，我們平時就該未雨綢繆，將損失降到最低，而且有件事情你一定要做，就是在你的網誌上設計一些能讓訪客繼續跟你保持聯繫的「**媒介**」。舉例來說，有的部落客會在他的網誌上插入「**訂閱電子報**」這樣的功能，來訪的訪客如果有留下資料（例如 E-mail 或掃描 LINE@、微信公眾號或 FB 粉絲團按讚）的話，這些資料（數據庫）就掌握在自己手上了，萬一日後真的遇到關門事件，就可以發 E-mail 告訴老朋友：「我們搬家啦，歡迎喜歡 ×× 部落格的朋友們到新家光顧唷，日後也將持續分享、發文。」

此外，你也可以自己申請一個網址，設定該網址可以轉址到你的新網誌（類似電話轉接的概念），再用該網址去註冊各搜尋引擎，或呼籲你的網友們，使用新網址來加入書籤，這也是一個辦法。雖然使用這樣的辦法，並不代表能完全抵銷掉原有平台關閉所帶來的損失，但亡羊補牢總比沒有補救機會好，你說是嗎？

所以，若以長遠的角度來看，有一個自己的網誌，擁有主控權比較好，但你架設的 WordPress 網站，如果網址沒有繼續繳費，或網路空間沒繳錢，網誌還是一樣會被關閉喔。

分析完網誌的建站方式及優、缺點評比後，我們按慣例，來個圖文並茂的教學解說吧！由於網誌的平台眾多，恕威廉無法在此介紹每個平台，那樣不只一個章節寫不完，可能連一本書都寫不完啊！就讓威廉以痞客幫做示範，帶著大家來建立自己的網誌吧。

透過痞客邦建站其實不難，首先請連到痞客邦的首頁 https://www.pixnet.net/，或在搜尋引擎打上「痞客邦」就能找到，進入網頁後，請先註冊申請一個帳戶。

進入註冊頁面後，會有一個選項問你要不要用 FB 註冊，我個人的建議是不要，原因有二，其一是為了防止哪天你的 FB 帳戶不能用了，那網誌也跟著不能使用；其二則是預想到，如果有一天你的網誌請人協助經營，你總不會連自己的 FB 帳號也要交給他吧？

註冊完後，記得到信箱收信，完成最後的驗證。一般我會推薦使用 Gmail，記得別忘了自己的網誌帳號與密碼，當然，信箱密碼也得記住。

點完註冊驗證信中的連結之後，會出現類似下圖這樣的畫面，請點一下回到痞客邦大廳，接著點發表文章。

第一次使用，會出現類似的畫面，只要按「好！立即體驗」就好。

接著會依序出現三段式的教學引導，基本上都不難理解，依序把它看完就可以進到下一個流程囉，如下圖。

設定完畢後會到下面這個畫面，請按右下角的「開始發表文章」。接著，會來到這個畫面，請你替網誌做一些基本的設定。

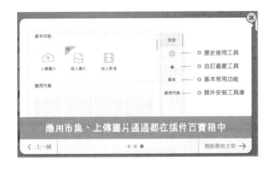
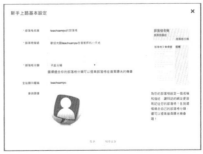

這裡請不要馬虎帶過，盡量認真填寫，尤其是部落格的名稱和基本描述，這都會影響到日後在搜尋引擎上搜尋特定關鍵字時，陌生訪客能找到

你的機率，以下我提供自己填寫的範例。

　　儲存設定好之後，就讓我們發表第一篇文章吧，發表的介面跟 Word 有點像，只要用 Word 的概念稍微摸索一下就好，應該不難。

　　我這邊再提醒幾個需要注意的重點。首先，文章標題請考量到關鍵字搜尋及發表的時間。由於痞客邦有支援文章發布排程，因此你可以一口氣寫好幾篇文章，然後再設定發布日期，營造出一種你有每天更新網誌的樣子；因為不論是對網友還是搜尋引擎來說，他們都比較喜歡經常更新的網站，而不是久久更新一次，然後放上一大堆內容，難以消化。

　　另外，標籤就是你希望搜尋引擎被搜尋那些「**特定關鍵字**」時，能找到這篇文章，但不要貪心設太多，每篇文章設定 3 至 5 個關鍵字就好。講到這裡不得不提一下，其實網誌最大的價值，就是它對搜尋引擎來說是個很友好的內容來源，自從 FB 盛行，很多人就把心思都轉移到 FB 上，

而放棄經營網誌，這實在是一件很可惜的事情；畢竟你在 FB 上，不論發表了多少精彩的內容，搜尋引擎永遠都搜不到，但當你在搜尋引擎上找尋某個關鍵字的時候，前幾名往往都有網誌的存在。

對了，使用痞客邦編輯文章的時候，如果想在文章中插入圖片，一般我們會直覺地去點上方工具列上，有個看起來是插入圖片的按鈕，但點了之後才發現，必須要先將圖片上傳至系統相簿才能插入，因而卡在那邊，不知該如何是好；威廉在這告訴你一個小密技，其實只要點最右邊的「更多擴充功能」，就可以直接貼上圖片和影片。

接著，會來到這個畫面，再按一下「完成」，就大功告成囉。插入圖片後類似這樣，這樣就感覺像是一篇圖文並茂的文章了，對嗎？

按完發布文章之後，若看到一個提示畫面，只要按建議分類即可，當然，如果你想要自己設定也可以。再來，來到後台的文章列表，如果你想

看一下自己發表的文章，只要點選就可以看到文章標題，若要修改的話，就點旁邊筆的圖案就好。

然後，你就可以懷著既期待又怕受傷害的心情，看到第一篇網誌發表出來囉，歐耶！轉圈＋撒花瓣！

但你會不會覺得有哪裡不太對？對！版面的風格。有時候版面的風格不見得適合你，那該怎麼辦？別急別急，讓我們回到剛剛的畫面，點選一下「文章列表」（OS：幹嘛做得這麼隱密呀，簡直就像藏在神盾局裡的九頭蛇辦公室），再點一下樣式管理，會有一大堆版型冒出來，只要挑一個你喜歡的就好啦。

　　看到這裡你也許會想，可是我挑了半天都沒有找到滿意的怎麼辦，畢竟上面放的圖片或照片可能都不是你要的啊，放心，這其實可以變動，但自行設定比較複雜，所以就先不在這裡教學囉。

　　接著，我們來討論，如果透過 WordPress 自行架站，該怎麼做呢？首先，你必須購買一個網址與虛擬主機，至於購買網址的廠商，我推薦 name.com；虛擬主機我推薦**主機怪獸（Hostgator）**、**戰國策**，網址如下，去參考看看吧！

★ Name.com

https://www.name.com/

★ 主機怪獸

http://www.hostgator.com/

★ 戰國策

https://www.nss.com.tw/

如果你跟戰國策買主機，輸入優惠代碼 NSS8888 的話，可以享有八折優惠，是威廉跟戰國策合作，幫讀者謀的福利。

怪獸主機的好處在於，它的管理後台有一鍵安裝 WordPress 的功能，不過這是英文版，若想使用中文版 WordPress，就要到 WordPress 官方網站上另外下載中文安裝包，然後設定好數據庫、數據庫使用者……等資料，再上傳就 OK 囉。

★ Wordpress 下載網址

https://tw.wordpress.org/

如果你懶得申請網址、主機、下載程式包，還有另外一個方法能夠解決，你可以試試看。

https://zh-tw.wordpress.com/

最後，我們再花點時間來介紹微網誌。狹義來說，微網誌有 Twitter、噗浪和新浪微博；若以廣義來說，FB 塗鴉牆、Google+ 也可以

被視為微網誌的一種，不過我們這裡就以狹義來介紹吧。在華人世界中，最多人使用的微網誌莫過於新浪微博了，相信大家一定都有在新聞媒體上聽到：「×× 藝人昨晚在微博上發表了……」一般若沒有特別說明是哪個微博的話，基本上都是新浪微博。

那新浪微博要怎麼使用呢？很簡單，註冊一個微博帳號，就可以囉。

★ 新浪微博網址

http://tw.weibo.com/

順帶一提，新浪微博跟新浪博客是同個帳號喔，所以只要你有註冊過新浪微博的帳號，可以直接使用博客囉，而且新浪博客還提供了一個很方便的功能，只要一鍵就能將博客上的文章轉發到微博上去，這對有心經營網誌的人來說是不是很方便呢？

網誌的教學就到此結束，以下我把自己經營的網誌、微網誌連結分享給人家，大家有空上去拜訪一下吧！

★ 威廉老師的痞客邦網誌

http://ifawilliam.pixnet.net/blog

★ 威廉老師的微博

https://www.weibo.com/1676598441/

★ 威廉老師的新浪博客

http://blog.sina.com.cn/guangshi2

★ 威廉老師用 wordpress 架設的部落格

http:// 網路行銷 . 大師 .tv

如果想學習更多關於網誌行銷的技術，可以拜訪下面這個網站。

★ 暗黑部落格行銷術

http://superblogmarketing.weebly.com/

The Greatest Book for Getting Rich

4 網銷兵器譜 Tips 4 ——視頻

如何善用視頻做行銷

　　網銷走到這個年代，利用影片來行銷的業者越來越多，因為比起圖文，影片（視頻）更能抓住人們的注意力，而且有些人對閱讀圖文較沒有耐性，但影片他就比較能看得下去，而且影片行銷的應用範圍也很廣，可是網銷界的必爭之地。

　　在中國大陸以外的地區，最主流的影片平台非 YouTube 莫屬了，而中國大陸最主流的影片平台則以優酷、騰訊視頻為主，有些人甚至把製作影片，當作一份事業經營，成為全職的 YouTuber（靠經營 YouTube 賺取收入的創作者），而且經營的好的 YouTuber 收入可不斐呢，根據報導，台灣前十大 YouTuber 之首谷阿莫的年收入為 1,413 萬元，這樣的收入非但不輸科技新貴，甚至比一些中小企業還來得高，完全超乎一般人的想像！那為什麼一個在家裡自製視頻的人，一年可以賺這麼多錢呢？

　　答案是，這些影片在播放的時候，YouTube 有時會自行插入廣告，影片所有者便可以得到廣告費的分潤，這跟我們看電視時會插播廣告，電視台就可以賺廣告費是一樣的道理。在過去，創一個電視台，必須要是資金非常雄厚的人，但在現今這個網路世代，每個人都可以成立一個網路電視台，讓人觀看你製作的節目（影片），而且谷阿莫僅是台灣收入最高，若是全球最紅的 YouTuber，收入更是高得嚇人。

　　目前全球收入最高的 YouTuber 是一名瑞典的年輕人，他的廣告收入

高達 1,200 萬美金，折合台幣約 3 億 6 千萬元左右，那他都拍些什麼？就是一些跟電玩有關的視頻。這件事情其實也給我們一個啟發，就是如果想成為 YouTuber 賺大錢的話，內容最好是全球人口都可以觀看的內容，畢竟 YouTube 上的英語使用者比中文使用者多太多了。

所以，如果你的小孩不去找一份「**正經的工作，領固定的薪水**」，每天關在家裡製作一些視頻，你可別急著罵他，因為他未來能闖出多大的名堂、創造多高的收入，可不是現在就能看得準的。

當然，經營影片頻道的內容，不見得都是為了要賺廣告分潤，也有可能是賺別的，像威廉本身並不是透過 YouTube 賺取廣告收入，但我仍從 YouTube 上獲得不少收入，這是為什麼呢？因為我透過 YouTube 發布了一些教學影片，很多人會因為看到我的教學影片，進而對我產生信任感，願意跟我購買進階的付費課程。舉例來說，我曾製作一段 1 小時 51 分的微信初階教學，觀看這段教學影片不需要付費，放在網路上供大家任意觀賞，但我在影片結尾中會提到，我有一個進階版教學，叫做微信中階班，那看過這段免費教學影片的人，當中就會有一定的機率報名微信中階班的課程；至於這段影片總共有多少人觀看過呢？這些人有多少不重要，哪怕只有三成的人報名中階班課程，也算不少。

而且還有一個重點是……把影片錄製好，放在網路上之後，從此就沒我的事了，這段影片就像是全年無休，也無須支薪的業務員，在網路上為我工作，幫我替每個想瞭解微信的人，介紹微信行銷的奧妙之處，以及我的進階收費課程。且經營 YouTube 還有一個非常大的好處，那就是……

YouTube 影片在 Goolge 搜尋引擎的結果是排非常前面的！

有句話說，肥水不落外人田，你知道 YouTube 背後的老闆是誰？就是 Google 大神呀，所以用 Google 搜尋的時候，YouTube 的內容自然會排在比較前面。以我自己實驗的結果，只要在 Google 輸入微信行銷，我做的那支初階教學影片通常都會出現在第一頁，而且這也帶來另一個好處，就是有許多人或某單位想學微信行銷的時候，會優先想到我。

好，講到這裡，我們要照例展開一段圖文教學，請先註冊好一個 Gmail 帳號，Gmail 跟 YouTube 的帳號是通用的。接著，我們來到 YouTube 首頁，點擊右上角的「登入」，再點擊右上角的人頭圖像，會浮出一個選單，請點選「我的頻道」，如下圖所示。

進到這個畫面之後，你可以替自己的頻道取一個名字。建立頻道後，進入下面這個畫面，請點選「創作者工作室」。

　　來到這個畫面之後，請點選左邊選單中的「頻道」，接著，你會看到這個畫面，狀態與功能那邊有許多待啟用的項目。

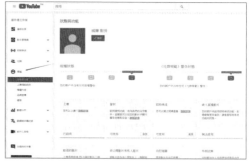

　　如果你希望影片能產生廣告分潤收入，就要開啟「營利」的功能，不過這部分得另外去申請 Google Adsense，這有點小複雜，我會在後面章節說明。我先把需要啟動的項目列出來（如下圖），其實比較重要的也只是允許上傳**較長的影片**，這部分會需要用手機收簡訊作驗證。

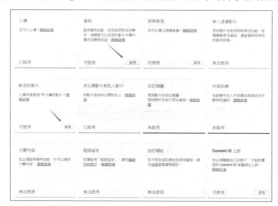

　　好，假設我們都已經設定好了，接著就要錄製影片囉。在我看來，影片來源有幾種方式，第一種方式是透過 DV、手機、iPad……這類的錄影設備拍一段影片，再上傳到 YouTube 頻道；如果是用安卓手機的話會方便許多，因為拍完只要按分享的按鈕，並選擇分享到 YouTube 上就可以

了。但用這種較簡易的方式來創作影片，你要留意以下幾點事項。

★ 事先寫好分鏡腳本。

★ 留意背景，通常越乾淨越好。

★ 注意打光。

　　第二種方式則是透過影像擷取軟體或影片編輯軟體，把影片素材加以擷取、剪輯，變成一段影片。以我前面舉過的例子「微信行銷初階班」來說，我使用的便是一套叫 Camtasia 的軟體，這套軟體雖然需要付費，但我用過之後，認為非常值得，因為它不但有螢幕錄製的功能，還能進行多軌的影片和音軌剪輯，據我所知，有許多網路行銷老師也是用這套軟體來錄製教學影片販售。

　　除了 Camtasia 之外，威力導演也是一套相當不錯的影像編輯軟體，相當簡易好上手；如果要更專業的話，就要用 Premiere 了，但這幾套軟體都有一個共同的缺點，就是得付錢。那有沒有什麼軟體既免費、容易操作，又具備最基本的影片剪輯功能呢？有的，威廉就跟大家推薦一套「Apowersoft」，網址如下……

https://www.apowersoft.tw/free-online-screen-recorder

　　它的好處是可以從網頁操作，在製作的過程中，不需要另外安裝軟體，而且 PC 和 Mac 都能使用。操作畫面如下，僅第一次使用時需要下載一個小插件，之後點選開始錄製就可以了。

但不管使用什麼工具錄影片，在錄製上都有幾個小重點必須留意唷！

★ 注意是否有需要錄製系統聲音、麥克風聲音或兩者都錄。

★ 設定錄影範圍。

★ 錄影之前關閉所有通訊軟體，避免在錄製過程中造成干擾。

★ 錄製過程中，如果不小心吃螺絲了，不用擔心，請繼續講下去，事後再把講不好的地方刪去即可。

而不管是用哪一種方式來創作影片，都有一個影響成敗的重要先決條件，那就是──選對影片主題。在我看來，影片的主題有三種選項。

★ 直接介紹你要賣的產品或服務。

★ 不直接賣產品，但介紹某些觀念，如果對方看了認同，就會想要購買你推薦的產品。

★ 影片跟產品或服務沒有直接（或間接）相關，主要就是為了賺流量，增加別人看到你的頻道或影片的機會。

且除了影片的主題很重要之外，影片的配樂也很重要，好的音樂對影片有著巨大的影響，你自己也可以試試看，在看電影的時候把聲音都關掉，你會發現《鐵達尼號》其實一點都不感人；看《玩命關頭》也不覺得刺激、激情。且你必須有一個基本常識，那就是影片中的音樂並非是你高興用什麼就用什麼，如果你不是使用合法授權的音樂，那你上傳的影片，YouTube 有可能強制下架。

但這點你可以不用擔心，其實 YouTube 已經很貼心地幫我們準備了一些免費的音樂素材，供我們下載使用（創作者工具箱），網址如下。

https://www.youtube.com/audiolibrary/music

OK，假設影片都已經錄好、剪輯好了，接著就要上傳到你的YouTube，這部分相對簡單許多，只要點選右上角向上的箭頭（如下圖）就能上傳影片，你可以用拖曳或點選的方式來上傳。上傳的時候，你可以選擇將檔案設為公開、非公開還是私密影片，而且 YouTube 也有排程發布的功能喔。

公開，顧名思義就是所有人都看得到，非公開是只有知道此網址的人

可以看到，私人則是只有你自己看得到；至於排程發布，就是在你指定的日期發布。如此一來，你就可以密集地做好多部影片，設定好排程之後，就會陸續發布上線，營造出你的 YouTube 頻道很活躍的樣子。

　　在上傳影片的過程當中，也有幾個特別要注意的地方，分別是……

★ 影片標題：務必要夾帶關鍵字在裡面。

★ 影片的描述：如果希望別人點某個連結，建議不要超過第二行。

★ 影片的標籤（Tag）：你希望別人用什麼關鍵字搜尋，可以找到你。

　　而影片行銷除了拿來做廣告營利、公開介紹某產品或服務，其實還有一個非常有意思的銷售應用，就是錄製一段一對一的銷售影片，之前威廉在經營某直銷事業的時候，就曾因為想跟別人介紹直銷事業，但時間、地點卻一直配合不上，無法見面，所以乾脆把這份事業為何值得參與，還有對方可能顧慮的點……等內容都錄成一段影片。

　　這段影片是在沒見到對方的情況下，我用手機錄好上傳到 YouTube（設為不公開），再把網址傳給對方看，他看到我專門錄製這段影片，覺得我非常有誠意，我們就在彼此沒見面的情況下成交了。

　　你說用手機錄製一段講給某人聽感覺很怪？或許吧，但就我自己實驗的結果，東方人比較含蓄，有時候面對面不見得能講出很真情流露的話，

面對鏡頭卻反而可以。

　　前面有提過，中國大陸無法使用 YouTube，所以，若想經營中國大陸的視頻，你可以透過優酷，網址與首頁畫面分享如下，有興趣經營中國市場的朋友們，不妨也花些心思去經營一個優酷頻道。

http://www.youku.com/

　　由於優酷跟 YouTube 的操作介面類似，所以這裡就不多做介紹，相信聰明的你很快就能上手喔！最後，在此歡迎各位訂閱我的 YouTube 頻道，我常常發布有學習價值的資訊，是值得拜訪的寶庫喔。

https://www.youtube.com/user/guangshi

弟 子 專 欄

中國大陸最夯的流量風口：短視頻

各大社群平台都已日漸成熟，那在成長幅度趨於緩慢的情況下，又有哪隻黑馬能異軍突起，在這激烈廝殺的平台戰中，殺出一條血路讓各家大老倍感威脅呢？我想不外乎是「抖音」了，該平台在2018年第一季便創下4.6億的下載量，相當可觀！

在大陸市場，抖音讓微博深受威脅；在台灣，抖音也成為年輕世代目光的焦點，商業價值可謂每月劇增，如果你還不知道這個比病毒擴散還快的抖音，天行現在就帶你進入「短視頻的世界」。

首先，我們準備一支有網路的智慧型手機（系統不限）及社群帳號，然後在APP商店下載「抖音」，國際版的叫「Tik Tok」，中國版叫「抖音短視頻」，都是一樣的軟體。

下載完，請點擊右下角的人頭像，登入帳號，可登入抖音的社群帳號很廣，像FB、IG、Gmail、Twitter、LINE和Kakao都可以，只要選一個你想連結的帳號，之後可以再做多平台串聯。

先向大家介紹使用功能，請點擊最左方的房子圖案，會出現當前熱

門影片，而在上方可以選擇由官方的推薦或是最新、最紅的影片。若點擊第二個類似星球的那個選項，可以看到官方設置的熱門主題。

且抖音會配合時節及時下關注的事情，製作許多標籤，除主題分類外，也讓網友能有目標及主題性，驅使他們去創造更多的影片，以增加平台的觸擊率及流量，像暑假結束、開學那段時間，抖音就做了一個幽默逗趣的「＃開學求生手冊」、「＃暑假餘額已不足」的標籤。

　　抖音以鎖定年輕族群為主，因為新世代對手機 **APP** 的黏著度高，相對的廣告投放、鎖定目標觀眾也越簡單，因而能更輕易地轉換為商業價值。且它們對時下流行的趨勢也是與時俱進，配合著戲劇的火爆竄紅，官方也馬上開發出符合時事的濾鏡效果，供網友們玩樂。

　　接下來，教大家如何錄製簡易的影片。影片可分為幾種類型，如下。

❖ **節奏性強的音樂（跳舞）。**
❖ **對嘴型。**
❖ **逗趣。**
❖ **特效。**
❖ **主題。**

　　要在短短的 15 秒鐘完整表達內容，並不是件容易的事，我以較容易

上手的逗趣類型，來做一個簡單的示範。首先準備素材，今天準備的素材是一則短笑話，請將我們準備的笑話，製作成圖片存放於手機，一張圖片放一句話，參考下圖。

　　圖片準備完，按下中間的錄製鍵，你會看到此畫面，然後點選右下的上傳，你只要按照順序選取圖檔就好。你也可以使用右下的濾鏡或挑選你要的效果，右上則可以選擇你要的音樂，都用好後，請按「下一步」，這樣就大功告成了。

　　你可以編輯文案，加上你要的 # 標籤，決定是否要同時在其他平台發送。製作的成果可以連結下方網址或 QRcode。

https://goo.gl/RZpLgT

　　以上只是一個簡短的示範教學，若想活用抖音，要花費許多的時間及心力企劃影片，但可以預見的是，抖音將持續蔓延、拓展市場，套用心理學博士亞當・阿爾特（Adam Alter）在其著作《欲罷不能：科技如何讓我們上癮？滑個不停的手指是否還有藥醫！》裡提到上癮構成的要素，分別是：

❖ 誘人的目標。
❖ 無法抵擋且無法預知的積極回饋。
❖ 漸進改善的感覺。
❖ 越來越困難的任務。
❖ 需要解決卻暫未解決的緊張感。
❖ 強大的社會聯繫。

　　抖音已成功竄起，並占有一席之地，因為它滿足了上面所有要求，至於該如何順應趨勢、創造更大的商機，我想這是每個行銷人都要面對的課題。如果你想更深入了解抖音，請掃描下方的 LINE@（下方左圖），輸入關鍵字「我要成為抖音主」，即可獲得「抖音趨勢秘笈」電子書，或是掃描若水學院 LINE@（下方右圖），得知更多與「抖音」相關的課程喔。

[弟子小檔案]

天行老師（SKY WALKER）

- 曾任網路電台主持、Garena 聊聊語音官方頻道管理者、社群媒體經理人，網紅經紀人、直播培訓師。

- 代操過無數網紅及品牌社群媒體，增粉超過百萬，管理社群媒體社團人數加總過十萬，培育過破百位直播主。

目前為威廉老師門下弟子，同時也是若水學院的合作講師。

5 網銷兵器譜 Tips 5 —— E-mail

如何善用電子報做行銷

打從世上 E-mail 誕生，電子報行銷就相繼而生，透過發送行銷訊息至對方的 E-mail，來達到銷售目的，所以電子報行銷可說是歷史相當悠久（遠目）。雖然大部分的人認為現在都改用 LINE、messenger 來聯繫事情，沒有人在用 E-mail 了，但我必須反駁一句：「還是有的，而且 E-mail 行銷有著不可被取代的地位。」

透過電子報行銷有什麼好處呢？首先，E-mail 是一種開放式的數據庫，不用擔心哪天你的帳號被砍，或某個通訊平台倒了，你就再也聯繫不上對方；再者，如果將電子報行銷搭配某些軟體的話，還可以產生**自動變化欄位**的功能。這是什麼意思呢？我舉個例子吧，不知道你有沒有收過一種信，信件的標題或內文的開頭寫著……

親愛的朋友您好……或是 Dear All……

類似的開頭，讓人產生一種感覺，認為這是寫給一堆人的信件，並非特別寫給自己的，因而不會特別想打開這封信（甚至可能根本沒發現這封信的存在，被淹沒在一堆信件裡面），或打開了也不會有特別被關心、溫暖的感覺，但如果你收到的信件開頭是……

親愛的威廉老師 您好……或是威廉兄 您好……

這樣在眾多的信件中，是不是比較會留意到這封信件，並想打開來看看呢？我想，對絕大多數的人來說是會的；即使有些人早已知道，這能透過某些特殊的軟體來操作，但他們就是會被吸引住。

且電子報行銷還有一個很大的優勢，這個優勢還是許多通訊工具都做不到的！就是它可以設定「**排程組合**」式的行銷，也就是事先規劃好寄信流程，這個流程會計算每隔多久對方要收到一封信，信件的內容是什麼？透過這樣的方式，慢慢建立起收件者與寄件者之間的信任，大幅減少行銷人的工作量。

當然，一般免費的電子信箱沒有主動提供這類的服務，你必須搭配某些付費軟體或網站才能做到這樣的效果，但即便要付一些錢，我也覺得非常值得。那如果沒有透過這樣的軟體，自行靠免費的電子郵箱去達到這樣的效果，會發生什麼樣的事呢？

小白是一名業務員，他每天熱衷於參加各種社交活動，積極換取名片做業務開發，且為了確保每位換過名片的人都記得他，他特別設計了三封信件，分別在交換名片後的第一天、第三天及九天寄信給對方。畢竟換完名片後如果就沒互動，對方很快就會忘記他了，但如果對方陸續收到他寄的三封 Mail，對他的印象肯定較深刻，到時候進行業務聯繫與約訪就會順利的多。

小白在某次場合，認識了三名新朋友，我們把這三位朋友稱為 A1、A2、A3，當天回到家，他便寄了一封信（第一天認識專用）給 A1 ～ 3 這三位朋友，為表示尊敬，還用了 Ctrl C+Ctrl V 的技術，將對方的名

字，分別打在三封信件的標題及內文開頭，寄出後，小白覺得心情特別好。

隔天，他也認識了三位新朋友，簡稱為 B1、B2、B3，然後做了跟昨天一樣的事情，這時他的心情更好了，因為他的名單增加了六個人。

第三天，又認識了三名新朋友，簡稱為 C1、C2、C3，可是這天，他除了要寄信給 C1 ～ 3 之外，還要寄第二封信給大前天認識的 A1 ～ 3（第三天要再寄送第二次 Mail），此時的他，心情稍微有點降溫了。

依此類推到了第九天，小白要在這一天寄信給⋯⋯

★ I1~I3 第一封信。

★ G1~G3 第二封信。

★ A1~A3 第三封信。

別忘了寄信的時候還要加上對方的姓名於信件的標題和內文，所以小白被訓練成 Ctrl C+Ctrl V 的高手，但他已經開始感到厭煩，覺得自己為何要用這麼傻的方式行銷，如果再繼續堅持一個月，他肯定會崩潰，因而決定放棄這樣的行銷手法。

其實，這樣的行銷手法完全沒有問題，問題出在小白沒有使用一個好的工具，市面上有些工具軟體就相當貼心，你設定好寄信排程與內容之後，只要持續往名單庫裡餵新的名單，系統就會自動算好要在第幾天、寄出什麼樣的信、給什麼樣的人，自動帶入對方的姓名到信件主旨與內文中，從此擺脫大量的 Ctrl C + Ctrl V。

如果你好奇這樣的方式到底可以達成什麼樣的效果，我這邊提供一個

網址，進去後填入自己的資料，就會依序收到我設計好的信件排程。當然，你哪天想取消也沒問題。

https://goo.gl/5cHdk8

這樣的應用相當廣泛，除了換名片之外，也可以用在你的網站登錄頁（Landing Page）、網誌（部落格）上面訂閱電子報，或留資料就可以索取某種好康（例如電子報、教學影片、調查報告……等等），要知道許多拜訪你的網站的人，大多不會第一次就採取購買行為，但他們極有可能是對產品或服務感興趣的潛在客戶，如果就這樣讓他們溜掉，沒有留下任何線索，那日後要再跟他們串連起來、傳遞訊息，會變得相當困難。

我這邊再舉一個例子，小黑是一名賣減肥產品的電商，他透過付費廣告的方式，吸引了許多顧客到他的網站，根據統計結果，每 100 位到訪的新客戶中（從訪客分析報表結合廣告投放報表交叉比對中可以看出來），有 2 名會採取購買行為，也就是 2% 的購買轉化率。

那試想看看，其他 98 名沒有購買的訪客，他們是不是對產品感興趣的人？答案是肯定的，否則當初就不會點廣告進來看了。這時問題產生了，小黑手上並沒有這些人的聯繫資料，所以他只能被動地等他們回訪，才有可能採取購買行為。

但好險，就在這個磨門特（Moment，時機），小黑認識了一位網路行銷大師，對方給他一個建議：「你可以在網站上提供『**30 種減肥妙招的免費電子書**』，只要留下 E-mail，未來 30 天，每天都會收到一個減肥方式。」結果，網站每來 100 位新訪客，除了有 2 名會採取購買行

為外，還多了 15 位願意留下 E-mail 索取減肥妙招（其實就是訂閱電子報，只是說法不一樣）的人，而這 15 人在收完 30 天的 E-mail 之後，第 31 天會收到這麼一封信：「如果你試過前面 30 種減肥妙招都還是瘦不下來的話，乾脆跟我們買減肥產品吧。」

你覺得每 100 位收到第 31 封信的人，會有多少人決定採取購買行動？我們先保守估計有 20％ 會採取行動好了，那麼當初的 100 人中，那 15 名留下 E-mail 的人，就有 3 位成交！你也許會想說，搞什麼啊？花了一個月的時間，結果也只多 3 名客戶成交，但你要想想，這一切都是靠系統自動運作的，你設定後就無須任何人工操作；再者，你原本 100 位新訪客，只會成交 2 人，現在變成 5 人，這樣公司業績成長幾倍？

答案是 2.5 倍！

試想看看，小黑並沒有多花廣告費，也沒有多請員工，但公司營收卻成長了 2.5 倍，這樣的事情如果發生在你身上，你會有什麼感覺？你認為花點錢投資，買套電子報軟體到底值不值得？我想你心中已經有答案了。

類似的方法，其實還有很多有趣的應用，例如寫一個 30 天的情書排程模組，然後把你想追求的異性名單加入收件者清單，這些人就會每天收到一封你寄給他（她）的情書，依此類推 30 天，那 100 人當中可能就會有 5 人被你「成交了」。這樣的方式理論上是可行的，但問題是，萬一你真的「成交」了 5 人，接下來你要怎麼辦？難道每天都跟其中一人約會，然後一週休息兩天嗎？

這樣的方式，我很久以前實驗過，但效果太可怕了，所以我把它列為

禁術，請讀者們看看就好，把它當作一個玩笑，千萬不要真的去做，否則後果自行負責，很可怕不要問。

說到這，你是不是想問：「威廉老師，那有哪些軟體可以做到你說的效果呢？」就知道你要問這個，好吧，既然你求知若渴，那我告訴你，就我所知，市場上這幾套軟體都能達到類似的效果。

★ 借力酷（發明者為鄭錦聰先生，一位知名網銷老師）

https://goo.gl/XgEH2P

★ Vital CRM（叡揚資訊股份有限公司出品）

https://goo.gl/x3gR4v

★ GetResponse

https://cn.getresponse.com/

電子報行銷除了針對自己蒐集來的名單外，還有一種方式是針對陌生名單做開發，有人把這樣的方式稱為「**垃圾廣告信**」，但這樣廣發的方式究竟有沒有效呢？根據威廉自己實驗的結果，這樣的行銷方式還是有效的，因為關鍵在於量大。

舉例來說，假設你找一間廠商，每天幫你發送 10 萬封電子報，一個月下來總共會發 300 萬封電子報，即使訊息大多進了垃圾信件匣，抑或是根本沒被讀取，但哪怕只有萬分之二的信件被看到了，那也會有 600 封信件被打開來看啊，這當中會不會就剛好被你成交了幾筆呢？

　　但成交率其實主要是看你賣什麼而定，如果你賣的是一般人普遍會有需求的東西，成交的機會就比較大；反之，如果你的產品是小眾市場，那這樣的行銷方式就可能不會奏效。

　　好，關於電子報行銷的部分，就先跟大家分享到這邊，有沒有覺得收穫頗豐呢？如果你手上剛好有一個產品可以賣，只要善用這個章節提到的，就可以讓你賺回好幾倍買這本書的錢啦！至於小黑那個案例，可是真實的成功案例喔！

The Greatest Book for Getting Rich

6 網銷兵器譜 Tips 6 ——金流

 ## 如何申請信用卡／超商代收款／虛擬 ATM

不論我們在網路上賣什麼產品，金流工具絕對都是最重要的，不然買家想付錢購買，你卻沒有直接線上收款的工具，這樣不是很可惜嗎？如果你還在等別人匯款，核對匯款金額、時間和帳號末五碼的話，這樣實在太過時了，趕緊跟上時代，跟威廉學怎麼用第三方支付吧。

關於第三方支付，我蠻推薦一間叫智付通的公司，不論是線上刷卡、超商繳費、虛擬 ATM（可以自動對帳），甚至是銀聯卡，這些服務他們都有提供，是不是非常方便呢？而且申請完全免費！下面就來教大家如何操作，我還會告訴你如何申請低手續費喔！

https://www.spgateway.com

進到這個網站，不要猶豫，請馬上註冊，看你是不是公司行號，如果不是，用個人名義申請也可以喔。

請填寫一些資料，這應該不難，花點時間耐心填就是了。

請設定您的會員資料

最下面有兩個地方都要打勾，要看仔細唷。

隱私權聲明 請確實瀏覽動條款閱讀

確認後，需要進行驗證，請收一下簡訊驗證碼，然後再到電子信箱收
驗證信件，點擊信件中的驗證連結。

驗證完就可以登入囉，請點選右上方橫幅的銷售中心→商店管理。

填寫你的商店名稱（以下是示範，不要照我的資料填喔），都填好之後，就會出現這個商店建立完成的畫面。

後續的流程我就不一一演示，只要耐心地摸索與操作，一定能把功能都設定好，如果有疑問，可以打他們的客服專線 02-2786-3655 詢問。

那威廉這邊有跟智付通合作，幫讀者申請特惠專案，可以把信用卡的交易手續費降低 0.5%，如果你想申請這個特殊優惠的話，請連結下方網址或掃描 QRcode 填寫表單，會有服務人員會再與你聯繫。

http://bit.ly/2xxgM3o

 微信錢包

我們教完了智付通的申請教學，相信已足以應付大多數讀者的需求，但不曉得你有沒有聯想到另一個問題，萬一要做中國大陸的市場怎麼辦？不怕！中國大陸市場現在主要的第三方支付工具有兩個：支付寶和微信支付（又稱微信錢包）。就讓我來帶著你申請微信錢包，以下的流程圖跟你的微信不一定相同，因為有的人本身就已經開通過微信錢包，只是沒有實名認證而已（綁定金融卡或信用卡），如果你有開通過**錢包**的話，點右下角的設定，會有一個錢包的選項。點選錢包之後，會出現這樣的畫面，然後請接著點金融卡。

　　接著選擇新增金融卡，如果你從沒開通過微信錢包，必須先找一個人發紅包給你，才能來到這個畫面，並輸入卡號。對了，如果你實在找不到誰可以發紅包給你，我會在章節最後告訴你如何取得微信紅包。

　　請輸入你的卡號，如果你有大陸的銀聯卡，就輸入大陸銀聯卡卡號，沒有的話，也可以輸入信用卡。就我目前測試的結果，絕大多數的 VISA 信用卡都可以用來綁定微信錢包，如果你輸入的 VISA 卡不行，那就再多換幾家 VISA 卡，總會試到一家是可以的。

接下來，請填寫銀行卡或信用卡的資訊，如果你填寫的是大陸銀聯卡，請注意姓名的部分要輸入簡體字。過程中，會請你設定支付密碼，請輸入一個你記得住的六位數密碼，如果忘記密碼，記得不要找我喔，因為我怎麼會知道你設定多少密碼呢？

一切都搞定後，就可以用微信來收、付款啦，是不是很開心！使用

收、付款功能，你可以做出像是這樣的收款 QRcode（在大陸稱為二微碼），你要設定為固定金額或非固定金額都可以，這樣的東西也可以輸出成 DM、海報或桌上的立牌，這樣子收錢就很方便啦。

　　微信錢包有一個特別的功能，它可以在群組內發紅包讓大家搶，如果你想在群組中受歡迎、受關注，最簡單的方法莫過於灑紅包。

　　灑的時候可以設定紅包的總金額，不一定要很多錢，0.01 塊人民幣也可以，再設定要灑出多少個紅包，金額預設是隨機的，但紅包總金額除以總人數不能低於 0.01 就是了。

　　對了，如果你透過微信收到錢，但你綁定的卡別是信用卡，那會產生一種情況，就是無法提現，這個時候該怎麼辦呢？沒關係，我有朋友專門在幫人處理這個問題，你可以填寫以下的表單，把你的需求填上去，我會請他與你聯繫，但他有時候很忙，找他處理請多點耐心。

http://bit.ly/2MSamhR

　　最後，如果真的沒有人願意發紅包給你，那威廉認命，好人做到底，你就找我發紅包吧，我的微信個人帳號是 williamtrt5，也可以掃右方 QRcode，但我有時候會隔比較久才開啟這個帳號，所以如果你加我了，我卻沒有回你，別著急，我過幾天看到，就會發紅包給你了。

7 其他工具做行銷：簡訊&直播&音頻

好，這是第二部分最後一個章節，威廉會把前幾章沒提到的工具，全都納進這章一併解說，有些工具雖然不能單獨用一個章節來介紹它，但有了它的存在，還是能使整體行銷作戰更添戰力。

首先，我要介紹的是簡訊，自從有了微信和 LINE 發訊息不用錢之後，大家就比較少用簡訊了，但正因如此，簡訊較不會被淹沒在一堆訊息之中，以我的實驗結果，發簡訊雖然要付費的，但這錢絕對花得值得！所以，若你想利用簡訊做行銷的話，有以下幾件事情要特別留意。

★ 如果你的名單有辦法分地域性，請先按照不同的地區做分類，例如北區的名單就獨立一個檔案、中區的一個、南區的一個。這麼做是為了日後你辦的促銷活動，如果有針對區域性，那只要針對該地區的名單去發簡訊就好，較節省成本。

★ 要發簡訊之前，最好事先做過前面提到的 AB 測試，先寫好兩個不同版本的簡訊文案，各自發一小批量的名單之後，觀察轉化率如何，再根據測試結果，批量發送剩餘的名單。

★ 簡訊內若要夾帶網址，記得事先跟發簡訊的平台確認夾帶網址的功能是否開通，避免發了之後無效。

★ 一封簡訊上限為 70 字，盡可能把字數控制在 70 字內（含標點符號），超過的話就要收兩則簡訊的錢，那發送成本就會變成兩倍。

　　當然，大量發送簡訊的時候，絕對不會透過手機，這樣按完手都起水泡了，我們通常會使用電腦程式發送，以下我推薦兩個簡訊發送平台。

★ PChome 企業簡訊

http://office-sms.pchome.com.tw/

★ 三竹簡訊

https://sms.mitake.com.tw/

　　OK，講完簡訊之後，我們再來講一個也很有意思的工具——直播。直播有分兩種平台，一個為原生態直播平台，一個則是非原生態直播平台；原生態直播平台是指它開發的初始目的與使用介面完全環繞著直播為主軸，類似的直播平台有……

★ 17 直播。
★ YY 直播。
★ 花椒直播。

　　直播平台通常有一個特色，就是它們會有自己的流量，以一個新手「**直播主**」（透過直播平台播放內容的人的統稱）來說，會有機會遇到陌生的自來客流量，而且這些平台有所謂的「**打賞**」機制，就是當網友（粉絲）看到某直播主的內容不錯，想給他（她）一點獎勵的話，就可以在平台上購買虛擬禮物贈送給他，有可能是巧克力、車子，甚至是飛機，但無

論送什麼，這些禮物只會在直播中的畫面出現幾秒鐘而已，且僅會顯示×××送了××直播主某個禮物，幾秒鐘之後就消失了。

直播主也不會真的拿到一塊可以吃的巧克力，更不會因此得到一部跑車，他能拿到的是粉絲們消費的部分抽成；因為粉絲是透過直播平台的打賞機制來購買，費用自然是由平台這邊收取，且平台本就是基於成本與營利需求生存，自然不會把所有錢都轉給直播主，自己總得賺一手呀。

而且，直播主如果做得好的話，收入可是相當可觀的喔！在台灣，有些人就透過直播，一個月賺了 30 幾萬台幣；在中國大陸的話，有人甚至一個月收入 70 幾萬人民幣。當然，這些是做得比較好的人，並非人人都可以有這樣的收入，就好比明星、藝人、歌手人氣高的話，收入自然比較高，不是每個人都可以成為高收入的明星、藝人或歌手。

好，回到正題，剛剛說的原生態直播平台，它們通常不會允許直播主在直播中直接進行產品銷售的行為，所以直播主若有其它銷售目的，可以透過直播來撈粉絲，例如請粉絲關注自己的微信公眾號、LINE@ 或 FB 粉絲專頁，然後到自己的頻道上推薦想賣的產品或服務，這樣既不違反規定，又能找到更多的潛在客戶喔！

除了原生態直播平台之外，還有另一種非原生態直播平台，它剛開始設計的出發點並非為了直播，但後來發現直播非常火紅，為了迎合趨勢，因而在平台上添加直播的功能，最具代表性的莫過於 FB 了。下面我就跟大家介紹一下如何操作，但前提是你得準備好一支智慧型手機，且鏡頭相素最好要不錯，當然，準備一個手機用的腳架也是必須的。

首先，請進入 FB 的個人或粉專頁面，然後點選直播鍵，如果你不想露臉的話，可以點選右下角的選項，它會出現語音直播的選項，酷吧！這

蠻適合那種不想露臉，或聲音特別好聽的人使用。

但這類的直播平台，比較不會有陌生的自來客，看到直播內容的人，基本上都是你的朋友或粉絲，所以自然就沒有所謂的打賞機制囉。

那這時你就會問啦，這種平台的直播靠什麼賺錢？答案很簡單，那就是靠賣東西！非原生態直播平台對銷售商品比較沒有太大的限制，不要販售違法的商品就好；若你又問 FB 直播上賣什麼東西賣得動？可多著呢，從賣珠寶、海鮮到衣服，可說是什麼都賣，賣什麼都不奇怪，直播賣東西根本已經成為一種新興的職業了。

不過，用直播賣東西也是相當有學問的一件事，並不是隨便想播就播、想賣就賣，直播前，你要先做好直播預告，讓大家知道你預計何時直播，若你臨時起意，在沒有事先知道要直播的情況下，自然也沒做好心理準備，線上不會有多少人觀看，這樣多囧呀。至於要提早多久預告呢？理想狀況是一週，最少最少也要提前一天通知。

且直播前，你要事先準備好一些道具，除了要賣的產品外，還有補光燈、倒數計時器、助手、提示板、刷卡連結、主播回應訊息專用手機……甚至連音樂都是必須的。

直播原則上是用手機，但其實不一定要用手機，也可以用電腦外接視訊用的鏡頭，如果再搭配一些特殊軟體（例如 OBS），還能營造出特殊的效果，像雙主播或一邊是主播，另一邊是電腦的畫面……等等。

　　用直播賣東西若操作得宜，威力可是非常驚人，在大陸就曾有人利用直播賣口紅，一小時賣掉 2,000 支；還有人透過直播來賣手機，一天就創下 500 萬人民幣的營業額，很誇張吧？這都是真的！

　　而除了上述提的直播平台外，其實還有一種比較特殊的直播平台，它專門針對教育應用，讓一些培訓機構，可以將自己的課程透過直播的方式，在平台上授課或招生，有的還支援三級分銷，真的很便利。威廉開辦的若水學院，也有申請這樣的服務，上面有許多課程，若有興趣的話，可以用微信掃描右方的 QRcode。

　　除了直播之外，還有一種平台也值得大家留意一下，那就是音頻平台，透過某個網路平台，將你的聲音傳播出去，成為電台 DJ 的概念。其他類似的音頻平台我在這裡列舉如下。

★ 聲音雲

https://soundcloud.com

★ 喜馬拉雅 FM

http://www.ximalaya.com/

★ 蜻蜓 FM

http://www.qingting.fm/

★ 千聊

http://www.qlchat.com/

　　那整個網銷工具的單元，就到這裡告一段落，接下來會進入案例應用，跟大家談談如何把網路行銷的心法與工具，應用到各行各業之中，並真的賺到錢。

架出精美的網站：Strikingly

大家好，我是 Song，跟威廉老師初識於 2007 年網頁設計專案的合作上，雖然我們都在經營網頁設計公司，但同行不相忌，且年紀相仿，有著共同的事業話題；至於為何會相知相惜，則是因為威廉老師開設教育訓練事業，我擔任若水的合作講師，也負責相關網頁設計與教學影片的拍攝工作。

回想起來，緣份真的很奇妙，雖然我們一開始是競爭對手，但我們之後朝不同的道路發展，專長又剛好互補，自然能夠合作無間。因此，威廉老師邀請我來跟讀者們講講如何架設精美的網站時，我毫不猶豫地答應了！而且你都已經跟威廉老師學網路行銷了，當然更需要美美的網站，才有辦法讓產品加分再加分！

說到架設網站，在以往都是用客製化的方式來編寫 HTML 碼，並搭配 ASP 或 PHP 等程式語言與資料庫互動，工程相當繁瑣，對剛創業或微商的朋友來說，會是一筆可觀的花費；且早期的模板很難用，要做得漂亮並不容易，所以我對模板相當排斥，畢竟網頁要做就要做得漂亮，這樣才有成就感。

我有一個學生，她叫 Akino，記得她的專長是平面設計，沒有做網頁的經驗，直到有一次 Akino 幫威廉老師製作生日派對的網頁，我發現她做出來的網頁非常漂亮，著實大吃一驚！於是我立即去研究 Akino 用的架站軟體到底是什麼。

原來就是聞名全球的 Strikingly，它有著極為便利的操作介面與視覺效果，而且都是繁體中文介面，又能支援電腦、平板、手機三種載具的螢幕（就是所謂的 RWD 響應式網站），真的讓我眼睛一亮！

　　那 Strikingly 有多普及呢？據統計，Strikingly 用戶最小年僅 6 歲，最年長到 80 多歲！像 Song 有位學員叫馨慧，她是向日光視障樂團的團長，雖然視力有障礙，看東西必須用放大鏡才看得清楚，但她也能獨立使用 Strikingly 發布網站，之後還懂得用手機 APP 來維護，證明了 Strikingly 把網站這件事情做得相當入門。

　　使用 Strikingly，你不用具備任何寫程式的背景，也不用編寫任何的程式碼，只要挑選好喜歡的版型，就可透過內建的小工具，在頁面上進行調整，不需要太多時間，你就可以完成自己的網頁。接下來就讓我來帶著大家執行基本的操作吧。

✦ 只要 20 秒就能註冊帳號

　　首先，註冊 Strikingly 的帳號。只要填電子信箱跟暱稱就能註冊，請大家用電腦或手機連結到下方網址註冊，你也可以用手機下載 Strikingly 的 APP 哦。

★ https://www.strikingly.com

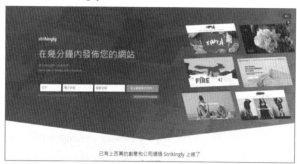

 任何時間都能任意切換模板

　　記得我剛開始用的時候，只有 17 個模板，現在已擴增到 29 個模板，選定模板後，之後就算進行更動，內容也會自動排上去，不用重新建站，相當便利！而且，每個模板都可以再客製化，能將自己的網頁調整至獨一無二，不會跟別人撞衫。那根據不同的屬性，模板可分成六大類。

❖ 企業。
❖ 創業公司。
❖ 個人。
❖ 作品集。
❖ 商城。
❖ 部落格。

如果你想看更多 Strikingly 作品集，可以到他們的網站或我公司的官網，看看作品集。

★ www.to pdesign.com.tw

★ https://www.strikingly.com/s/discover

千變萬化的板塊布局編輯區

Strikingly 的編輯頁面相當簡單，任何使用者都能馬上上手，只要用

滑鼠點一點、拖拉板塊、打打字就能完成編輯，還提供每個區塊的布局調整，點「新增板塊」就有 17 組免費的板塊布局，也有 4 組專業版板塊布局可使用，若有不滿意的板塊還可以整個拆掉重來。

4 只要會打字，就能編輯網頁文字與上傳圖片

　　Strikingly 提供了許多圖標可以替換，若升級成專業版會內建更多的版權圖片，但如果沒有喜歡的圖示或照片，也可以自行上傳照片。

5 編輯完畢後立即發布網站

　　頁面編輯完畢後，Strikingly 會提醒你是否發布至社群網站；子網域名稱跟網頁標題與類別，也都可以自行編輯。

6 其他功能

還有其他更多有趣的功能，例如定義網站的圖示。

編輯手機的指令，讓你的客戶只要按一個按鍵，就能用電話撥給你，寄 E-mail 給你哦。

目前筆者已使用 Strikingly 兩年多了，架設過 10 多個網站，也就是説，我光透過這個平台幫客戶架設網站，就讓我賺進 20 多萬的營收啦，不過我都是用專業版的功能，這樣才能對客戶收費呀，是吧？如果想對 Strikingly 有進一步了解，歡迎來信，我會告訴你更多的 Strikingly 資訊，記得註明「**在威廉老師的書看到**」，我的個人信箱是：s0927162821@gmail.com。

架出中國大陸也能瀏覽的網站

大家都知道，中國大陸是個非常特殊的市場，跟一般網路世界用的工具都不太一樣，可謂自成一格，我針對常用生活資訊的平台，整理出下表，給各位讀者參考。

資訊平台比較	大陸以外	中國大陸
通訊 APP	LINE	微信
社交工具	FB	微博
支付習慣	信用卡	支付寶／微信支付
搜尋引擎	Google	百度
影音平台	YouTube	優酷

很多架站平台架設出來的網站，甚至是網頁設計公司客製化出來的網站，中國地區的網友很有可能無法看到，所以如果你人不在中國大

 這部分不是一定行或一定不行，而是要看實際擺在哪個地區的主機而定；此外，如果該網站是要做一些跟當地有某些程度上的接軌的生意，可能還需要經過 ICP 備案。

陸，卻想賺人民幣，需要一個能讓大陸朋友瀏覽的網站，「起飛頁」就是很好的選擇。

那 Strikingly 和起飛頁，兩者除了能否在中國大陸瀏覽的明顯差異外，我還把其它重點列表，讓大家能快速瞭解。

	Strikingly	**起飛頁**
架站速度	快	中等
每年成本	三個站約 5,000 元	一個站約 2,500～30,000 元
頁面數量	每個選單最多 20 頁	頁面數量不限
主機空間	無限	1～40G
客製化程度	少	中等，編輯時可微幅調整位置
客服方式	需透過 Mail，1 天內可回應	可即時詢問線上客服
模板選擇性	近 30 套	147 套精美模板
兩岸市場	需改為大陸版本「上線了」	可直接串微信接口

綜合以上分析，大家應該可以看得出來起飛頁的功能比 Strikingly 更強一些，但以架站效率來說，Strikingly 還是比較快，各有千秋，就讓我們瞧瞧起飛頁有什麼新法寶吧！

https://www.qifeiye.com

1 只要 20 秒就能創建網站

網頁右上角有個很像人頭的圖形，點進去就會來到註冊頁面，只要填寫上 E-mail 與密碼，還有一些驗證問題，就可以快速註冊完畢。這邊建議使用 Gmail 作為註冊郵件，因為比較穩定且不易被擋信，註冊完畢後，記得到信箱收信，開通帳號。

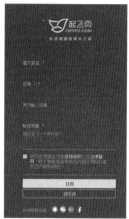

開通完畢後，就可以登入了。登入後會出現建站頁，現在就趕快來開啟建站之旅吧！

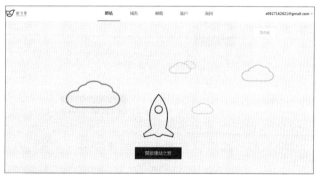

選擇一個你喜歡的模板，或是搜索符合你的企業或個人的模板；也可以搜索左側選單，選擇適合你的行業的模板，這些類別非常多元，集合不少設計者的心血啊。

接下來就可以選擇伺服器（服務器）的地點，我都是選香港，因為不需要準備營業文件（免備案）。現在就開始創建網站吧。

接下來，系統會自動幫你創建網站，只要 20 秒，很有效率吧！

快捷列與下拉選單，超多功能的工具箱「頁面導航」

接下來的介面簡直像軟體一樣，幸好都是中文還看得懂，在此我擷取較重要的功能作介紹。

❖ 頁面導航：主要就是進行頁面的編輯。

❖ 頁面：可以新增／刪除／複製／編輯／設置／預覽頁面，如果網站的頁面數量非常多，像有些購物網站產品上千種，就可以用搜尋功能來找尋準備要編輯的頁面。

❖ 資訊：這比較類似用教學的方式，讓你用幾個步驟就能做網頁設計，例如你點選「如何添加一條新的資訊」，系統會馬上給你三個選項，提示你要做什麼樣的編輯。

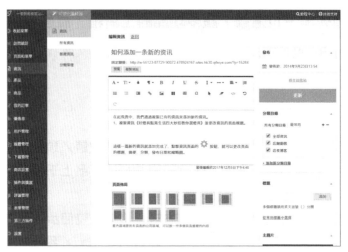

❖ 產品與商品：顧名思義就是可以做產品上架，還可以選擇各種不同的布局，只要上傳文字跟圖片以及價格，就可以輕鬆完成。

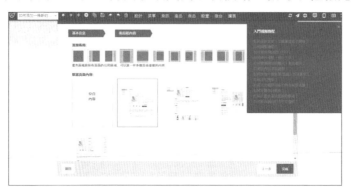

❖ 功能頁：起飛頁最強的核心就是這個選項，也就是所謂的後台功能，差異在於這功能頁是可以即時預覽的。

❖ 用戶信息：系統管理員的資訊，可以編輯電話與修改密碼，還可以綁定 QQ 登錄，定義自己收貨的地址，查詢有哪些訂單與優惠券，這功能真的非常強大。

❖ 通知─組件頁面：這就是網頁編輯器，大部分的效果都玩得出來，能讓每頁的排版簡潔美觀哦，大家可以試看看。

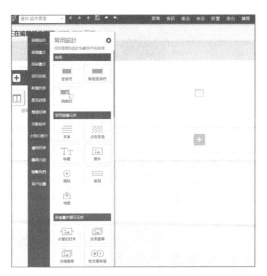

❖ 底部組件頁面：俗稱的頁腳頁面編輯，改這些地方就能修改網頁所有的底部頁腳，不需要逐頁修改，相當方便。

❖ 信息補充頁面：主要是會員註冊頁面上的補充，除各式組件外，也可以用拖拉的方式編輯欄位。

❖ 所有商品：可以查看所有的商品，逐一編輯與調整。

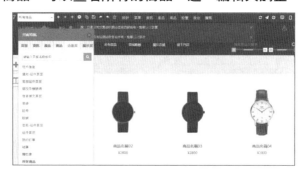

❖ 「404 頁面—頁面不存在」與「403 頁面—權限不足」：這兩頁
是網站的錯誤訊息，當進錯頁面或頁面還在施工時，就會到「404
頁面—頁面不存在」；若沒有登入，就會出現「403 頁面—權限
不足」，這兩頁也可以用內建組件做編輯，幫助訪客看到錯誤畫
面時，導引訪客連結至別的頁面。

❖ 商城動態：讓顧客得知我們的網站商店有什麼樣的資訊。

❖ 產品分類瀏覽：可以新增／刪除／修改產品分類，讓產品歸類到
各分類上。

3 站點頁

一個帳號可以延伸很多免費站點，如果想編輯剛剛製作完的網頁，按管理網站就可以了，也可以創建新的站點。若要綁定網域，那就要購買升級套餐，我會建議先將網站測試完畢，再考慮是否購買。

如果你已註冊並開始使用起飛頁，可能會發現起飛頁還有很多功能沒有講到，若想進一步了解，歡迎來信給 Song，我很樂意告訴你更多起

飛頁的操作教學，記得要註明「**在威廉老師的書看到**」，Song 的個人信箱：s0927162821@gmail.com。

◯ **[弟子小檔案]** ◯

Song 老師

- 目前為 TopDesign 設計公司創辦人，個人擅長網頁／動畫／遊戲／手機 APP ／影片拍攝／後製剪輯等。

- TopDesign 網站：http://www.topdesign.com.tw。

- 相關媒體報導：職場達人王──求職棄兒變老闆 http://news.ltn.com.tw/news/supplement/paper/551137。

- 協助過藝人周杰倫執行健身房平面設計，與藝人陳子強合作影片拍攝，共架設過數百個網站上線、數百個多媒體動畫影片後製設計、設計資歷超過二十年。

- 曾任常春藤多媒體專案經理、巨匠電腦補習班、各大專院校兼任講師、資策會公開班合作講師，多家公司之資訊顧問……等。

Part III

馬上用，實現瀟灑
快樂人生

Guide of Internet
Marketing
The Greatest Book
for Getting Rich

1 實際應用趣 Case 1 ——兼差

聯盟行銷：省錢賺錢的好幫手

我常常在課堂上與私底下都遇過這樣的問題：「老師，我只是個家庭主婦（或上班族），沒有自己的產品，請問我這樣還可以透過網路行銷賺錢嗎？」我的回答統一都是：「當然可以！」網路行銷的可愛之處，就在於即使你沒有自己的產品，也能賺錢，而且你之後可能還會認為沒有產品，反而是一件好事！因為賣自己的產品需要售後服務，但是賣別人的產品，售後服務就是別人的事情囉。

你還記得嗎？在本書第一部分介紹流量來源，我們有提過一種很棒的行銷方式——**聯盟行銷（Affiliates Marketing）**，這行銷方式就相當適合沒有產品的人，若不記得趕緊往前翻！

這操作模式十分簡單，你只要到一些聯盟行銷平台註冊帳號（一般來說不用錢），註冊完之後，裡面有許多產品可以讓你去賣，而且每項產品都會提供你一個專屬、獨一無二的推廣連結，你只要透過各種方式宣傳，廣發這些連結，然後有人經由你的連結，產生消費行為，你就可以領取獎金（廠商會支付平台費用，平台扣除掉自己要抽的佣金後，就會把獎金發到你的帳戶上），而且你高興做就做，沒空做也不會怎樣，完全沒有業績壓力或人情包袱。

但要賺聯盟行銷的錢之前，你要先有個基本概念，也就是賺錢的幾種模式。第一種我們把它稱之為 CPS（Cost per Sale，按銷售額付費），

它會按照銷售額來算錢，也就是你宣傳後，有產生實質的消費、成交時，才會有獎金，至於獎金的多寡，可能是固定成交一件多少錢，也可能是按照固定比例抽成，視成交的產品金額而定。

另一個叫做 CPL（Cost per Lead，按引導數、註冊成功量來支付佣金），按照名單支付算錢，也就是透過你的宣傳，確實替廠商帶來實質有效的名單，你就有獎金可以拿，即便該名單還未產生實質的交易，也不干你的事情，廠商會自己想辦法成交。至於有效名單的認定為何，在聯盟行銷裡面有做過詳細的介紹，趕緊再往前溫習一下吧，以下威廉介紹幾間不錯聯盟行銷平台，可以上去看看。

★ 台灣主流的聯盟行銷平台

1. 聯盟網：http://www.affiliates.com.tw

2. 通路王：http://www.ichannels.com.tw

3. 博客來：http://ap.books.com.tw

4. 雅虎大聯盟：https://tw.partner.buy.yahoo.com

5. MOMO 點點賺：http://www.momoshop.com.tw/league/indexServlet

★ 國外主流的聯盟行銷平台

1. CJ：http://www.cj.com/

2. eBay：https://partnernetwork.ebay.com

3. Amazon：https://affiliate-program.amazon.com

4. ClickBank：http://www.clickbank.com

★ 中國大陸主流的聯盟行銷平台

1. 亞瑪遜中國：https://associates.amazon.cn

2. 當當網（當當聯盟）：http://union.dangdang.com

3. 阿里媽媽：http://pub.alimama.com

好，現在就讓我來示範一下怎麼透過聯盟網賺外快吧，請先連到聯盟網，你可以看到一個類似的畫面。

在網頁下方可以看到一個申請加入的表格，長得像是這樣，有蠻多大品牌都有跟聯盟網合作，所以真的有很多大公司都在用聯盟行銷喔。

對了，聯盟網會進行成員篩選，並不是填表就一定會通過，至於怎麼樣才比較容易通過呢？嗯，你可以在推薦人欄位寫上威廉老師，或許會有一些小幫助，但不一定會通過就是了。

申請之後，需要一定時間的審核期，如果審核通過了，就可以進到聯盟網的登入頁面，請點推廣者登入那邊，如下圖……

點擊推廣者登入之後，會出現一個畫面請你輸入帳號密碼；登入後，會出現類似下方右圖的介面。

接著，請點一下「商品／服務」→「總覽」，然後出現下方畫面。

如果你看到什麼不錯、感興趣的產品或服務，可以點進去看一下相關介紹，它會將領取獎金的條件是什麼，推廣的限制是什麼……等詳細介紹，如下圖。

如果有看到適合自己的，那就點一下「申請推廣」，這通常需要一點作業時間，但有時候申請很快就會通過。接著，你只要準備好三個材料，就可以去宣傳囉，這三個材料分別是……

★ 行銷用的短文案。

★ 行銷用的廣告圖片。

★ 經過縮址處理過後的專屬推廣網址。

行銷用的短文案，我會建議用自己的口吻來寫，不要用平台提供給你

的，至於行銷用的廣告圖片，你要用平台提供的還是自己另外設計都可以，重點就是去貼 FB 塗鴉牆或微信朋友圈的時候，有個吸睛、醒目的圖片會比較好，類似下面這張圖。

至於縮短網址，聯盟網就有提供縮短網址的服務喔，如下圖。

我這邊提供一個我貼在 FB 塗鴉牆的示範。

　　當然，除塗鴉牆、粉絲頁（可以搭配廣告）、社團、LINE 外，也可以貼在任何有可能看到的地方，例如部落格、電子報……或其它地方。

　　至於經營聯盟行銷，到底能不能賺錢呢？威廉曾稍微試了一下，當時花了四小時貼廣告，過了一陣子我再去看獎金結算表，發現已經賺了一萬多塊，截圖如下，沒有亂說喔。

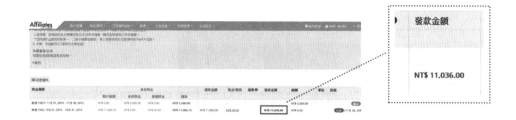

　　不過，關鍵還是在於要有夠多的人看到這個廣告才行，在這裡，我教大家一個兼職經營聯盟行銷的賺錢 SOP，只要你願意持之以恆地按此要領操作，最慢三個月，你一定每個月都能賺到幾千到幾萬不等的收入。

★ 登入聯盟網逛商品、檢查成效，10 分鐘。

★ 貼廣告的素材準備，10 分鐘。

★ 找 20 個 FB 社團加入，5 分鐘。

★ 開始貼廣告，至少貼 20 個地方，10 分鐘（如有時間就貼更多）。

★ 在好友發文的留言按讚、留言，並加好友的好友，15 分鐘。

★ 閱讀、聽演講學習新知識，消化思考，30 分鐘。

★ 創作有個人風格且言之有物的東西，30 分鐘。

以上這些流程全部加起來約需二個小時，但你不一定要一次完成，你可以利用空檔時間操作，例如等公車、等上菜，甚至連蹲馬桶的時候，你都可以滑滑手機賺點外快，是不是很棒呢？

　　當然，如果你想經營其它聯盟行銷平台也是可以的，操作的概念都差不多，如果你的英語能力夠好，也可以操作中國或海外的聯盟行銷平台，賺更大的外幣市場收入喔。

　　好啦，聯盟行銷的應用就先跟大家分享到這邊，威廉等等會跟大家分享其它透過網路兼職賺錢的撇步。

網路接案，無本也能創大業

　　你是否曾想過，要是能利用下班或假日的時間，在網路上接一些案子，替自己賺一點外快收入，該有多好呢？如果接案收入穩定的話，甚至可以成為全職接案者，享受在家工作的樂趣？其實呀，這真的是可以做到的，而且威廉就曾經這麼做過，從原本的兼職接案者變成全職接案子，後來還開了一間設計公司呢！

　　那做到這一切需要很多資金嗎？完全不用！當年我剛起步的時候，身上只剩下 5,000 元存款，所以網路接案僅要一台能上網的電腦，和一些專業與初生之犢不畏虎的勇氣就可以開始。

　　所謂網路接案，指你有某專長，可以透過網路開發案件來源，承接一些來自企業、政府機關、協會或個人委託的外包專案；而這些單位基於某種需求與理由，例如他們沒有相關人才，或是內部成員工作量滿檔、分身乏術，又或是為了降低成本，因而找別人來幫他們完成一些專案。

至於接案有哪些選項呢？這可以說是五花八門、無奇不有，以設計來說，小到一個 Logo 的設計，大至一間房子的整體室內設計或庭園設計都有可能，當然接案並不侷限於設計類，除了設計以外，也有翻譯、論文或電腦程式撰寫、活動策劃……等等。

以筆者來說，因為威廉原本是從事保險相關的工作，在因緣巧合、誤打誤撞下，才開始接網頁設計的案子，後來發現自己對網頁設計蠻有興趣的，又符合我的天賦，便走上了全職接案之路，到後來還成立公司，底下有員工呢，所以網路接案，可說是一種無本也能創大業的發達方式。

以網站設計來說，一般我們接案的時候，會先預收 30％至 50％的訂金，然後才開始著手設計，這也意味著，成本還沒發生之前，就已經先產生收入；而跟我合作的設計師得結案後才能收到款項，這樣我就能確保自己的現金流，只有賺多、賺少的問題，不太會有虧錢的情況發生。

且接案這件事，除了賺取接案本身的報酬外，還有其它的附加價值，以我當初接網頁設計來說，雖然談不上賺很多錢，但我因為接網頁設計，反而磨練出一項非常有價值的能力，那就是我設計比一般人快，又能做出更有效的網站，而且成本更低！這是我經歷了數百個網站規劃與行銷經驗所淬煉出的寶貴能力，也因此奠定了我日後電商事業的優勢。

當然，接案的領域不一定是網頁設計，但不管你接案的項目是什麼，接案這整件事都有可能為你帶來以下的附加價值，好處多多。

★ 結交各地人脈。

★ 可以賺取高工資地區的收入，卻在低消費水平地區生活過日子。

★ 有的時候，即使不面對人，一樣能賺錢。

★ 當作第二收入，萬一本業出狀況，還有副業可以撐著。

但在接案前，有個觀念你一定要弄懂，那就是接案者本身不一定需要具備該案件的專業能力。以網頁設計來說，要做出一個足以收取到一定設計費的網站，需要兩個專業能力，一個是視覺設計的能力，另一個是程式設計的能力；雖然這兩個能力我都會，但其實都只懂皮毛，並不足以做出一個高規格的網站。

可是，我具備另一個很棒的能力，就是我知道如何去找到案源，並成功提案，順利把案子接下來，再將專案切割成不同的工作項目，外發給其他專業的視覺設計師、程式設計師，然後再把他們的工作成果組合起來交付給客戶。而且，正因為我對視覺設計與程式設計都剛好懂一點，所以我知道如何跟這兩種專業工作者溝通、一起討論遇到的問題。

在這裡有一個很大的重點，就是不論你跟哪方面的專業人士溝通，你一定要懂得該領域的「**行話**」，這樣才能讓人放心跟你合作，並取得較高的利潤；否則，你會被視為外行，反被人坑，甚至不想跟你合作。

舉例來說，如果我要跟視覺設計師合作，那我就要知道什麼叫切版，什麼是 CSS ＋ DIV 的設計方式，知道要先跟客戶拿到什麼樣的素材，設計師才好發揮，加速案件的進程。至於程式設計師，我也要懂什麼是 ASP、什麼叫 PHP、什麼是 MySQL，又要能在兩邊有衝突、互踢皮球的時候，做出客觀公正的判斷與裁決，讓專案能順利進展下去。

依此類推，請問你一定要外語能力很強，才能接翻譯的專案嗎？答案是不一定，只要你有本事開發案源，手上有人能幫你處理翻譯，由你扮演中間的橋樑就可以了。當然，如何找到人，並且談到漂亮的價格，讓你有

一定的利潤空間，這又是另一個重點能力了。

除此之外，接案還有一個很重要的觀念，就是你要相信，任何的興趣、專長，都有機會成為接案的項目。舉例來說，我曾經花了很長的時間與巨大的精力，去鑽研如何將紙本名片的建檔數位化，讓這些檔案能在日後的業務開發上，起到最大的效益；那我鑽研出這套 Know how 之後，能不能成為接案的一個服務項目呢？答案是肯定的。

有間保險公司的處經理曾請我當顧問，指導他的助理如何有效將名片建檔，**並做到一次發送大量 E-mail，並在每封 E-mail 的開頭自動變化為對方的抬頭、暱稱**；當時這筆收入，對我來說可是一筆不錯的外快呢。

接案者可能會有一個疑問，就是這案子好像太容易了，怎麼會有人願意付錢，請我幫他處理呢？你要知道，有些事情對你來說，或許是簡單得像呼吸一樣，但對別人來說，可能就難如登天了；舉例，有些人可以很自然地跟條件好的異性攀談，但有些人卻做不到，你光是叫他們跟異性打招呼，就跟要了他們的命一樣，但他們卻又渴望能與異性對話，因而希望有人能教會他這個能力，甚至在旁引領他。

但可能會有人想，我目前的能力水平還不是很高，可以出來接案嗎？容我跟你講個故事，在我學生時期的一位女性朋友，有一次她接了一個案子，要幫某科系的啦啦隊編舞，我聽了非常驚訝，因為她的舞蹈能力挺普通的，她怎麼敢用那樣的價格接下編舞的案子？當我提出心中的疑問時，她只說：「光熙，當別人敢給你機會的時候，你為何不敢給自己一個機會呢？」這句話宛如醍醐灌頂，對我有很大的啟發，我相當感謝她。

在接案時期，我一直都有一個想法，就是同行不一定要相忌，同行甚至可以成為合作夥伴。舉例來說，在我從事網頁設計的時候，我結識了一

位同行，他叫 Song，我們雖然同樣在做網頁設計，但卻沒有因此成為敵對的競爭對手，我們還常常 PASS 案子給對方做，畢竟誰都有忙不過來的時候；而且我們之後也有在別的領域合作，讓彼此都賺了一小桶金。

走筆至此，你是否也躍躍欲試，想嘗試成為接案達人呢？好，那我就來跟你分享我所研究出來的接案 SOP 吧！

★ 選定你想接的案件類型，然後瞭解市場行情，設計好自己的服務內容、收費方式及接案服務流程。

★ 學會接哪種案件的技能，或找到有完成該案件的全部或部分能力的人，材料與設備供應商也要先找好，要知道有哪些成本會發生，還要有估價的能力。

★ 設計相關的品牌形象表徵，例如品牌名稱、Logo、網址、網站、粉絲頁、代表號、地址、照片、報價單。

★ 找到願意成為你出道代表作的白老鼠或背書人，若條件特殊的話，甚至倒貼都可以。

★ 無所不用其極地用各種方式宣傳你的形象。

★ 要具備可能會被人討厭的勇氣。

最後，如果你已萬事俱備，只欠東風，想知道如何找到案源的話，威廉分享幾個能幫你接到案子的網站。

★ 政府電子採購網：http://web.pcc.gov.tw/

★ JCASE 外包網：www.jcase.com.tw/

★ 104 外包網：case.104.com.tw

★ 愛蘇活：http://www.isoho.com.tw/

★ 518 外包網：http://case.518.com.tw/

★ case888 外包網：http://www.case888.com.tw/

★ 程式設計俱樂部：http://www.programmer-club.com.tw/

★ 藍色小舖：http://www.blueshop.com.tw/

★ 跑腿幫：http://www.parttime.com.tw

OK，如果你還想學習更多接案的內容，我有另外一門課程對網路接案有更完整的教學，我把這門課程取名叫「網路接案，收入破百萬」，想知道詳情的話，請連結以下網址囉。

https://goo.gl/pPAZLH

關鍵字賺錢術，守株也能等到兔子

在眾多使用網路賺錢的方法中，有個方法一開始起步較慢，需要時間累積，可是一旦運作成功，就會變成一種趨近自動化的收入，聽起來有沒有很心動呢？這跟前面談到的兼差賺錢術不太一樣，因為接案的方式，必須持續有案子進來，而且有結案才能賺到錢；而聯盟行銷，則要一直貼廣告才行，除非你很擅長操作付費流量，或擁有一個高流量的網站，那就另當別論。所以，威廉想在這小節跟各位分享「**關鍵字賺錢術**」。

什麼是關鍵字賺錢術？簡單來說，就是你有一個網站的掌控權，這可

以是你公司的官網，或是你的個人部落格（必須有內容，人氣也不能太差），甚至是 YouTube 頻道，但不管是什麼，重點是你要有權利可以異動這個網站，例如在網站下方或側邊欄放上你想放的廣告，這樣你就可以跟 Google 大神合作，申請成為它們 Google Adsence 的夥伴，對了，必須要年滿 18 歲才可以喔。

當然，光放上廣告並不會有收入，要有人逛你的網站，並且點擊網站中的廣告（又稱為搜尋聯播網）才會有錢，簡單來說，就是別人付廣告費給 Google 後，Google 安排廣告出現在你的空間，然後再跟你分錢。

申請成為 Google 的合作夥伴不需要費用，也沒有刁鑽的資格限制，只要你照著它的流程走完驗證程序，不要違反政策就好，例如自己去點廣告賺錢，Google 既然能被稱為大神，就代表你做什麼他都知道。

好，要申請 Google Adsence，那就請先連上它的網頁，網址為 https://www.google.com.tw/adsense，進入頁面後，請點「立即申請」。

接著會出現一個這樣的畫面，請填上你的資料，登錄之後會看到類似下方這樣的畫面。注意！個人網站不能輸入 FB 的粉絲頁喔。

註冊成功後，就會出現類似歡迎頁的畫面，引導你填寫基本資料。

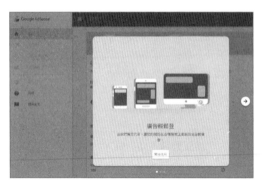

　　為了驗證你確實擁有網站的控制權，它會要求你貼上一段代碼到
<head> 語法的後面（又稱標頭代碼），貼完之後請勾選「我已將程式碼
貼進網站中」，如下圖。

完成後，就等 Google 進行驗證，大約三天的時間，有時候可能更久。待驗證通過，就可以進入「我的廣告」→「廣告單元」→「新增廣告單元」。接著，它會問你想要放哪一種類型的廣告，如下圖。

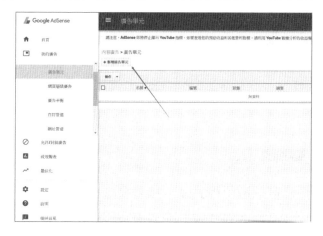

假設我們選擇第一種，然後它會繼續問你要放哪一種尺寸的廣告，如下圖。

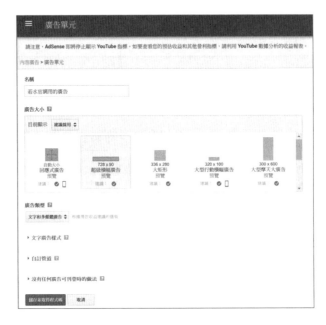

選完之後按儲存以取得程式碼，接著會跑出類似這樣的畫面。

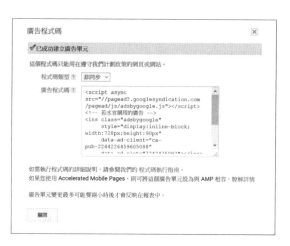

你只要再把這串程式碼貼到自己的網站上去，就可以啦！但申請與設定都不是最難的事情，最難的是如何讓網站有流量，這才是關鍵，否則，就算網站放上了廣告，沒人點還是一樣沒收入。

那如何讓網站有流量這件事情，礙於篇幅有限，我這邊只講最關鍵的一段話，聽好囉！要讓網站有巨大的流量，長遠來看，最明智的策略莫過於選對一個發酵中的「**主題**」，而這個主題有很多人在搜尋，且搜尋量持續增加中；然後你再用這個主題去做一個網站，並做好 SEO（搜尋優化），這樣就有流量了，如果相關主題的網站不多，或是相關的網站都沒有認真做好 SEO，那麼恭喜你，你挖到金礦了！

至於如何知道自己想的主題是否符合趨勢呢？大家可以問問白雪公主後母的魔鏡，啊，不是！我是說 Google Trends（Google 搜尋趨勢）。

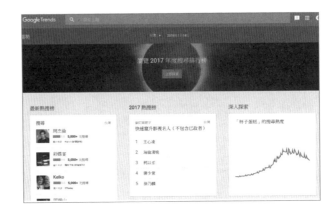

　　我想很多人都會很好奇，關鍵字到底可以賺多少錢？答案是不一定，看個人造化。威廉自己是沒有在關鍵字賺到很多錢，不過我有朋友真的是透過經營 Google Adsense，一年賺 120 萬以上，等於每個月賺 10 萬元，是不是很棒？

　　最後，我再給你一點小提示，如果要做這塊的話，強力推薦你學好 WordPress，因為它跟 Google Adesense 可以相當友好的結合，但如果 WordPress 對你來說太難、無法入門，也可以考慮用 Google Blogger，反正他們都是一家人，要串連起來也很方便；再來就是經營內容，照理說，英語系的內容會比中文來得賺錢，但前提是你的英文要有一定水準才行，但也不盡然啦，因為你可以透過外包或 Google 翻譯來幫你的忙，真是取之於 Google，賺之於 Google 啊。

　　好啦，我們關鍵字賺錢術就跟大家分享到這邊，下章我會跟大家分享，不同行業的業務員，如何善用網銷，創造出好業績，甚至是靠網路行銷發展出自己龐大的業務團隊。

The Greatest Book for Getting Rich

2 實際應用趣 Case 2 ──業務

運用網路，經營組織行銷事業成功

在我看來，網路行銷運用在任何行業，都絕對可以賺到錢，但有個行業比較特別，網路行銷碰上這個行業的時候，會撞擊出極大的火花，其威力堪比核子彈爆炸，而這個行業就是──組織行銷。如果你對網路行銷有興趣，並已學到一定程度的造詣，我非常鼓勵你把網路行銷應用在組織行銷的事業上。

狹義的組織行銷是指**多層次傳銷，也就是直銷中的一種方式**，但就廣義來說，組織行銷囊括的不只是傳直銷這個行業，很多商業行為都有組織行銷的味道，在我的定義⋯⋯

一個人可以透過招募，讓別人加入其業務團隊，而被招募者亦可自由地再去招募別人成為他的夥伴；且被招募者與再招募者所產生的消費額（或業績），均能往上推算，使其上游（線）推薦來源享有獲利，便可視為組織行銷。

由此觀點來看，微商（指透過微信、微博、微網開展行動電商的人或企業）、保險業與某些金融理財行業，甚至是生命禮儀業者、比特幣，都設計了類似的模式，使其能發展出龐大的業務組織。

一般來說，從事組織行銷的人往往不擅長網路行銷，因為他們比較擅

長與人面對面的交流互動；反過來說，一般擅長網路行銷的人，也往往不擅長組織行銷（也可以說是不愛組織行銷），因為喜歡鑽研網路行銷技術的人通常比較宅（就像威廉一樣），喜歡面對電腦甚過於面對人。

在台灣，擅長組織行銷、又擅長網路行銷，並能做出一番實戰成績的人屈指可數，而在下碰巧就是其中之一。以威廉投入直銷事業的經驗來說，從我開始投入經營起算，不到半年的時間，我的傘下就已發展出萬人團隊，到第九個月時，甚至倍增為兩萬人，這樣的成績是很多直銷商發展五年、十年都不一定能有的成果；若你問我：「為何能發展的這麼快呢？」原因有很多，我不會跟你說完全都是拜網路行銷所賜，但這確實佔了很大的比重！

所以，在這個章節，我就要來跟大家分享幾個關鍵秘訣，告訴大家如何運用網路，讓組織行銷事業爆炸性發展；一般直銷商在使用網路拓展業務，常常犯的迷思我也會提出來討論，希望能為更多有心發展組織行銷的人點出一條明路。

1 經營個人品牌，重於宣揚公司品牌

我看過許多直銷商都有一個這樣的迷思，總是覺得：「哇～我現在加入的這家公司產品、制度這麼棒、創辦人理念又這麼優，那我只要努力把這家公司的訊息大量曝光，別人看到了就會想跟我購買產品。」

於是乎，你看到很多的直銷商或其它組織行銷模式的從業人員，他們的 FB 塗鴉牆到微信朋友圈，幾乎都是廣告文，而且都在講自家公司好、制度棒、產品呱呱叫；介紹自己的部分倒是著墨不多，無法從他的 PO 文中，瞭解他是一個怎麼樣的人，有沒有什麼特殊能力或專長……等，一概

無提及。

你仔細推敲一下「傳銷」兩個字，最左邊是一個人字旁，代表這個事業要成功，最重要的就是「人」；所以，你在別人眼中是一個怎樣的「咖」，遠比你現在加入一個多強的事業來得重要一百倍！

若想讓人覺得你是一個咖，就要認真、用心經營你的網路形象，舉凡在網路上放的大頭照、版頭、暱稱、簽名檔……都得要讓人覺得你是一名人物，好像很厲害，值得花時間瞭解、認識你。

2 PO 出讓人好奇的文

經營組織行銷，切忌一天到晚 PO 對公司歌功頌德的訊息，這樣的文貼出來根本不會有人想看，完全是自我感覺良好而已，他們只會覺得你中毒，完蛋了、沒救了，要離你遠一點，最好是連你的電話都不要接，訊息也不回。

前面章節有提到，如果一天 PO 三則文，凡是廣告性質的文章，**不論是直接性的廣告，還是間接置入性行銷，都只要 PO 一則就好，以不超過1/3 為原則，另外 2/3 則是秀生活或自己的創作**。把每天的生活搞得像一場實況轉播的秀（有點像《楚門的世界》），讓別人看到你吃些什麼、去哪裡玩、見了什麼樣的朋友，而且你必須**適度地讓自己出現在畫面中**。

我曾看過別人的塗鴉牆或微信朋友圈，每則發文附上的照片，都是用自己的視角看世界，照片中完全沒有他的臉，要知道，這樣的帳號會讓人覺得假假的、不真實，哪怕你的朋友知道這是一個真實的帳號，他們也會希望你偶爾能露臉。

這就好比粉絲追星，如果明星一直不露臉，只放風景或美食照，粉絲

看久了會不會覺得失望，然後變心去追別的明星呢？當然會！所以經營組織行銷事業，你得先讓自己成為一個會發光的 **Star**，讓別人喜歡你、信任你，才會有興趣去瞭解你所推薦的公司與產品。

但有的人可能會說：「老師，我比較低調，不想露臉怎麼辦？」嗯，這是一個好問題，我只能說：「除非你網路行銷的功力到了某個境界之上，才可以不露臉也把直銷事業做大，否則你就只能露臉、讓自己曝光；若你不接受這樣的生活模式，那乾脆放棄在組織行銷事業成功的念頭，朝別的領域發展。」

而且，即便只是 **PO** 廣告文，學問也很大，一般人 **PO** 廣告文，都是單刀直入地昭告天下說：「我現在做了某某直銷事業，歡迎有需要、有興趣的人與我聯繫。」如果你真的這麼做的話，大部分的下場就是根本沒有人會跟你聯繫；因此，正確的作法應該是鋪陳一個梗，而這個梗會讓人好奇、產生懸念，想瞭解你到底在說些什麼，或你提到的那個人是如何辦到這一切的，因而留言與你互動。

我提供一個範例給大家參考，請看右圖，這是我 **PO** 在 **FB** 的內容，文中夾帶了一個影片（**PO** 文時，如果有夾帶影片特別容易被吸引、關注）。

你可以看到這則影片上顯示有 713 個人看過，思考一下，在現實生活世界，如果用傳統一對一的方式介紹你的事業，要花多少時間才能跟 700 多人接觸？最少可能要半年至一年的時間吧？但在網路世界，只需要 3 至 4 天的時間，這件事情就發生並完成了。

我把這篇 PO 文的完整文案提供給你參考，有興趣的話，可以根據我的範例，創作出自己的行銷文案，拿去宣傳你的組織行銷事業。

行銷文案
她，叫洋洋，來自廣西南寧，由於自小家境不好 所以特別渴望能夠成功致富，所以從原本月收入幾千元人民幣的上班族 轉型經營微商，並且做到年收入上百萬人民幣 在偶然的一個機會下，透過朋友的介紹，認識了 ×× 事業 從加入開始的第七天就實現了日收入破萬元人民幣 第八天的當日收入就賺了人民幣一萬三千六百元 而這個記錄還在不斷拉高當中…… 你也想跟洋洋一樣，實現日收入破萬嗎？ 加入我們團隊是你的最佳選擇，我們是美極客 101 日入萬元系統旗下的夢幻團隊 有著網路行銷的空軍資源與扎扎實實的業務銷售技巧培訓 有興趣的朋友，歡迎留言或私訊給我 我的 LINE ID 是　××××× 我的微信 ID 是　××××× 加我的時候，請發訊息説「我想日入破萬」

當時我 PO 完這則文，不到 10 分鐘的時間，就有人主動發訊息給我，說他想日入破萬，於是我們就碰了面，由於主題很明確，所以不到 30 分鐘就成交囉，是不是很快？而且，後來也陸陸續續有人因為這則貼文跟我聯繫，並加入我的團隊。

3 善用影片行銷

如果你想透過網路發展組織行銷事業，那**影片非常、非常、非常的重要**！為什麼我要強調影片很重要呢？因為在 FB 的世界裡，別人滑手機若看到發表的東西是圖片或文字，通常會繼續往下滑，**但如果是影片，一般都會停下來觀看**，為什麼會有這樣的差異呢？因為 FB 的影片預設為自動播放，所以當你往下滑動，經過影片的時候，即便你沒有去點它，它都會**自動播放**，且一旦影片開始播放了，我們的注意力就會被吸引過去了，這可是萬年前人類或所有動物就被設定好的一種本能，沒辦法改變。

當然，影片做好之後，不只可以放到 FB，你也可以放到 YouTube 或優酷，這些平台都能產生類似的效果，我這邊也分享一下我的 YouTube 頻道連結，你可以點進去看看，順便按一下訂閱，這樣我發布新內容的時候，你才能在第一時間得知。

https://www.youtube.com/user/guangshi

且 YouTube 頻道不僅幫我帶來幾個下線，嚴格來說，它根本是替我帶來龐大的組織網。因為 YouTube 相對於 FB，它被搜尋引擎搜到的機率高出太多了，所以有些是過去從不認識的人，甚至有在別的直銷公司做了 20 年以上的萬人領袖，看到我的 YouTube 影片後，主動與我聯繫，想成為我的下線。

以上就是我跟你分享利用網路來經營組織行銷的幾個成功秘訣，不知道你有沒有覺得收穫頗豐呢？你想不想學更多透過網路行銷讓人自動找上門，主動想成為你下線的大絕招呢？

威廉在這邊透露一個得到絕招的方法，我有一門課叫做「如何透過網路結合實體，半年發展出萬人團隊」，裡面有更多、更完整的教學，如果你對於這門線上課程感興趣的話，請連結以下網址。

https://goo.gl/LMhyVk

金融保險業，如何善用網路做行銷

　　接下來要來談的話題，其實是我最「**有料**」與大家分享，也最想跟大家分享的主題之一。很多人都不知道，威廉在從事網銷之前，第一份工作就是做保險，我還考取了 4 張保險證照，職業生涯當中，也曾階段性地在南山人壽擔任過業務督導，以及某保險經紀人公司的業務副總裁，且對國際金融、境外的理財商品，我也算有一番涉獵。

　　有一次，我很榮幸受邀到某壽險公司，培訓他們全省的壽險菁英，開場的時候我跟大家說：「我聽說，今天出席這堂課的，都是業界的戰將級人物，不是處經理、區經理，就是 MDRT（Million Dollar Round Table，百萬圓桌）的會員，甚至是 COT（Court of the Table，優秀會員）、TOT（Top of the Table，頂尖會員）。而我之所以能站上台演講，並不是因為我的銷售比你們厲害，而是因為我是全台灣所有網銷老師中，最瞭解保險的。因此，您們公司邀請我來演講，真的是非常有眼光，讓我們給公司一個熱烈的掌聲！」語畢，底下掌聲雷動。

　　所以，接下來要與大家分享，當時我培訓壽險菁英的內容精華，這些行銷技巧與觀念，不只適用於保險業，像銀行理專、國際金融，或其它金

融理財、投資相關的產業也都適用。

首先，這個行業有一個特色，就是收入來源（FYC）來自於兩種，一個是個人業績的收入，另一個是組織團隊發展的收入；只要任何一種發展的好，收入都可以很可觀，沒有限定哪一種一定得優於另一種。

也因此，我們可以把銷售模式分為兩種途徑，一種是一對一，我們稱之為面談，另一種則是一對多，我們把它稱為座談會；而面談和座談會，又可再拆分為兩種性質，一種是銷售性質，以賣出保單為目的，另一種則是增員性質，主要為了發展團隊、招募成員。

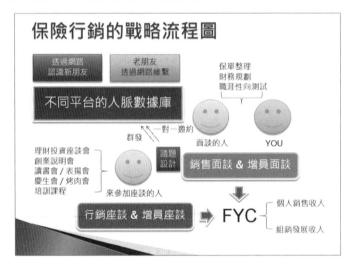

但不管是為了銷售還是招募，都有一個共通的關鍵，叫做「**議題設計**」，畢竟你想跟人碰面，總得先鋪陳一個好理由，讓對方想抽空跟你碰面，否則現今社會，大家都很忙、生活緊湊，沒有人有那個閒情逸致，沒事跑到你的公司見面。且這個理由不一定要跟保險銷售、團隊增員有明顯相關，因為那樣有興趣、有意願來參與的人，就會變得有限，接觸的群眾範圍會縮小。

以一對多的議題來說，除了一般理財投資說明會、創業說明會，許多公司都會絞盡腦汁地舉辦各式活動，例如讀書會、慶生會，甚至連烤肉也可以用來作為增員的方法。我就曾認識某保險團隊，他們發展的非常龐大，那時我問他們成功的秘訣是什麼，他們說成功的秘訣就是週週辦烤肉，連續辦三年！烤肉跟一般用餐的差別就在於時間會拖的比較長，有很多聊天互動的機會，而且在戶外，人的心情也比較放鬆，較不會有戒心，所以有很多人都是在烤肉的過程中被「成交」。

而一對一的議題，普遍用的有保單整理、財務規劃……等等，像我認識一位保險公司的總監，她曾花了不少錢去學人格分析，所以她就有一個理由可以約客戶，畢竟還是有人不太瞭解自己內心真正的想法，否則怎麼會有那麼多人愛玩心理測驗呢？碰面時聊個幾句，對方就能準確判斷出自己的人格特質，因而產生一種讓對方信服自己的效果。

有了好的議題之後，接著我們就要積極、廣泛地透過不同平台，去認識新朋友，讓他們知道我們有這樣的活動或服務項目，絕對值得他們花時間參與；且過去的人脈更不能放過，我有個朋友她後來轉職做保險，但我去逛她的 FB 時，卻完全看不出來她有在做保險，委實低調到家，我就問她：「既然做了保險，為何不在 FB 上告訴大家，妳做了哪家的保險，歡迎有相關需求的人可以找我？」她回答：「因為受訓的時候，公司講師建議新人不要在 FB 上說自己在做保險，以免親友潑冷水。」

這樣說固然沒錯，但我當時心裡想的是，做保險又不丟人，何必躲躲藏藏？更何況妳若連昭告天下做保險的勇氣和決心都沒有，我又怎麼敢把預算花在妳身上呢？

很多保險從業人員常會有一個疑惑，就是公司不准業務員在網路上公

然介紹保單商品資訊，認為透過網路行銷做保險是行不通的，但事實不然，保險從業人員要有一個認知，你在網路上要賣得並非是你的商品，甚至不是你的公司，而是要「賣你自己」。你不用真的把保單條款、理賠項目、滿期還本方式，像 DM 那樣在網路上公開介紹，你反而可以透過心得、文章發表或生活記錄的方式，讓大家知道你是一個充分理解保險、金融理財的人，這樣他們有需求的時候，自然就會想到你。

不過在營造專業性這部分，千萬不要只發一些轉載的訊息，我常常看到很多保險業或金融業的人，他們會在 FB 放一些財經新聞的截圖或影片，放這些固然有用，但如果只放這些，那別人絕對記不住你是誰，所以你必須加上一些自己的判斷跟想法，雖然動腦筋去寫這些很累，但相信我，只要你願意持之以恆地去耕耘，你會發現這一切都值得！

且做為一位優秀的保險人員，若想利用網路勝出，我認為書信能力是很重要的，不過書信並不是真要拿出紙筆寫一封信，舉凡 E-mail、LINE，還是微信、FB 發訊息給對方，都是一種書信的呈現。而書信的內容必須讓人感到有溫度、有人情味，避免每次都寫推銷東西或恐嚇型態的資訊，像現在多少人就有一人得癌症、多少預定利率的保單又要停賣了，這類的內容要避開。

切記，有事是建立在沒事之上，平常沒事的時候，就要三不五時跟朋友分享不以銷售為目的的軟性資訊，這樣有一天，你要衝高峰會議的時候，對方才會想挺你一把，斷不能有無事不登三寶殿的心態，不然他們會索性把你拉黑或設封鎖。

除了書信之外，我覺得客戶資料的數位化管理也很重要，之前我從事保險的時候，就很重視每次與人認識、聊天之後的紀錄，我會把每次談話

所得知的資訊記錄下來，例如我們是何時、在哪裡認識的？對方關心什麼議題、星座、生肖、生日是什麼？有哪方面的興趣？是不是我們公司的顧客？買過什麼險種？結婚了沒？有沒有小孩？小孩多大？如果有機會增加保障的話，比較想增加哪一類型的？他對投資比較偏向高風險、高獲利，還是中風險、中獲利，抑或是低風險、穩健的獲利？

有時候，我跟朋友聊到一些往事，對方都會很驚訝的說：「都這麼久了，你怎麼還記得？」事實上，並不是我記憶力真的有強到這種程度，而是我會把這些資訊記錄下來，然後在碰面前，將資料調出來複習一下，這樣對方就會覺得我非常重視他，不然怎麼有辦法記住那麼多資訊？

至於，這些資訊要記錄在哪裡好呢？早期我是用 Outlook，但現在發現 Google 聯絡人跟 Evernote 也不錯用，另外像微信也有備註的功能喔，但 LINE 就沒有特別的備註功能，不過也可以自己編輯對方暱稱，記錄最基本的資訊，不用每次都問一些重複的問題，像你是做什麼工作的、住哪裡……這樣就很尷尬囉。

OK，關於保險與金融從業人員的網路行銷技巧，我就先分享到這邊，由於我對這個行業真的有著深刻的情感，所以很希望能幫助此行業的人，透過提升網路行銷的能力，讓更多人、更多家庭獲得完善的保險與理財規劃。所以，我成立了一個 LINE 群組，提供金融與保險業者們彼此互相認識，我也會不定期在裡面放一些行銷大補帖，如果你有興趣加入這個群組的話，請掃描右方 QRcode，加入我的 LINE@，並輸入「保險」兩個字即可，也可以用加 ID 的方式加「@pkh8777e」。

房仲業，如何善用網路做行銷

　　房仲業一直是威廉頗感興趣的行業，我唸書時的專題報告，便是以房仲業作為研究主題，雖然我並沒有實際從事過，但在過去的演講授課生涯當中，也有不少學生從事房仲，且威廉本身也很榮幸曾受邀至 21 世紀房屋、中信房屋、住商不動產、有巢氏演講，為優秀的房仲菁英們，奉獻敝人研究網銷拓展業績的心得，但不論你是從事房仲、海外不動產經紀人，或類似的行業都適用喔。

　　很多人都會認為房子是高單價的產品，所以用網路賣不掉，覺得這個行業一定要見面，才能建立交情、產生成交的機會，但這樣的認知其實不全然正確，要知道賣房子是要見到人沒錯，但**有人可以見**才是重點！若只靠自己現有人脈的傳統方式，人脈總會有用完的一天；靠朋友或舊客戶轉介紹也很重要，但只靠這個又太被動了，有點守株待兔的感覺。

　　因此，最好的方法就是透過網路，**穩定、持續、大量**地拓展人脈，然後再試著和這些新認識的人脈，深耕彼此的互動關係、信任關係，從而讓他們知道你在從事跟房屋租賃、買賣、鑑價……等有關的服務，這樣自然就有可以見面的人，與源源不絕的委託了。

　　在商業週刊 1445 期當中，提到一個非常厲害的人物，他就是紐約房地產冠軍——埃克 · 倫德（Fredrik Eklund），他一年的佣金收入約台幣 8.3 億元左右（不是營業額喔），記者採訪他問道：「為何您經營房地產事業能如此成功？」他回答說：「我之所以能在房地產事業成功，有很大的因素是我用心經營 FB，我曾分析過我的客戶來源，問他們為什麼會認識我，並想找我買房子。我發現有 1/4 的 Case 來源，他們都是透過 FB 認識我，是那些會幫我按讚的人。」

聽到這裡，你內心是否感到一股衝擊呢？他的收入 8.3 億，我們算整數 8 億好了，若有 1/4 的來源是 FB 的話，那不就等於有 2 億的收入是來自於 FB ？再試想一下，如果今天你認真經營 FB，一年就能替你帶來 2 億收入的話，你會不會願意用心經營呢？我想每個人都會願意的，而且別說是 2 億了，就算打個一折，賺個 2 千萬也很棒不是嗎？

有些人可能會想說：「怪了，我也有在用 FB，為什麼它就沒有替我帶來這麼多業績？」答案很簡單，雖然你有 FB，但不代表你有用心經營，而用心經營才是關鍵！當然，FB 只是一個代表性平台，最好是其他平台也要願意花時間、花心思好好經營喔。

接著，我們來討論到底什麼是「好好用心經營」。首先，我們必須要有一個認知：有些房仲業務員會認為在銷售的過程中，房子與公司才是主角，我是誰並不是那麼重要，低調地將自己隱藏在物件背後。但這樣的思維已經過時了，你是誰、是一個怎麼樣的人物，比你賣的房子更重要，要知道買房子得花很多錢，許多人窮其一生的精力，也許就只買得起一、兩次房子而已；因此，他們會很在乎負責的房仲是一個怎麼樣的人？是否專業、誠信，甚至有品味、細心，是否能理解他們的需求與語言？

你要把自己的 FB 或其他平台，當做一個秀場，每天醒來都告訴自己：「It's show time!」要敢、也願意把自己的生活，讓 FB 上的朋友、粉絲們看到，包含你去哪裡、看見了什麼、吃了什麼、學了什麼、有什麼感觸或想法？必須讓人看到你發表的東西，就覺得你這個人有料又有趣，時而帶給人開心、時而帶給人感動與溫馨，而最重要也最難的是……你必須要讓人覺得你是真實的人，但又不能讓人看到你「**低品質**」的一面。

　　什麼叫低品質的一面？舉例，以拍照來說好了，如果自拍時拍得不好看的話，請千萬不要上傳，以免自損形象。我有次就在 FB 看到一位女性朋友上傳自己的素顏照，我問她為何這麼做，她說：「因為覺得自己素顏不錯，而且我想讓粉絲們看到自己真實的一面，這樣才會拉近距離。」事實上，這麼做有點冒險，因為有些女生的素顏，其實並沒有想像中那麼美，完全是自我感覺良好，且讓粉絲看到這樣的畫面，並不會因此拉近距離，只會讓自己掉許多分數、走掉許多粉絲；從事業務工作的人，要有一個心理狀態，叫做「**為了成功而穿著，為了勝利而打扮**」，哪怕只是穿休閒服、運動服，也要穿出品味、穿出時尚感。

　　在這裡，我提供大家一個成功經營網路平台形象的 SOP……

★ 設定優質的平台帳號。

★ 努力加好友 & 吸粉。

★ 經營好感度。

★ 適度的行銷曝光。

★ 創造成交的機會。

★ 不同數據庫之間的轉換。

★ 建立一對多訊息推波機制。

　　在加好友的部分，不同的平台都有各自適合的加好友機制，以 FB 來說，我最推薦從社團或朋友的朋友來加好友；如果有預算的話，FB 廣告其實也是一種非常好的方式，因為他能更精準的鎖定特定條件的人認識到你，例如：指定居住城市，更可以指定哪裡為中心的方圓 7 公里內的地

區、指定性別、年齡，以及對哪一類的主題比較感興趣……等等。

　　LINE 的話，我推薦用群換群的方式，來增加自己 LINE 的好友數，或在動態消息中，看看好友發表的文章，再看看有誰在底下按讚或留言，從那邊去加好友；當然，如果你能將 LINE 搭配 LINE@ 使用，會發揮出更妙不可言的效果，但有些人會使用 LINE 的群發軟體做行銷，這種方法不是不行，只是要慎用，一個不小心可能就會被封鎖。

　　最後則是微信，我認為微信是所有房仲從業人員絕對不能錯過的行銷利器，錯過微信就好比錯過一座巨大的金礦！因為房仲這個行業有一個特性，就是服務的客戶群通常以地區來分類，而微信剛好就是一個可以針對特定地區行銷的工具，它具有「**搜尋附近的人**」的功能，能把你方圓 10 公里使用微信的人都顯示出來，這不就是最佳的準顧客來源嗎？

　　OK，那關於房仲業運用網路來行銷的章節，就先跟大家分享到這邊，但因為現在房地產業正面臨到嚴峻的挑戰，所以我真的很希望幫助到一些房仲或地產銷售的從業人員；因此，我想藉由本書搭起一座橋樑，如果在閱讀此書的你，正是這個圈子的人，或是有買房、投資的需求，想認識房仲、房產經紀人，那你可以掃描 QRcode，然後輸入「**房仲**」兩個字，我會傳一個網址給你，那是我成立的 LINE 群組，專門讓房仲同業或有買房需求的人認識、交流的平台。我自己也會不定時在群組裡發布一些好康、好訊息，例如我新領悟的一些行銷技巧與案例分享！當然，你也可以用 ID 加好友「@pkh8777e」。

3 實際應用趣 Case 3 ——創業

 ## 網拍也能拍出一片天：談電商經營

　　現今網購蔚為風潮，很多人常常手一滑，就不小心又買了什麼東西；據統計，大家上網買東西的比例，在每月花費的比例中越佔越高，上實體店買東西的次數反而越來越少。

　　這也難怪，畢竟網路商店與實體商店相比，省下許多店租、倉儲、水電、人事……等開銷，自然能將價格壓得更低，比實體更具有競爭力。因而讓消費習慣產生改變，消費者會先去實體店逛逛，看有什麼東西好買或有興趣，然後再到網路比價下單，導致許多實體店紛紛收起來，馬路上有許多店面，就已陸陸續續拉上鐵門，貼上招租的看板。

　　講到這裡，你是否曾經想過，要不要乾脆自己也找一些東西在網路上賣？說不定也能做出一番成績，替自己帶來額外的收入，甚至變成一份事業？其實這是相當有可能的，威廉自己也有兼職經營網拍過，後來副業收入甚至比本業收入還高，還做到**月營業額上百萬**！所以，我就來跟大家分享一些我經營電商的心得吧。

　　經營電商的第一個關鍵就是**找到對的定位**，除非你是很大的集團，手上有許多錢，例如：Pchome、MOMO（我想大部分的人應該都不是），否則千萬不要做那種什麼都有、賣什麼都不奇怪的百貨型購物網站，你賣太多品項反而會模糊焦點，讓消費者不知道你的專業到底在哪裡。

　　要知道，除非你賣的是毫無技術性的商品，否則消費者買東西的時

候，他要的不光是產品本身，他還需要賣家給予專業的建議，讓他能買到更適合自己且符合需求的東西，因為**消費者怕買貴外，更怕買錯**，若你能做到這點，消費者就不會只在乎價格。

況且，不論你賣什麼東西，都必須拍出好照片、甚至是影片，還要寫出吸睛又吸金的文案，而這些都不是容易的事情，試想，當你在校長兼撞鐘的草創階段，產品若少還撐得住，萬一產品多了，一個人哪能應付得了那麼龐大的工作量呢？

而且，你賣的東西最好有獨特性，也就是這個東西，市場上最好只有你在賣，要不然就退而求其次，起碼也要很少人在賣，如果有很多人在賣，那就完蛋了。網路生意跟實體生意不太一樣，實體生意是那種一枝草、一點露，你在哪裡落腳開店，就要煩惱是否有過路客的問題；但網路生意就很容易產生贏者全拿的現象，為什麼會這樣呢？因為一般消費者的購物習慣是，當他決定好要買什麼東西的時候，他有可能會上網找，在Google 或 Yahoo 上搜尋商品名稱或關鍵字，但通常將搜尋結果第一頁的商品看完後，消費者就差不多決定好要跟誰買了。

因此，如果你的搜尋結果在第二頁，那根本沒機會！也許你會說：「怎麼這麼殘酷？」那我告訴你，事實更殘酷，消費者可能連第一頁都還沒看完，只看前五名就下單了，剩下的第五到十名連看都沒看。

為什麼會如此？因為消費者往往有一種迷思，他們會認為搜尋排在較前面的商家，通常服務較好、規模較大，比較有名、能信賴，可事實上，排名的前面與否，跟服務好不好、公司大不大沒有絕對關係，有可能某個商家他很專業、服務也很棒、公司也很大，但它的搜尋排名就是很後面；而沒有那麼專業、服務也不一定很棒的小商家，卻排在很前面。

　　為什麼呢？是什麼事情左右了排名的先後順序呢？答案很簡單，就是看誰的關鍵字行銷做的比較好。關鍵字行銷又分為關鍵字廣告與自然排序優化（SEO），關鍵字廣告的好處是立竿見影，缺點是必須持續燒錢；SEO 雖然無法立即見效，可一旦見效，就可以維持一段時間，所以這兩者只要精通其中一項，就能在電商圈佔有一席之地，賺到不錯的收入，又如果你能兩個都研究、交互應用，其功效更是妙不可言！

　　第二個關鍵則是**布局通路**，也就是你要在哪裡賣？一般網拍剛起家的時候，都習慣先在現有平台上開店，以台灣來說，可能是去露天拍賣、雅虎拍賣或蝦皮拍賣；在大陸可能是淘寶；歐美則是 Ebay、亞馬遜……等等，這些都是不錯的選擇。一旦你賺了第一小桶金（大概 10 萬元就可以，不用很多），就要立刻著手準備建立自己的官網，就像玩即時戰略遊戲，手上有足夠的資金，一定要馬上升級主堡，不然建設不夠，就不能生高級士兵或軍隊。

　　有了自己的官網後有很多好處，首先，有了自己的官網，後續每一筆交易就不用再被平台抽取交易手續費；再來，如果有了自己的官網，那在視覺設計，甚至結帳流程上，都會有比較大的發揮空間。最重要的是，如果你要下廣告，那不管是關鍵字廣告的追蹤碼（成交計數器），或是 FB 廣告的追蹤碼（又稱像素），都比較好附加。

　　說到下廣告，其實大部分的人下廣告都會直接引導至銷售頁，這當然也是一個不錯的作法，但其實還有一個方法很不錯，我自己也很愛用，就是下廣告的時候，先想辦法引導網友至「**名單蒐集頁**」，吸引訪客留下資料，再針對這些訪客發送促銷訊息，持續跟進。

　　這樣的方法雖然比較迂迴，時間也拖的比較久，但它有一個好處，可

以在第一次接觸的時候，就獲得比較大的轉化率，畢竟比起馬上買東西、掏錢的行為，註冊、訂閱或掃 QRcode，感覺比較沒有那麼大的成本與風險，網友較願意嘗試。

且有了自己的官網後，還有一個很大的好處，就是可以發展自己的聯盟行銷系統，讓一群夥伴幫你推廣商品，這樣就不會只靠你一人在推廣、孤軍奮戰囉。

而經營自己的官網有好幾種方法，各有其利弊，如果你的商品不多，最簡單的方法就是透過一些套裝的平台建站，且這些平台，如果你只使用基礎功能的話，有些甚至是免費的！你根本不用花錢買網址，或特地租一個專屬的虛擬主機就可以起步；當然，如果你之後想擁有自己的專屬網址，或使用一些進階功能的話，也只要支付少許費用就能使用了，我在這邊列舉如下……

★ www.weebly.com

★ www.wix.com

★ https://www.strikingly.com/

除了這些平台之外，你也可以透過一些套裝的網站程式建站，這也是一個不錯的方式，雖然技術難度和成本相對來說較高，但能做到的程式功能也比較大，例如有自己的購物車系統，串連起自己申請的第三方金流，而這些程式有……

★ WordPress + WooCommerce

★ Shopex（特別適合做大陸市場）

　　第三個關鍵是**不斷做促銷活動**，成功的電商都相當善用每個月的節日來做話題，包裝出一個促銷方案來，二月推情人節促銷、十二月推聖誕節促銷，如果那個月什麼節日都沒有，那就自己想出一個名堂來搞促銷！

　　聽說 1111 光棍節的由來，就是因為 11 月沒有大節日能做促銷活動，所以商家乾脆自己掰一個節日出來，結果沒想到演變為中國最大的網購風潮，每年只要到了這個檔期，產生的業績都嚇死人，還蔓延到全球，其他國家的購物網站也紛紛跟進、仿效。

　　促銷活動其實有很多種玩法，不是只有一昧的降價而已，有時候也可以鼓勵客戶，只要他們幫忙分享，就會給予某種好處或神秘小禮物之類的。全世界有許多成功的電商平台都運用了這樣的手法，甚至連 Uber、AirBnb，他們都會給消費者某個專屬的分享連結，只要消費者把這個分享連結傳播出去，第三人再透過這個連結註冊，那註冊者跟分享者都能獲得某些好處，例如電子優惠券（Coupon）。

　　最後，第四個關鍵就是，**不管你賣什麼商品，都一定要跟你的客戶持續保持聯繫，而且最好是能用多元化的訊息管道聯繫**，例如發 E-mail 電子報、LINE@，甚至簡訊；而經營大陸市場則是微信公眾號，鼓勵你的客戶去關注你的內容平台，例如 FB 粉絲頁、YouTube，這樣你的客戶才會跟你黏在一起，要不然你成交第一筆訂單之後，都不主動關心你的客戶，這樣他下次要買東西的時候，可能會因此變心跑到別的平台去買。

　　好的，以上就是我要跟大家分享的電商營運心得，其實我想分享的還有很多，但礙於篇幅關係，我只能走筆至此，如果你本身是從事電商，或

對電商這個議題感到有興趣，可以關注我的 FB 粉絲頁，並發訊息給我，傳送「**電商**」兩個字，我會把成功經營電商的關鍵全都跟你說；總共有七個關鍵，剩下的三個關鍵，正是我為何經營電商能成功的原因，這是很少人知道的秘密喔。我的 FB 粉絲頁網址如下，或上 FB 搜尋「威廉老師」，就能找到我的粉絲頁，掃描 QRcode 也可以。

https://www.facebook.com/williamtr2015/

教育也能結合網路做行銷

我從經營網頁設計公司到經營電商，後來又在一個偶然的機緣下，受邀去幫某單位講課，沒想到講完之後獲得熱烈好評，也拿到不錯的講師報酬，這時候我突然發現，教育訓練可能是一個蠻適合我的行業，我曾在生涯規劃的講座中提到一個概念，就是**人的職涯生活有三個圓圈，這三個圓圈重疊的面積越高，一個人的幸福指數就越高**。第一個圓圈是興趣，第二個圓圈是受人肯定，第三個圓圈是賺到錢。

一個人對某件事感興趣，不一定代表他能受人肯定，舉例來說，《哆啦 A 夢》裡的技安對唱歌很感興趣，但他唱得實在很不好聽，大家相當排斥聽他唱歌；而有興趣又能受人肯定的事情，也不一定都能賺得到錢，像大雄喜歡玩翻花繩，也確實玩得很不錯，受到大家的肯定，但翻花繩能不能賺到錢？我無法肯定地說不可能，但也不是件簡單的事。

大部分人往往都從事著一份自己不特別感興趣的事情，也不見得受到肯定，但為了賺錢，得逼迫自己努力工作 8 小時，甚至更長的時間，才

能在下班到睡前那 3 個小時左右的時間，做自己喜歡的事情。

而我何其有幸，遇到一份事業讓我有著**濃厚的興趣、又受人肯定，還能賺到不錯的收入**，重點是我覺得透過教育訓練去啟發別人，看到別人因為自己分享的東西而得到啟發，在生活和工作上的品質都得到提升，那種成就感是筆墨難以形容的喜悅啊。

當我從個人講師到成立一間教育訓練公司之後，我發現這個行業普遍都不擅長網路行銷，這實在是一件非常可惜的事情，因為教育產業如果能善用網路力量的話，絕對能有很多、很棒的發揮，例如……

★ 運用網路行銷宣傳招生。

★ 建立網路補課系統，讓請假的學生可以線上補課。

★ 成立學員專區，讓學生在上面跟老師發問，或跟同學互相交流。

★ 企業資源管理，妥善管理課程時間、教室使用登記、講師人力資源、軟硬體資源……等。

現在，就讓我綜合網路行銷背景及教育相關的經驗，跟大家分享一些個人心得。首先，不管你從事哪個領域的教育訓練，也不論你是個人講師或一家培訓公司，你都要知道一件事情，那就是一定要有自己的品牌官網。有些培訓業者為了省成本或怕麻煩，只弄一個部落格或粉絲專頁，這都非常可惜，因為這個行業的形象感相當重要，你必須要讓學生覺得講師或培訓機構有一定的水準。

雖然術業有專攻，每位講師的專長不見得都跟網路資訊相關，但如果 ×× 老師或 ×× 培訓機構的專業很強，網路資訊應用卻很弱，這也會讓

自己的品牌形象扣分。

　　而且，架設一個自己的官網，其實沒有想像中那麼難，以我自己設立的若水學院來說，我們當初成立官網時，也只是用了 Weebly 平台來建站而已，我把網址放在下面，有興趣的可以上去參考看看。

http://www.waterstudy.org

　　有了自己的官網之後，就要開始蓋延伸的平台，如果是做大陸外的市場，例如台灣、歐美日韓，那以下幾個平台很值得你花時間經營。

★ FB 粉絲頁、社團。
★ LINE@ 生活圈、LINE 群組。
★ YouTube 頻道。
★ 部落格。
★ Twitter。
★ 線上活動訊息發布平台，例如：活動通。

　　如果你是經營大陸市場的話，那我推薦以下平台。

★ 微信公眾號
★ 優酷。
★ QQ 空間、QQ 群。
★ 博客。

★ 微博。

★ 線上學習平台，例如：掌門、荔枝、YY。

你知道當你是一位新手講師或成立新培訓機構的時候，究竟要怎麼做，才能讓大家知道你的課程嗎？有個最簡單又不花成本的方式，就是先從舊有的人脈著手。我想只要出社會一段時間，有參與一些社交活動，手上應該都蒐集到不少名片，這些名片上通常都會有 E-mail、行動電話等資訊，有的還有 LINE 或微信 ID，那你就可以把這些名片資訊都整理起來，發一封 mail 或簡訊給他們，主動跟他們說你出來開課啦，課程的主題是什麼，歡迎有空一起來學習。

如果你過去經營的人脈夠多，留給別人的印象也不錯，這樣的行銷方式或許就能產生一些基本的客源，但**光靠舊雨是不夠的，還要有新知呀，所以我們也要努力做陌生開發**；目前來說，不花錢的宣傳方式有到 FB 社團或 LINE 群組張貼課程的廣告訊息。FB 社團可以透過搜尋，自行申請加入，LINE 群組則沒辦法透過搜尋，只能自己建立或跟別人交換而來；這兩種行銷方式早期效果都非常好，但現在已漸漸遞減，可即便如此，只要行動力足夠，還是有一定的效果。

而我指的量大，是**基本最少要有 200 個**，聽到這，你心裡也許會想：「天啊！200 個那麼多！」不好意思，我得坦白跟你說，200 個還只是基本門檻而已，就好像計程車的起跳價格為 70 塊，如果你真的有心要做，而且還要做出一定成效的話，那數量就要更大囉！

行動是成功的基礎，量大是成功的關鍵，不過一直在別人的社團或群組貼廣告並非長久之計，一來有可能被踢出群組，雖然你也可以效法九頭

蛇組織的精神，被踢出後，再加入陌生的兩個群組；但最好的做法，還是要能**經營自己的群組，並在裡面持續提供有價值的資訊，這才是王道！**

當然，如果你已經是師字輩人物，甚至是大師級人物，一直用自己建立的形象去貼廣告，就好像有點不太妥當，這時候該怎麼辦呢？有幾種辦法，第一種是申請分身帳戶，也就是另外申請一個帳號，放上別人的頭像（通常是網路抓來或買來的），然後派分身滲透一些社團或群組，積極在裡面張貼廣告。這樣的方法很多人都在用，幾乎可說是一種半公開的暗黑行銷手法，但這種行銷手法有如七傷拳，對外造成殺傷力的同時，也對自己的品牌小扣分，為什麼呢？因為用這種方式產生的帳戶，大家一看就知道是假的、廣告帳戶，千萬別認為別人都是笨蛋好嗎？

且貼廣告本來就有可能產生反感，若用廣告帳戶去貼廣告只會讓人更加反感，即便大頭貼是一張美女圖，還是一樣會被討厭；且這個被討厭的過程，會不會導致這個課程廣告訊息背後的主辦單位或講師，一同被討厭，產生一種不愉快的感覺呢？這不一定，但有一定的可能性。

貼廣告貼到讓很多人反感是不行的，但完全不貼廣告又會導致沒學生，而沒學生就沒學費收入，最後培訓機構與講師都會活不下去，**培訓業的行銷操盤手，他的為難點就在於要在兩者之間取得一個平衡點**，當然，還是有一些小眉角可以運用，讓人覺得友善一些些。

這樣的行銷概念我把它稱之為「友善行銷」，這是我自己發明出的一個名詞，其定義是讓不想收到訊息的人，能有明確的方式，可以選擇不再收到你的訊息轟炸。舉例來說，如果你宣傳的方式是透過電子報，那你的電子報就要有退訂的功能；如果是用 LINE 的個人帳號搭配群發軟體的話，你可以在訊息的最後加上「如果不想再收到我的訊息，請將我封鎖，

以免造成困擾」，其餘就依此類推。

除此之外，你還要讓受眾知道，**這個訊息來源有哪些互動方式可以發生**，舉例來說，如果你用群發，那受眾有疑問，你能處理嗎？若能處理，那是人工處理還是機器人處理？（指能否設定關鍵字條件作判別處理），或你用的是人工＋機器人處理？如果完全無法處理，你也要事先告知對方：「本帳號只供群發訊息使用，無法回應任何訊息，若有問題請聯繫LINE ID：××××。」如果不這麼做，有時候會發生一種很搞笑的情況，就是 A 一直發廣告給 B，B 每次都很生氣地回訊息，請 A 不要再發廣告過來了，但 A 那個帳戶是群發專用的廣告帳戶，每次登入只為了群發，根本沒空去看那些回應的訊息，所以他根本不知道 B 不爽。

且這種情況有點小危險，萬一 B 的脾氣很不好，搞不好哪天 A 走在路上被 B 遇到，就被 B 揍一頓也是有可能的，所以我後來都不太敢用這樣的行銷手法。

友善行銷還有一個定義，就是**盡可能只針對那些對你的商品訊息有興趣、有需求的人投放廣告**，這一點，你可以透過關鍵字廣告或 FB 廣告做到，唯一的缺點就是比較燒錢，但如果你很懂燒錢的技術，那就會有更多的錢回到你身上，如果你不知道怎麼燒錢，也可以把錢拿給威廉，威廉幫你燒也可以（不是燒紙錢啦）。

好啦，關於教育訓練如何使用網路作行銷的部分，雖然我還有一籮筐的資訊想跟你分享，但老問題，礙於篇幅，我又得喊卡啦。按照慣例，請到威廉老師的粉絲頁，用私訊的方式發給我一個通關密語：「**教育**」，我未來若有一些教育培訓行業作行銷、服務和資源管理的好資訊，就可以發給你啦！

https://www.facebook.com/williamtr2015/

 傳統產業如何與網路擦出火花？

在從事網路行銷工作的這條路上，我常常會遇到有人問我這樣的問題，那就是：「威廉老師，我做的是傳統產業，能透過網路行銷來宣傳我的事業嗎？這會管用嗎？」這個問題的答案很有趣，就是……不但管用，而且你的行業越傳統，網路行銷的效果就越好！為什麼這麼說呢？就讓威廉分析給你聽吧。

我們花同樣的努力與資源去做一件事情，但在不同的環境下，得到的結果肯定是不一樣的，因為**凡事都是相對而非絕對的**。舉個例子來說，我在國中時期念得是資優班，但每次考試都吊車尾，後來轉到普通班，花同樣的時間唸書，每次考試都跑到前五名，為什麼會有這麼大的差異？因為除了不同的班別、學生資質外，還有努力程度的差別，在一個大家都很聰明、努力的環境，即便你聰明也有點努力，還是會敬陪末座。

網路行銷也有著異曲同工之妙，如果你是在一個數位應用相對較發達的產業，大家都很懂得使用網路行銷，那你用的行銷技巧，別人肯定也有用，甚至用得比你好，這樣你的效果就不易被突顯出來。舉個最明顯的例子，我開設網頁公司的時候，想透過 SEO（搜尋引擎優化）技術讓別人搜尋「**網頁設計**」這四個字，希望自己公司可以排在前面，但我要實現這樣的目標會很困難，為什麼呢？雖然我懂 SEO 技術，可是我的同行，也就是其他網頁設計公司他們也都懂，甚至比我厲害！

　　但如果我用 SEO 技術，去幫別人操作他們公司網站的時候，卻能輕易地排到前面去，而且越傳統的行業，就越容易產生效果；因為傳統行業對網路行銷大多沒概念，要不就是想做，但不知道怎麼做，或是誤以為這跟他們扯不上邊，乾脆 PASS 過去。

　　讓我講個故事給你聽吧，在很久之前，有一位 60 幾歲的老闆，他年輕時的事業堪稱輝煌，底下請了一堆員工，但後來因為被人倒帳及其它因素，致使公司結束營業，於是他找上我，說他想東山再起，但**手上既沒有資金又沒有人手，有沒有可能透過網路行銷招攬到客戶呢？**他過去都是請專職的業務員幫他開發案件，如今他付不起薪水，不知該如何是好，因而找上我，尋找別的辦法。當時我的網銷功力雖然尚淺，但我認為應該還是有機會，就跟他說：「我努力幫你做做看，應該有機會成功。」

　　我幫他架設了一個網站，花了一番功夫去弄 SEO，恰好這個客戶是做防水工程和抓漏，算是一個較傳統的行業，所以我做的 SEO，不到幾個月的時間就出現成效了。只要在搜尋引擎上面搜尋「防水工程」、「抓漏」，他的網站都會出現在第一頁，這時候，案件自然就來了，而且還有一件相當有趣的事，這位客戶過往的生意，都是靠業務員介紹或口碑才得以招攬生意，所以承接的案件主要都在高雄與屏東，但自從用了網路之後，生意來源就整個拓展出去了，特別是台北，不僅生意多、價格與利潤空間也更好了。

　　有了基本的客源後，這位老闆又接著問我說：「還有沒有什麼是我們可以做得更好的地方？」當時我就想**網路很重視互動**，畢竟在見不到面的情況下，人家為什麼要主動跟你聯繫，把一筆金額不小的工程交給你做呢？所以，我認為可以做一個留言板，因為**對方對你的產品或服務有興趣**

的時候，**不一定想用打電話的方式直接聯繫你**，他們可能會覺得打電話等於變相留下了自己的聯繫方式，萬一之後被推銷怎麼辦？

留言板是一個很簡單的技術，很快就建好放上網站，但比較大的問題是……真的有很多人開始留言了，**那誰來回覆這些留言呢？**要知道，如果網友留言卻沒有得到回應，他們可是會森氣氣的，那比沒有留言板更糟。於是，老闆就問我：「現在好多人在留言板上諮詢，問我跟工程有關的問題，你可不可以幫我回覆留言？因為我不會打字。」

我回他說：「這個不行，因為留言回覆必須要**即時、專業，還要有你自己的口吻風格**，而且我還有其它客戶得服務與開發，不可能一直幫你處理留言這樣的事情；打字也不難，只要願意學，就一定學得會！**年齡不是真正的障礙，真正的障礙是心態。**」

這位老闆聽完之後，覺得很有道理，所以就開始學習怎麼打字，於是，一個過去什麼事情都有人幫他處理到好的董事長，開始自己面對電腦，學習如何使用輸入法，去回答每個網友的留言；也正因為留言都是他自己回的，不僅即時，專業度也很夠，再加上他幽默又親切的個人風格，所以很多留言的人都覺得老闆值得信任，紛紛把工程案件委託給他。

有一天，這個老闆跟我說：「還好你當初拒絕我，沒有答應幫我打字回覆這些留言，我發現回覆這些留言，真是一件有趣的事情，如果你幫我回覆了，我就不能自己享受這些樂趣了，而且打字真的沒有想像中那麼難，我現在甚至開始用電腦來寫書了。」

當我在 MSN 看到這位老闆傳來的訊息，我內心充滿著成就感，又覺得欣慰、感動，而且這位 60 幾歲的老人家，打字的速度不比一般年輕人慢呢！我也因為這樣的經驗，日後只要遇到一些年紀比較大的同學問

我：「老師，我已經 60 幾歲了，都當阿公、阿嬤了，還學得會網路行銷嗎？」我都會堅定地看著他們說：「**放心，年齡從來都不是真正的障礙，只要你有心學，就一定學得會；只要你不放棄自己，老師就一定不會放棄你。**」果然，那些年紀比較大的學生，他們一樣能操作出一些很酷的東西，不僅製作影片，還上傳至個人的 YouTube 呢。

那除了留言板之外，還有哪些地方可以發揮呢？其實傳統行業都具有一些特殊技術與專業知識，值得善加利用，尤其是到一些知識問答的平台（像雅虎知識家）、論壇（大陸稱之為社區），搜尋看有沒有人在問與你產業相關的問題，如果有人問，你就主動回答，發問的人倘若看到你的回答不錯，說不定還會成為你的客戶。

再來，網路有一個特性，就是文章上去了，只要平台沒有關閉，就會一直存在。試想看看，如果你每天都上網發表一篇文章或回答一個問題，那一個月就有 30 篇，一年下來就有 300 多篇，這些文章若能一直存在網路上，對你所屬行業中的能見度是很有幫助的；因為往後不管是誰搜尋一些特定關鍵字，都有可能找到這些文章，進而接觸、成為你的顧客。

傳統產業還有一個特性，那就是這些業者絕大多數都有實體店面或參加展覽，所以你一定要記住一件事情，就是**盡可能讓每個經過或走進門口的人，不論有沒有消費，都要讓他們在網路上跟你產生互動與連結**；例如，你可以在門口放上設計精美的易拉展，並放上 QRcode，告訴大家只要掃描這個 QRcode，並預約消費就享有特殊優惠價。我真的曾在某間理髮店門口，看到一個 QRcode 就給它掃下去，後來還去剪過幾次頭髮。

這麼做有很多好處，首先這樣有機會對客戶做「**再行銷**」的動作，接著，如果客戶做的動作是會有曝光效應的，例如「FB 打卡」或發表到微

信朋友圈，那這樣還有機會藉由客戶的網路影響力，幫你曝光生意。

對了，我還要提醒從事傳統業的朋友們一件事情，那就是一定要非常、非常、非常重視你在網路上發布的圖片、照片及文章的品質，我接觸過很多中小企業的老闆，他們普遍都有一個通病，就是覺得自家產品很棒，服務技術也是一把罩，只要你用了、吃了……就會知道，覺得照片、文案那些有就好了，不用花太多功夫沒關係，反正生意會不會成，主要還是靠人的溝通。

這個觀念實在是大錯特錯，你要知道，網友們都是先看到你的外在，才考慮要不要跟你聯繫，所以，如果你是開餐廳的，那一定要把菜拍得美美的；開飯店或民宿的，就得把房間拍得美美的，再放到網站上；哪怕你是開工廠的，也要把機具拍得很有型。威廉曾接過某台商的網站設計案，他們是做機械的，公司開在東莞，當我收到他們寄的公司及器械照片時，只能用慘不忍睹來形容，我問他們說：「有沒有辦法拍出好看一點的照片？基礎素材不好看，要做出好看的網站有困難。」但案主回答說沒辦法，他們就只能拍出這樣子的照片，要不然看我能不能過去拍？

結果……我還真的因為照片這件事，飛了一趟大陸，只為了幫他們的機械設備拍出幾張好看的照片，雖然對方有另外付給我不錯的酬勞，但我並不是為了賺那些才提出拍照的提議，而是因為我很清楚好**照片對網路行銷的成敗有多重要！**

走筆至此，又到了這個章節結束的時候，對了，最後想偷偷告訴你，本文提到的那個故事案例可是真的，因為那位 60 幾歲還想東山再起的老闆，就是我的父親，雖然他已經過世了，但我每想到這個案例都會覺得，我父親的事業當初若透過網路行銷，肯定能發展出一片天。**我相信每位中**

小企業老闆，不論行業是什麼、年紀大小，只要你願意好好的做下去，全心投入發展網路行銷，你都有機會獲得豐碩的成果！

願以此文，向所有傳統產業的朋友們致敬，世界因為有你們而更好，加油！

美容行業如何善用網路做行銷

　　大家好,我是每每老師,很開心能再次在這本書裡分享,女人愛美天經地義,無論是為悅己或是己悅,一個美麗出眾的自己,都能讓女人帶來心理的愉悅與滿足;除此之外,在忙碌生活且渴望放鬆的生活型態之下,減壓放鬆也是現代人尋求美容服務的重要理由之一;所以,無論景氣與否,美容產業也有其一片天。我們先來看一個公式。

> ❖ 營業額＝來客數 ✕ 客單價
> ❖ 來客數＝新顧客＋老顧客 ✕ 回購率
> ❖ 新顧客＝新開發＋老顧個轉介紹

　　白話點說,如果想提高營業額,那來店消費的人勢必要變多,每個人買單的金額更要提高!另外,老顧客很重要,特別是對這一行!

　　不管是美容護膚、塑身纖體、芳療紓壓、美甲美睫、眉眼紋繡等服務,相較於其他服務業,它更強調技術、經驗、私密、信任與消費體驗,這類店家的經營,不太像一般銷售業或是餐飲業,可以靠開幕造勢或強力促銷,來轉換客戶的消費慣性;美容服務業的熟客、老主顧,通常是需要時間和口碑來養成的,這些都需要店家投入心力做長期培養,但只要養成熟客的消費習慣,客戶也較不容易流失。

　　不過這個產業,因為投入的門檻不高,競爭也大,再加上薪資停滯的因素,很多店家都面臨到客源開發不易,熟客養成困難的瓶頸,而且之前發牛過幾件大型連鎖店倒閉的事件,若要像以前一樣成交套裝課程(客單價),困難度也相對提高,所以在客單價提高不易的情況下,提高來客數與創造熟客回購,就顯得更為重要。

　　美容服務業最常見的開發客源方式就是發傳單或掛布條、貼海報,

但大家看電腦、看手機的時間越來越長，不管是發傳單還是掛布條，都越來越難引起這些連走路也在滑手機的現代人。因此，美容服務業必須懂得將生意與網路結合，把網銷納入你的發展策略中，讓過客到熟客的這個過程，也能在網路中進行。當然，你可能會有點猶豫、擔心，怕自己不懂做不來，因為一般通常在技術能力的精進、材料與設備提升、促銷方案的構思上面投注了大量的心力，對網路這塊也就無暇顧及。

其實網路行銷沒有你想的那麼困難，我用開店的概念來比喻，就比較容易瞭解了。撇開網路，若想要開店，你會不會想開在人潮聚集的商圈（平台）？招牌還要做得很醒目（曝光）？不只路過的客人看到你的店，有興趣的人（目標客戶）也能大老遠就看到，轉而至此消費（轉化）。

你可能還會希望有更多人知道你的店，所以你還到電信局刊登電話（曝光），客人只要翻電話簿（瀏覽），就可以查到你的店址與電話（搜尋），刊登的欄位特別大，字特別粗、很醒目，翻到這個類別，一眼就看到（關鍵字廣告），給自己的店取個好名字，讓你的店可以出現在這個類別的最前面（搜群引擎最佳化 SEO），當客戶進到你的店裡，體驗過你的服務（初次成交），你請他填了會員資料（名單），定期打電話通知她該保養了，並寄活動 DM 給他（再行銷），讓他來店消費（回購）。

這樣，是不是就清楚多了？你現在理解什麼是網路行銷，我們就來談談，美容服務業的網路行銷可以怎麼做。

美容服務業主要獲利來源有兩個，一個是購買套裝課程，另一個是週邊商品銷售。客戶的來源，通常有強烈的地緣與口碑關係，客戶對你的喜愛與信任也是成交的重要關鍵，有時候，口碑與喜愛還會超過地緣關係。像我以前開店的時候，我的店在台北捷運中山站附近，我的客人有從林口、汐止來，甚至連搭車要一小時以上的基隆，都還是願意前來。不過在這個產業，除了大型連鎖店，絕大多數的店家都沒有行銷預算，所以，我列出以下幾種網銷的方式，讓預算有限的店家參考，你不一定要全部採用，但只要你願意跨出第一步，肯定對你有正面的幫助。

建立網站或 FB 粉絲團

現在的消費者已經很習慣在買東西之前，先上網做功課，所以第一件事情，你要能讓他們在網路上找得到你！除了地址、電話、營業時間等營業資訊外，消費者通常也會在意店內環境、效果或作品美感、客人評價、有沒有促銷活動等，這些資訊也最好能放在網路上；如果要使用客戶照片，記得一定要取得客戶的同意才行。另外如果是美容或美體店家，貼文務必遵守相關廣告法令規定，不要跟自己的錢過不去喔。

運用關鍵字或搜尋引擎最佳化（SEO）

前面提過，現在的消費者買東西之前都會上網查一查，如果你想吸引更多的人，就要能讓他們輕易地找到你的店，而不是一頁翻過一頁還看不到。現代人的耐心有限，他可能翻到第三頁就不想往下看了，所以你要想辦法讓你的店被搜尋的時候，出現在較前面的頁面。比如運用區域性的關鍵字，像「台北繡眉紋眼線」、「台中美容舒壓 SPA」、「高雄光療卸甲」等，當然，如果你不知道要如何設計關鍵字，也可以請專業的 SEO 業者協助，或向威廉老師諮詢。

舉例來說，我有位朋友也開了繡眉館，她就有在經營 SEO 關鍵字，搜尋「繡眉」時，便會跳出她的店，替她帶來不少新客戶（如下圖）。

3. 找部落客發表體驗文

請部落客寫文章需要一些費用，如果找知名部落客的話，成本會比較高，但流量大的部落客，他的立即性高，也較能發揮口碑行銷的效果，提醒一下，部落客要慎選，如果讓人很明顯地感受到是業配文，效果可是會大打折扣的。

4. 鼓勵客戶在 FB 上分享

如果能讓客戶的體驗滿意，就比較容易邀請客戶分享、見證。不管是顧客在自己的臉書上分享，或是店家的粉絲團留言，他們的朋友都可以看得到這些訊息；且如果店家粉絲團有許多客戶好評的留言，這種分享的效果，比打卡、按讚更直接，也更有力。

5. 投放 FB 廣告

FB 廣告可以設定區域、年齡、性別、興趣……等等，可以讓廣告很

精準地投射給你的目標對象，但如果店家沒有這方面經驗的話，建議先學習一下如何投放 FB 廣告，不然初期可能要給 FB 不少學費喔！

6 建立 LINE@ 生活圈帳號

LINE@ 在美容服務頁，最大的效益便在於讓客戶從過客變熟客！簡單來說就是促進回頭客的比例！我們前面提的幾種做法，都是提升客戶的來店率，但因為美容服務業對地緣關係、隱私的注重，以及消費者的信任感，需要一個能幫助「**催熟**」客戶的工具。大多數的店家，雖然會請客戶填寫會員資料，但通常都是紙本作業，最常見的便是用 Excel 管理，很難跟客戶產生緊密的互動，非常可惜。

資訊的氾濫，讓越來越多的客戶不想留下太多的資料給店家，但使用 LINE@，客戶不用填寫任何個人資料或下載新的手機 APP，店家也不需要額外購買會員系統，只要邀請客人掃描店家 QRcode，就可以加入店家的 LINE@。加入後，就有機會持續跟他們保持互動，一對一聊天的功能，也可以放心地詢問；且未來如果有新方案、新產品、新優惠，就可以將訊息一鍵群發給所有的好友；可以透過手機，發送優惠券、抽獎券或集點卡，讓客戶回店裡兌換優惠或是消費，這個效果遠比在街上發傳單的效果更直接且快速。多人管理的功能，只要有用心經營，也能降低美容師離職後客人跟著走的情形。另外，對於美容服務業者，還有一個非常重要的功能，就是限時優惠的設計，可以減少客戶臨時取消預約等離峰閒置時段的損失。

近年美容服務業成長快速，競爭激烈，不僅要比門面、裝潢、價格、技術、設備、服務品質和服務態度，更要比成果。在美容設備、商品與相關技術不斷推陳出新的情況下，必須要有足夠的利潤，才能提供更好的設備及服務給客戶，店家除了要不斷進行裝備與服務技能競賽，更要強

化與客戶之間的互動頻率與建立良好的關係，這才是美容界的生財之道。前者，透過各種網路工具與平台，可以讓你的裝備與服務技能被看見，後者，透過 LINE@ 可以幫你與客戶建立良好的互動關係，雙管齊下，生意只會更穩固，收益更好！

　　前面準備的小禮物領取了嗎？如果還沒，請現在拿起手機，掃描右方 QRcode，輸入通關密碼 Meiyasa，贈送兩本電子書：「用手機輕鬆簡單修出美美商品照」、「三招影片製作術，手機 app 也能神剪輯」。

[弟子小檔案]

每每老師

- 從辦公室到路邊攤到小老闆。
- 諮詢類別：資訊業／連鎖通路業／五金貿易業／直銷業／服飾／美容。
- 新北市汽車保養公會電子商務顧問。
- 徠徠網網研習匯講師。
- 10 年以上專案管理與教育培訓經驗，學員分布在各行各業，烘焙、食品、日用、咖啡、茶葉、教練、美容、補教、美髮、實體店家、網路賣家。
- 目前為威廉老師門下弟子，同時也是若水學院的合作講師。

弟 子 專 欄

這樣的身心靈工作者，真酷！

　　大家好，我叫 Kevin，是名專業的催眠師，也是威廉老師的徒弟，感謝威廉老師盛情邀請，讓我可以在這本大作裡露臉。近年，我受邀至新加坡、馬來西亞、日本大阪，以及中國的蘇州、北京、上海、成都、廣州等地演講、辦活動，在與學員們聊天的過程中，才發現「心理諮詢、催眠、塔羅、靈氣、寵物溝通……」等許多與身心靈工作有關的內容，對大家來說是很酷、陌生的。

　　從聽眾的言論可以了解到，大家並不了解我們這些老師及課程到底在做什麼，認為這些內容相當神祕，接近玄學、神學；但我覺得這些內容其實更接近醫學、科學。仔細想想也蠻有趣的，難道認認真真地當上班族，有份固定收入，甚至是當管理階層就不酷嗎？何必羨慕，或認為一個沒有固定收入的身心靈工作行業才特別呢？

　　對於這點我思索許久，或許是有些身心靈老師及激勵課程的老師們的收入及時間自由，讓他們感到羨慕所致。但說句老實話，並不是所有老師都有這樣的學員數及收入……那要如何當一個很酷、高收入、學員多的身心靈工作者呢？

　　答案就是「網路」。幾年前認識威廉老師，他說自己對身心靈如何與網路行銷結合相當感興趣，偶爾會聚一聚交流彼此的資訊。我嘗試了各種方法，從微信、LINE、FB 行銷到實體課程推廣、線上課程推廣及 weebly 網站設計、講座設計……雖然不見得每個方法都有效，但我所推廣的課程也漸漸有些成績。

　　我們把方法加以改良，跟其他人方式有點不同，我們不賣課程、不招收學員，就提供什麼是身心靈、什麼是催眠及我是誰的有料資訊；且我們不打廣告，改以溫馨小品及活動內容吸引人家的興趣；並設計一個不太像身心靈工作者的網站空間，思考如何推廣，把身心靈的活動變成

課程推廣出去。

透過網銷，我的課程內容變得豐富，講座內容淺顯易懂，活動更有趣，參與演講的人數也達到一場 500 人以上，而且我的資料及課程在網路上也可以搜尋的到，能進一步取得學員們的信任及喜愛，使我真的成為他們口中很酷的老師。

或許你覺得身心靈工作者很酷，但我認為能夠把身心靈工作內容結合網銷更酷。如果你想更了解如何成為一個專業身心靈工作者，歡迎跟我學習；如果你想成為一位既專業收入又高的身心靈工作者，那第一步便是學習網路行銷，而威廉老師便是你的最佳選擇。

[弟子小檔案]

KEVIN 老師

· 首位負能量釋放師。

· 美國 IACT「國際諮商師及治療師協會」（The International Association of Counselors and Therapists）大中華區講師。

· 曙光小築——負能量釋放師。

· 蘇州旭成心理顧問有限公司心理諮詢顧問。

· 上海拉梅茲品牌營銷策劃公司專業講師。

· FB：https://www.facebook.com/mysteriouspalace/

The Greatest Book for Getting Rich

4 利用網路打造現金流，享受自由快意人生

　　如果，你看過《富爸爸，窮爸爸》這本書，那你一定很嚮往書裡面提到的**財務自由**吧？**也就是即便不工作，每個月也能透過某種系統產生現金流收入**，而且收入高於自己必須負擔的生活支出。當年，我看完了這本書後，便決心踏上追尋財務自由之路，嘗試過很多種工作，也經營過許多不同的事業，多重摸索後，才發現網路絕對是一般人在沒什麼資金與人脈的情況下，**最適合用來打造自動化現金流的工具。**

　　為什麼這麼說呢？首先，網路有一個特性，就是在大部分的情況下，若要發揮出類似於實體世界的功能，其成本都比實體低。舉例來說，開一間實體店面很貴，但要開一家「網路商店」就很便宜；在現實中請一個人工客服很貴，但透過網路建立一個機器人客服卻很便宜。

　　網路還有一個好處，就是能將你的產品或服務做到**自動化展示與銷售**，如果你用傳統的方式在做生意或跑業務，即便今天有一位客人主動找上門，你還是得花費自己的時間去解釋、說明你的商品，後續更還有提案與簽約的作業流程得走，且這一切都必須仰賴人工；但透過網路就有一個好處，**你可以把產品與服務，透過網站、影片，甚至是機器人對話互動的方式，介紹給你的潛在顧客。**

　　然後，網路更有一個好處，就是能做到商品交付流程的自動化，舉例來說：我架設了一個網站，這個網站賣得是虛擬商品，例如線上課程、軟體、圖庫、充值點數這一類的東西，只要有人跟我訂購產品，並完成付款

（網路也能做到自動對帳），**系統就會自動將虛擬商品以 E-mail 的方式寄給客戶**；如果是在淘寶上賣虛擬商品，賣家甚至可以透過聊天軟體「旺旺」，自動把商品訊息傳遞給客戶。

最後，網路有個最可愛的一點，就是**它連找尋準顧客來源這件事情都可以自動化**，而且相較於傳統的廣告通路，網路可以更精準的「有的放矢」。試想，假如你在賣口紅，想透過買電視廣告或是報紙廣告去宣傳你的商品，你能要求廣告商只針對 25 至 35 歲間，且住在台北的女性投放嗎？答案是不行的，但網路卻可以輕鬆做到這點。

阿基米德有一句名言：「**給我一個支點，我可以舉起整個地球。**」而**我個人也有一個名言：「給我一台電腦與一個可以上網的空間，我可以在任何時間、任何地點創造收入，更棒的是，這樣的收入是自動化的。**」亦即羅伯特 ・T・ 清崎先生在《富爸爸，窮爸爸》一書當中提到的**被動收入**概念。

這章是本書最後一個章節，我將跟大家分享，究竟要如何把本書傳授的心法、工具、案例一脈相承，融會貫通成一個系統化的流程，讓收入源源不絕地流進你的口袋，讓你能享受自由快意的人生，流程如下……

★ 找到好主題。

★ 分析這族群。

★ 蓋高速公路。

★ 建立收費站。

★ 啟動流量口。

找到好主題，意味著你能找到某個議題，而這個議題**在你所能服務的地區範圍內，有足夠的人數對此感興趣，而且願意花錢、花時間在這上面**（這樣你才有錢賺啊），更重要的是，你能提供一些還沒有被滿足的服務。舉例來說，我個人鎖定的主題便是網路行銷，服務範圍目前主要以華語人口為主，那華語人口有沒有足夠的人口數對網路行銷感興趣，願意為了學習網路行銷，而願意花錢花時間呢？答案是肯定的。

再來，我有沒有辦法提供一些未被滿足的資訊或產品？這個也能做得到，因為我本身就對網路行銷很感興趣，也很有天賦，且這個行業**既可愛又殘酷的現實就是永遠都有新鮮事要學習**，所以我有寫不完的的新文章與新課程可以開。

當然，你不一定要像我一樣選網銷作為你的主題，有很多主題也都很棒，是日不落主題，好比如何變瘦、變漂亮、變有型、變聰明、變有錢……等等，你可以找找自己感興趣、又擅長的主題來發揮。

每個主題都會讓某些人特別感興趣，我們可以把他稱為族群，但你要清楚知道，這些族群到底有什麼特徵？包含他們的年齡範圍、性別取向、興趣嗜好、想實現什麼願望？煩惱些什麼事情？在哪些地區出沒？

蓋高速公路是一個比喻，我指的是一個**能讓族群在上面持續且有規劃地引導至某個目標平台，而且這個平台可以實現顧客數據的接收、儲存與訊息的發送**。例如你建立一個 E-mail 發送的清單，在這個清單上，你設定了一些排程，讓每個進入這個名單的人，可以依序收到你事先規劃好的訊息，例如第一天會收到什麼，第三、五、七天、甚至是未來每一週又會收到什麼。

當然，E-mail 只是其中一種，並非唯一的方式，像 LINE@、微信公

眾號、部落格，甚至 FB……我前面提到的工具，都有辦法實現類似的效果，不過這部分有一定的技術，必須去摸索或學習才能辦到就是了。

我想每個人應該都看過高速公路吧？每到一個地區都會有收費站，早期是人工的模式，會有人跟你收零錢或票，現在改成電子感應的模式。而蓋一條高速公路得要耗費鉅資，現實生活中，一般人根本無法蓋一條高速公路，但我們可以把這樣的概念應用在網銷上，也就是找一些可以獲利的機制，置入性地安插在你要給受眾的訊息內。

所謂的**獲利機制**，最簡單的理解就是**賣產品**，而賣產品可以是賣自己的產品，也可以是推薦別人的產品，當你的名單量夠大的時候，要找人合作，透過推薦他的產品來分潤，是一件非常簡單的事情，你甚至不用主動找別人，就會有人主動想找你合作；至於是要賣自己的產品好，還是賣別人的產品好，這沒有一定，各有利弊，如果沒有特殊的策略性目的的話，我個人傾向賣別人的產品，雖然賣別人的產品獲利要拆分，但是好處是後續的售後服務也都是別人處理。

而收費站蓋得太密集或太遠都不妥，太密集的高速公路沒人想上，蓋太遠就賺不到錢，那密度到底要多少為宜呢？實體的高速公路是以公里為長度計算單位，但網路上的高速公路要以時間為單位，而且是按月計算。我的建議是每月 1 到 4 次，這還是能被接受的促銷頻率，再多的話，受眾退訂的機率可能會變高。試想看看，如果有人開車上高速公路，每開不到 5 公里就經過一處收費站，他會作何感想？應該會氣到翻臉吧？

但如果你布局了一個長度為兩年的高速公路，每個月雖然只有兩個收費站，但兩年下來就總共有 24 個收費站。當然，每個進入你的高速公路的人不一定都會買東西，可是如果你的產品或服務是跟這個族群有契合、

且有競爭力的，那就會有一定的人口比例跟你買產品，或透過你的推薦、引導購買。

最後，當我們的布局一切就緒，接下來最重要的工作就是啟動流量口，**所謂的流量口就是讓人進到你這條高速公路的入口**，類似於交流道的概念，這個入口可以只有一個，但我建議你最好多設置一點。例如：你可以透過 FB 下廣告，引導網友連結到另一個頁面留下資料，以索取資料或優惠……等等，一旦他留下資料，就等於進入你的高速公路系統。

流量入口當然也可以來自免費的流量，例如你到一些 FB 社團或 LINE 群組裡面貼廣告，但這樣很難實現自動化的目標，因為一旦你不貼了，流量也就 GG 了，除非你有本事建立自己的聯盟行銷系統，讓一群人持續幫你貼文。

想要打造自動化現金流收入，最關鍵的點就是要讓流量來源自動化，而這就得透過付費流量或是 SEO，廣義來說，你也可以把 SEO 當作一種付費流量，畢竟如果你不花錢請別人做，那就要花自己的時間用 SEO，但想必大家都聽過時間就是金錢這句話。花錢買流量其實並不可怕，**只要你操作得宜，會越花越有錢**；當然，如果操作不得其法，就會越花越窮，讓我實際算給你看。

假設你賣某個產品利潤為 500 元，每 100 個進入高速公路的人，每個月只有 2% 的人會採取購買行為，那就是會創造 $2 \times 500 = 1,000$ 元的利潤，再往下推算，可以得出平均 100 人每個月可以帶來 1,000 元的利潤，也就是每個人、每個月可以帶來 10 元的利潤，一年可以帶來 120 元的利潤，二年就是 240 元……以此類推。

可是，如果你有本事透過 FB 廣告，讓每個進入高速公路（名單系

統）的人，其廣告成本控制在 100 元以下，你想想看會發生什麼事情？

答案是第一年你賺了 20 元，到第二年則淨賺 120 元，但第二年的名單成本不用錢！因為廣告費只花在第一年，又如果你的高速公路布局不只有二年呢？那當然是賺更多啦！如果以上的數據都是真實不虛的，你敢不敢花錢砸廣告呢？當然敢！而且你會發現，不砸錢反而是一種損失，因為你損失了原本可以賺的錢！理論上，如果投 100 元可以每二年賺回 140 元的利潤，那每投 10 萬元，就可以賺回 14 萬元，所以，如果你不投廣告，就等於每個月損失了 14 萬。

以上，就是我跟大家分享如何透過網路，打造現金流的策略，它不是一個假設性的概念，**而是已經被我實踐、印證在我個人事業上的一種商業模式**。要理解絕對不難，可若要實踐就沒有那麼簡單，我很想、也很願意跟大家分享更多，但這已經不是多寫幾句話就能解決的事情了。

我熱愛分享，也有心助人，但我也擔心寫得長篇大論會導致這本書太厚、太重，讓人買不下手，或買了之後無法消化，那就糟糕了。所以請原諒我就談到這，以此做為我本書的完結，但沒關係，**如果你真的想知道更多關於如何透過網路打造自動化現金流的方式，我準備了一堂線上課程，授課時間預計 6 小時以上**，我會在課程中告訴你更多、更豐富的內容，你可以聽到我的聲音，並看著我的電腦畫面，看我究竟是如何一步步去申請帳號，設定好排程，讓錢自動流進來。

而且這個課程若照一般網銷老師的市場行情，最少會賣 24,000 元以上，但因為你是本書讀者，又富有求知欲，所以我打算給你一個非常優惠的價格，整堂課比三折還便宜，只要 8,000 元，因為我希望你買了這個課程之後就發了。

課程的報名與付款連結如下，如果想報名的話，請輸入下方網址報名，記得手腳要快，因為 6 個小時的線上課只賣 8,000 元，對我來說實在很不划算，未來絕對會再漲價。所以，如果你看到的價格是 8,000 元，記得趕快搶標，不然之後就要漲價啦！

http://www.waterstudy.org/autocashflow.html

最後，由衷的感謝你購買且看完這本書，我有充分的理由與絕對的信心保證，只要你**願意照著本書的內容實做，你的人生一定會變得更豐盛、更精彩**；如果你希望你的朋友也能跟著你一起成長，那請你看完之後再借給他看，或乾脆買一本送他。

我是威廉老師，也是你的朋友，期待有一天我能在課堂上、演講中或其他某個地方見到你！

後 記

1 紀念我的創業家老爸

　　從我想寫這篇文章的題目，到我真正動筆開始寫，間隔了將近半年，也許我是在蘊釀一些思緒、一些想法，也可能是在等待一個特別的日子來臨，就好比為了慶祝一個日子而打開一瓶收藏許久的佳釀一般。

　　這件事情的發生，是在一個陽光普照的午後，當我聽到這個消息的時候，我還能用著輕鬆、爽朗的口氣來講這通電話，然而在這件事情過了半年以後，每當我想起這件事情，我幾乎可以在任何時間、任何地點泊泊淚流，就如同我此時寫著這篇文章一樣。

　　是的，我的父親當時罹患了肝癌，只剩下三個月不到的壽命。那是在我離鄉背景，將事業版圖發展到臺北，終於打下了一點點根基的時候，當時在臺北競爭激烈的網頁設計界，我們打敗了近十個競爭對手，爭取到 1111 人力銀行〈創業加盟部〉的認同，委託我們製作「2007 年全國創業加盟大展」的活動網站，當時我們正欣喜著有機會藉此鯉躍龍門的時候，噩耗卻緊接而來。

　　聽到消息的我，並沒有在第一時間趕回去看我的父親，因為我知道父親的個性，他一定會希望我在工作崗位上做好自己的本分，而不是因為私人的感情讓工作開天窗。所以在那段日子，有很多個晚上，我都一邊流著淚一邊設計網頁，還記得當時的情境，讓我寫下了這首短詩。

兒征百里外，父病臥床中。

破敵三四寨，淚濺五六行。

遙想出陣時，志得衣錦回。

如今功名祿，寧換卸甲歸。

　　我非常清楚的知道，自己只是個資質平凡的普通人，如今能年紀輕輕便創下一番事業，有很大部分的原因，要歸功於我的創業家老爸，他就是最佳的教材。我當時年紀還小，感受還不是很深刻，一直到長大出社會、看了一些書，增長了一翻閱歷，才知道能有這樣的智慧與包容力去教養小孩的父親，是多麼的難得、多麼的不容易。

　　接下來，我會介紹在我生命當中的不同階段，我的創業家老爸給了我什麼樣的啟迪。

在我的童年（國小時期 7~10 歲，約西元 1984 年）

　　我最感興趣的玩具不是小汽車或是無敵鐵金剛，而是「發明」。是的，我的父親就是個熱愛發明的發明家，申請過許多專利產品，有些甚至是當年非常暢銷的特殊建材，他觀察到我也有一些發明的天份，於是告訴我，只要我能想出一個目前市面上沒看過的產品，不需要真的做出來，只要能畫出草圖與用文字說明它的構成元素有哪些就可以，但那樣東西要確實可以為人們的生活帶來便利性。

　　只要我能想出一個這樣的發明，父親就會給我 100 元的零用錢，在那個年代 100 元對小孩子來說可不少。

　　於是我卯足了勁，用心觀察這個世界，也用力翻閱百科全書一類的書

籍，絞盡腦汁地想出三十幾種發明，說來有趣的是其中有些發明在大約過了五六年左右，我就在報章媒體上看到這些東西被研發，有些東西還沒，但也有可能真的有人將它做出來了，只是我不知道而已，例如……

1 加裝活性碳與抽風馬達的密閉式煙灰缸

我小時候很討厭香菸的菸味，尤其看到那種沒熄滅的香菸在菸灰缸裡面吐出「毒霧」，更是讓我心生厭煩，所以當我在書上看到活性碳可以拿來作為濾材時，我就想到能否把菸灰缸做成像削鉛筆機一樣，有一個孔或多個孔可以把香菸插進去，菸不會直接飄出來，會被活性碳給過濾掉，但因為有抽風馬達，所以菸在裡面不會熄滅。

2 加上超音波感知裝置的盲人眼罩

我看到書上說蝙蝠可以藉由超音波來感知周遭的環境，我就想到可以模仿這樣的功能，讓盲人戴上能夠發出超音波的眼罩，並搭配耳機，當盲人戴上這樣的眼罩行走時，如果前方有障礙物，耳機就會發出警示聲。

類似這樣的案例還很多……但這不是這篇文章的主題，就不多提了。

在我的求學階段（國中至五專）

大部分的家長都很重視小孩子的成績，希望孩子考上好學校，尤其是公立的學校，但我父親對孩子課業的觀點與做法卻很奇特。

★ 可以的話，盡可能讀到好學校，甚至是前段班。

★ 讀到好學校與好班級是為了結交優質的同學。

★ 分數與排名不重要，就算吊車尾也無所謂，有盡力就好。

　　回憶起來，我的課業成績時好時壞，壞的時候還比好的時候多，專科的時候甚至差點被退學，但我的父親從沒有因為我學習不佳而打我，連罵過一句都沒有，可能是因為他本身經商且生性豁達，他認為學校的成績單不代表社會的成績單；人脈、溝通能力，乃至領導能力才是重點。

　　在我專科時期，從一開始參加救國團戰鷹假期服務隊的訓練，擔當志工，到後來因為喜愛流行舞蹈，進而創辦熱門舞蹈社，我的父親不但百分之百支持我，除了同意我花時間參予之外，還捐錢贊助我們的社費，有時候也會來看看我們的活動，替我們打氣。

　　記得當初考取五專的時候，我國中念的雖然是明星學校資優班中的吊車尾，但我的實力仍可以考到工專的第一志願（即以前的高雄工專，後來的高雄應用科技大學），我父親卻鼓勵我選填第二志願就好（即以前的正修工專，後來的正修科技大學）。因為他觀察在南部的土木建築業，正修畢業的學生相當活躍，如果能成為這些人的學弟，對往後的發展必然有相當大的幫助。

　　後來我雖然沒有走土木，但我真的很慶幸當時有遵照父親的建議，成為正修的一份子，一來當時正修是南部大專院校中，社團活動風氣與能力最活躍的，像我後來可以在社會上闖蕩的能力（包含行銷、業務、溝通、領導與企劃），大部分都是奠基於當時參予社團活動的關係；再者就是正修人有著很特別的凝聚力維繫感情，這樣的羈絆甚至延續至今。

在我剛出社會的時候

許多年輕人如果告訴他們的家人，說自己打算從事保險業，一般家人總會投以反對票，然而當我選擇從事保險業的時候，父親非但沒有反對，還跟我說：「光熙，你要從事保險業，爸爸舉雙手雙腳贊成，也相信你可以在這個行業成功，我對你只有一個要求，就是希望你前半年不要找親戚捧場買保險，先培養自己做陌生開發的能力，大部分的業務員都只靠好友、親戚做生意，所以很快就陣亡了；如果你能培養出開拓陌生市場的能力，那往後不管你做什麼工作，都絕對不會被輕易打敗。」

雖然我知道他心裡其實希望我繼承家業，但他仍默默支持我想做的，而不是強迫我做自己不喜歡的事情。

在我剛創業的時候

我出來創業的時候，我的父親並沒有拿資金資助我，只送了我幾張辦公桌與一張白板，並跟我講了一些做生意的原則，這些原則我至今仍奉行不渝……

★ 做生意要先立於不敗之地，再來求勝。

★ 與人合作，要讓別人有佔便宜的感覺。

★ 做出來的產品，品質要先過得了自己的良心，才能交到客戶手上。

★ 做業務要懂得在見面第一時間就讚美客戶，讓客戶舒服到心坎裡。

★ 不論做什麼都要想辦法做到與眾不同，如果做不到，不如不做。

★ 預收足額的訂金，穩住現金流，否則寧可不接單。

有時候，我看到有些父母會安插子女到自己建立的企業之中，年紀輕輕便成為經理級幹部；又或是給子女一筆創業金，讓他們在外闖盪，我非但不羨慕，還非常憂心這種情形，因為……

★ 沒嚐過錢難賺的滋味，很難珍惜與妥善利用每一分錢；不懂珍惜與妥善運用每一分錢的人，我很難想像他會創業成功。

★ 經理職位來得太容易，不是靠自己的努力磨練到一個火侯，才被賦予的肯定，這樣的經理能有多少才幹讓下屬與同事服氣且合作？

在他人生下半場

　　我的父親曾經風光輝煌過，後來因為事業有些難關，輸光了手中所有的籌碼，他也曾經一度意志消沉，但後來他又重新燃起鬥志，一個六十幾歲的老男人，在沒有什麼資金的情況下二次創業，而且還有聲有色。

　　但事業還來不及壯大到往日的規模時，健康卻提早一步亮起紅燈，昔日彌勒佛般的身軀瘦到讓人心疼，可是他依然用豁達的笑容與睿智的言語，開導著每個來探望他的人。

　　如果做生意是為了賺錢的話，我的父親最後達成的成就並不多，但如果要以**做生意在於獲得人心，並且培育人才的話，那我的父親無疑是成功的**，許多他昔日帶過的業務，如今都成為事業有成的老闆。

　　在他的告別式那天，我看到許多來自各地的人齊聚一堂，有的是市井小民、有的是達官顯要，在這裡他們沒有尊卑之分，只有一個相同的感受與想法，那就是為了一個人的離去而真誠地感到哀傷。

在他離開人世間之後

在我創業的這些年，尤其是後來我到臺北發展，能跟我父親相處的時間並不多，然而當他離世不能再與我們相處的時候，我反而經常感到他與我同在。在我的職業生涯中曾有一段時間，有間國際級金融集團打算推動一個嶄新的企畫，這樣的機會十分難得，所以業界許多十餘年經驗的老江湖都使出渾身解數爭取；我當時其實只有六年的社會經驗，與許多先進前輩們相比，我有太多不足，但我還是鼓起勇氣去爭取。

還記得那是個充滿陽光的日子，我在與該集團的資深副總談過話之後，從他口中得到首肯，走出高高的玻璃大門，我不禁納悶著……是什麼機緣讓我得知這個外界鮮少有人知道的情報，並展露出超齡的心智與談吐，使自己有資格站上這個舞台？

心中剎那有股福至心靈的感動，雖然沒有任何科學根據，但我能感覺到、也相信著，我老爸在旁邊幫了我一把。所以，趁著這次出書，我節錄了一些讓我印象深刻的事蹟，寫下這篇文章，與讀者們分享，而我對父親承諾過要繼承的遺志「建立並運作一個對人、對社會乃至對環境有益的事業體」，至今依然是我奮鬥的目標，雖然他離開了，但我相信他仍活在很多人的心中，包含正在讀此書的人。

我深信這會是一篇值得很多人慢慢看、細細想的文章，我花了很多時間來構思該如何表達我心中所悟，也希望可以引導大家去思索不同層面的問題。

如果你是為人父母……

★ 你跟子女之間的溝通好不好？為什麼？

★ 你希望子女成為你想要的角色，還是幫助他們去做他們想做的？

★ 你能給子女什麼，在他們往後你所不能參與到的人生，會起什麼作用？

　如果你是為人子女，尤其是社會新鮮人……

★ 你替自己做了什麼樣的生涯規劃？這是你的想法還是父母的指示？

★ 你是否能給父母親多一點的寬容、時間與耐心、愛心？

★ 你能否早點奮發圖強，不再虛擲青春，讓父母安心、過點好日子？

　朋友們，期望你我都能更好。

2 我的豪氣老媽是這樣教我的

　　有時候威廉經常被年紀較長的學員問道：「威廉老師，您這麼優秀，不曉得您的父母當初是如何將您栽培長大的？」首先，我想聲明，我對於別人的誇讚，心中其實是有點存疑且不好意思的，因為我不敢說自己所獲得的這些成就，能被稱為「優秀」。不過如果你覺得我算得上是成功，具有參考價值的話，我很樂意與你分享父母的教育方式，前面已經寫了一篇紀念我的創業家老爸，接著就來跟大家分享我的豪氣老媽是如何教育我的吧。

　　豪氣多半是用來形容男人，很少會用來形容女人，但我覺得用豪氣來形容我媽是恰到好處。我曾聽過一個帶有傳奇性的故事，這件事情發生在我父親剛創業賣建材的時候，那時候他還年輕、初出茅廬，推銷技巧與自信心都不夠，所以建材賣得不是很順利，我媽問我爸說：「怎麼這堆建材都賣不掉？」我爸當時說了很多原因，簡單來說就是這些東西要賣掉沒那麼容易就是了，沒想到我媽說：「這有什麼難的？我這就去把建材賣掉，證明給你看要賣這些東西並不難。」

　　我媽就隨便挑了附近一個工地做陌生拜訪，而且從來沒有賣過建材的她，居然真的把建材賣掉了，這件事情因此激勵到我爸，什麼建材專業知識都不懂的人，竟然能賣得掉，自己對建材懂的知識比媽媽多那麼多，怎麼可能賣不掉？後來我爸也成為一個非常會銷售的人，這個傳奇故事可能是導火線，就如同田單的火牛陣，你要讓牛往前衝，就必須在牛的背後點

一把火。

　　我的母親很少透過口述的方式，去教我一些東西，反而經常用「身教」，來教育我一些寶貴的道理。還記得我還小的時候，我媽要出國去日本玩，臨走前問了句：「有沒有什麼想買的，媽媽出國順便買回來？」我歪著頭想了想，那時任天堂紅白機剛上市，每個小朋友都夢想著擁有一台，可以沈浸在遊戲的世界，於是我說：「我想要一台任天堂的電視遊樂器。」我媽聽了也沒多說什麼，只回了簡單的：「喔。」

　　任天堂紅白機剛推出時很貴，一台要價 4,000 多台幣，而且當時可是三十年前的台灣啊，幣值跟現在可不能比，所以我根本不指望我媽買給我，況且她真的知道什麼是任天堂嗎？這點我很懷疑。後來我媽媽旅遊回來後，還真的買了任天堂（而且還附帶買了遊戲卡帶）！這是很久以前的事情，可是我現在卻還記得，所以說為人父母、為師者，真的不要小看你任何一個動作，因為任何一個不經意的舉動，都有可能在你的孩子或你的學生面前樹立起一個或好或壞榜樣。

答應的事情，就要努力去做到。

　　這是我母親教我的第一堂課。我媽媽豪氣的事蹟非常多，威廉是在高雄長大的，小時候學圍棋，有場圍棋比賽辦在台北，而且比賽時間又是上午，當時還沒有高鐵，搭火車根本來不及，那怎麼辦呢？但我媽不認為這是個問題，搭飛機去就好。印象中，當時從高雄到台北會搭飛機的，都是很有錢的大人趕時間才會這麼做，而我的母親僅為了一場比賽，就花上二個人來回的四趟機票錢，而且還很阿莎力的花下去。結果那場圍棋比賽我

沒有贏，而且還是在開始沒多久，就因為某個理由被判定輸了。

　　一般來說，大人付出了這麼多時間、金錢，讓小孩學一門技藝，又還千里迢迢送他參賽，輸了肯定會被罵個臭頭，不然也會被念個幾句，但我媽媽非但一句話都沒責怪我，反而笑著說：「沒關係，不是你實力不足，只是第一次參賽，不懂賽場上的規矩，我們回去練一練再來。」

**　　即使花了巨大努力後獲得失敗，也不要花時間在自責與責怪他人上，冷靜檢討，下次再來即可。**

　　這是我母親教我的第二堂課。後來我長大出社會，為了翻身（當時家裡破產），也為了磨練自己銷售的能力，我把自己推入一個坑——保險業務。猶記得有次在公司受訓時，公司教到一個很創新的險種，叫做「綁架險」，這種險通常是很有錢的富商，擔心自己或家人會被綁架，才會投保的險種，我拿著綁架險的 DM 回家跟我媽分享，她聽了覺得很不錯，就跟我說：「這個東西好啊，等哪天我又變有錢人了，我就跟你買這個保險。」我看著她堅定的眼神，聽著她泰然自若的語氣，我知道她是認真的，她真的相信自己還有可能會再變成有錢人。

　　我不知道這個自信到底從哪裡來，但我們當時的家境真的不好，實在找不到理由能支持這麼樂觀的論調，不過我媽那種樂天的豪氣，倒是給當時做業務的我一種阿 Q 式的激勵效果。

**　　即便身處窮困之境，仍永不放棄對美好生活的希望。**

　　這是我母親教給我的第三堂課。雖然我並不知道此刻手捧此書、正在閱讀的你，是不是一個已擁有成就的人，但我相信你跟我一樣，都有個非常愛你，且偉大的老媽。母親是我們在通往成功的道路上，背後那雙溫暖的推手，有一天你研究網銷的技術也好、心法也好，遇到累了、倦了，或感到挫折的時候，不妨想想你的母親吧，我相信你也能找到支柱，支持著你挺過去，因為我就是這樣走過來的。

　　即便我是別人眼裡的網路行銷大師，但我有些時候也會遇到挫折與低潮，不對，這得更正，不是有些時候會遇到挫折，而是常常遇到挫折；每當我在異鄉打拼，難過的時候，我總會想起母親豪氣而爽朗的笑聲，那帶給我無比的勇氣與繼續前行的力量。

　　願以此文表達我對母親張鄭惠蘭女士的感謝之意，也向全天下偉大的母親們致敬。

3 感謝，有你們真好

　　這本書的完成，是我人生一個重要的里程碑，它傾注了我的靈魂、澆灌著我的心血，同時也帶著我再次回顧、見證自己的人生。而能有這本書的誕生與如今的威廉老師存在於這世界上，我有許多、許多想感謝的人。

　　首先，我得感謝我的父母張鴻勳先生與張鄭惠蘭女士，他們不但生我、育我，並始終無條件地支持著我去做自己想做的事情，而且在毫無根據的情況下，仍堅決相信我能做出很棒的成績；此外，正熙大哥與心薇姊姊在我成長的過程中亦扮演著重要的角色，我能平安長大他們功不可沒。

　　再來，我要感謝國小時期三年級班導──黃錦和老師，他奠定了我的成語基礎；五、六年級的班導──左韋芬老師，連放牛班都可以被您整治成模範班級，您實在太牛了，許多學生的命運都因您而改變。

　　還有，國中的恩師──陳美珠老師，我能有不錯的文筆都源自於您的啟蒙，此外，您為學生辦的辯論賽，也是促成我能站上演講台的原因。

　　唸正修工專時期要感謝的老師甚多，包含龔瑞璋校長、詹勳山老師、周煌燦老師、楊全成老師、雷一鳴老師、彭俊翔老師、蔡豐州老師、王國璋老師。

　　除了師長外，就讀正修時期也有兩位學長對我的啟發與影響特別大，一位是黃柏霖學長，另一位是葉鳳強學長（他同時也是我出社會第一份工作的老闆）；還要感謝兩個社團豐富了我的校園生活，更培養了我商業能力的基礎，那段時期，可說是我人生的轉捩點，分別是戰鷹服務隊及正修

熱舞社。

感謝南山人壽曾經給予我一個優質的業務能力培育環境，保險行銷的培訓，是我生命中的重要養分，如果不是我曾待過保險業，被好好磨練過一陣子，我如今事業的成就，可能連一半的高度都不會有。

感謝若水整合行銷時期所有合作過的設計師，有靖雯、小白、博宇、Salin、BEZO、SNOW、SONG、以及程式設計師 BU、HUEY、網站規劃師 Annie，還有願意把案子交付到我們手上的客戶們。

感謝若水學院從萌芽過程中，一路陪我走來，辦過課程的伙伴們，從Kelly、Mason、曉韻、Steven Lin、宥慈、嘉薇、霆臻、IVY、COCO、芯卉、Akino、貝貝、依依、DORA、小朱、Mark、海龍王、依茹、Angel Cat、Kevin、英杰、Emily Huang、Hanna。還有與我們合作過的講師們，分別是盧永沛老師、鄭錦聰老師、簡愛尚老師、陳又寧老師、王國欽老師、史塔克老師、Terry Fu 老師、林星泓老師、布萊恩老師、許耀仁老師、王莉莉老師、路守治老師、梁大鵬老師、方耀慶老師、王維德老師、董正隆老師、陳俊生老師、蕭正崗老師、JAY 老師、海鷗老師、辛老師、琇雯、小善……等。

當然，也要感謝若水學院那群可愛的學生與弟子群們，感謝你們願意把辛苦賺來的薪水花在這裡，並撥出時間學習，是你們的貢獻支持著若水學院的運作，我愛你們；同時我也要感謝參與本書創作的幾位徒弟，分別是 SONG、Kevin、Meiyasa、天行。

感謝 101 夢幻團隊的家人們，因為有你們在傳遞著優質的產品與實現夢想的精神，才能讓我堅持用有品格的方式，去辦有品質的教育。

朋友圈當中，我亦要感謝 Daniel Liu、張述廉總經理、雷格希、翁

總、財富女神宥忻老師、Frank Huang、John Chang、Eric、Jacky、賀伯特的楊總、鄭雲龍大哥、意蘋姐、Abby、羅穎、黃至堯先生、五花王子、鄭州的郭總、涵慧、Sally、邱文仁小姐、凱薩琳、茉莉、Verna Liu、Kitty Lai。

最後，感謝為我發行本書的王晴天博士及采舍集團的歐總、靜怡、Emma……等，讓此書得以付梓，順利發行上市，幫助更多人學習成長。

最後的最後，我想感謝一位一路走來，始終在背後默默支持著我的偉大女人——Agnes，謝謝妳把生命中最菁華的歲月奉獻在我身上，幫我打開一片天空；並用最寬容的心胸鼓勵我去實現人生的契機，還給了我兩個如天使般可愛，又乖巧懂事的女兒——庭鳳與恩綾，因為有妳的照顧，我才有能力、有機會去照顧更多人。

4 學員迴響

 Allysian 大腦科學經銷商——林姿伶

　　說到和威廉老師的相識，完全符合他的專業，當時，湊巧有人建議我發展網路微商，威廉老師正好又在尋找人才，造物主便精準安排，讓我們結識。一位陌生的帥氣男子突然加我微信，告訴我他是網路行銷大師，從形象塑造、開場價值、無私分享，在一步步的交談中，學習已不知不覺開始，也漸漸建立起濃厚的友誼，打下彼此的信賴感，醞釀著未來無限可能的鏈結。隨著銷講能力逐漸受到重視，各領域的頂尖大師各有千秋，但價碼都是水漲船高，難得威廉老師苦民所苦，為熱愛學習、追求成長的人，網羅優秀的師資，甚至是親自出馬，不厭其煩，只為走出不一樣的風格。

　　贈送電子書，開設一堂又一堂免費的課程，即便是免費課程，也盡其所能的倒乾貨；而收費課程，則力求提供超值滿意保證的服務；為別人推廣課程與產品，使出渾身解數；自己的課程卻隨緣不強求，使賺錢者得利，學員學到會為止。不管是課前提醒，課後影音複習，他都不做高高在上的超人，甘願當位內向害羞、不完美，卻親和踏實、望鐵成鋼的蝙蝠俠。威廉老師收弟子，不取分文，教授的更是課堂上學不到的精華，他有六大本領，為了打造接班人，提供舞台，讓弟子發揮，累積真才實學的硬底子；如果你渴望在自己的生命裡寫下成功學，一如拿破崙希爾遇上貴人卡內基，威廉老師將是這個世代良師益友的最佳選擇。

Coco 愛紋繡創辦人——林可筠

過去一直從事行銷企劃的工作，在百貨、電子、保險、食品、休閒產業遊走，多年下來，自覺腦汁快被榨乾，想讓頭腦休息、喘口氣，因而轉換跑道、選擇創業。

在 2014 年，我發覺往後必定是人手一支手機，直覺地認為手機行銷一定是未來的趨勢，恰好又接觸到威廉老師的微信說明會，那時我就想：「這不就是我在找、想學的課程嗎？」所以我當場就報名了。

學了老師的行銷技巧後，我將所學應用在事業上，使我的品牌漸漸有了知名度，而我也因為技術受到眾多客人的肯定，吸引媒體關切、採訪並於電視曝光，很感謝威廉老師改變了我的事業，讓我愈來愈好。

老師和我們的相處亦師亦友，一有新的網路行銷資訊一定都會和我們分享。對老師最深的印象就是做事太認真、像拼命三郎，凡事力求盡善盡美，只為了讓更多想學習的人能有所收穫，這也是我最佩服他的地方。

在他的努力下，他的教學平台在台灣已佔有一席之地，多元的課程主題，非常符合現代社會需求，是大部分人想學習時的最佳選擇平台；所以，我們真的很幸運，有人為了讓我們更進步，而如此努力著。

網路理財夢想家——葉繁芸 Ivy

大家好，我是從事投資理財的顧問跟組織行銷的 Ivy，之所以會跟威廉老師認識，是因為我們當初在同一家保險公司任職，後來相繼離開保險業、各奔東西，一直到某次若水學院所舉辦的課程，才再次相遇。

經由老師的邀約，我們開始了課程的合作，我擔任若水學院的課程規

劃師也有三年多的時間了，這三年多來，我跟在威廉老師身邊學到非常多辦課程及網路行銷的方法，他毫不藏私地把秘訣傾囊相授給弟子們；最特別的是，老師還會不定期的舉辦弟子聚會，除了能跟老師其他弟子交流之外，還能搶先聽到老師最新的行銷體悟，收穫多多，有時更可以嚐到老師親手下廚的私房料理，當老師的弟子真的是很幸福呢！

我自己也運用老師所教的方法，積極開拓我的事業跟組織，算是有點小成績，所以一聽到老師要出書，馬上自薦要來寫心得文！這本書的內容真的非常實用，有緣讀到本書的朋友，我真心建議你們，千萬不要只是讀完而已，讀完後務必要有所動作，照著書裡面的方法去做，才能達到你們要的結果，在此預祝大家，一起成為網路行銷大師！

 弘璟教育科技總經理——黃瓊琇

有緣必相會，只要你是充滿正能量的人，就會遇到正能量的人。我參加了威廉老師的課程，對他的正面與積極非常讚賞，他善用他的人脈，與各個不同專業的人聯合，徹底發揮一加一大於二的群體力量；而且，他也樂於用網路分享自己的網銷經驗，這不僅是他的親身經歷，更是一份寶藏，使我們得以省去他原先近二十年的摸索，直接進入他的心血結晶，學習精華中的精華，多麼幸運啊！

在這快速變化的網路世代，要「知網路、善用網路」不是件容易的事！但只要開始，就會累積；只要累積，就會熟練，因此，只要你準備充足、積極進取，相信網路能幫你創造的絕不僅是財富收入，甚至實現你的或身邊至親的理想。

只要現在開始善用網路，永遠不會太遲，這是我這 LKK 學習網路後的肺腑之言。

淞揚多媒體總經理——鄭建松

我本身是網頁、動畫平面設計師，也跟威廉老師認識十多年了，我倆年紀相仿、志趣相同，專長又能互補，他會發包設計的工作給我，甚至是介紹客戶給我，而我也跟著他學習網路行銷，我們可稱作合作無間。

我也不乏認識其他各行各業的老師，但我唯獨跟威廉特別久，因為他的教學內容相當實用，平常也會用 E-mail、FB，分享頗為令人省思的文章；且他做人不僅講義氣，又能用高度的情商與冷靜的頭腦，做出正確且理智的判斷，跟這樣的人交朋友，除了可以成為你的商業顧問外，更可以成為人生的導師。

想跟威廉老師合作的人非常多，但沒有一定的實力跟機會是很困難的，我很慶幸自己能夠認識他，也希望大家能把握機會，透過這本書跟威廉老師學習！

電商達人——梁大鵬

2012 年底，我當時還只是位小小的銀行員，偷偷兼差賣海鮮，在某次機會下，透過 FB 認識威廉恩師，我們互加好友一段時間，但我從未注意過他，只記得常看到他寫的文章，鼓吹微信行銷（Wechat），我那時還想說這大概又是網路亂蓋騙財的爛招術吧！「你可以在家不用上班，靠

網路一個月……」這類的文字有沒有很熟悉？我當時認為這不是傳銷就是詐騙。直到有一次，我剛好看他在文章裡提到微信開發的小祕訣，我便在等客戶無聊的時候，來試看看這個方法。哇塞！一用不得了，還真的有效，當天隨即成交一筆 4,500 元的訂單，興奮之餘，馬上在 FB 上跟老師表達謝意，並約碰面，老師還當面指點了我一些其他的技巧！

從那時起，我才知道自己真的碰上一位大師級的微信行銷老師！而我就這樣一直跟隨到現在！想想當初的無知，差點失去一份可觀的財富，每每想起都還是冷汗直冒。我從 2013 年使用微信到現在，也常受邀至各企業單位、學校或機關教學演講，這都要感謝威廉老師；近期，聽聞老師要出書，我也感到十分高興，因為可以幫助到更多像我這樣想創業的人，能走在正確的路上。

風水老師——陳弘

我從交大電信所畢業以後，就一直是位工程師，慢慢向上爬，到課長、副理，最多帶過 30 位工程師。

後來因為家父的關係，在 2004 年開始學習風水及八字命理，一直到 2018 年，徒有一身功夫卻不知道要怎麼發揮、幫助需要的朋友，所幸在網路上看到威廉老師在收徒弟，便很高興地報名了威廉老師的徒弟班。

徒弟班的課程每次都不一樣，不只教方法、技術，也教我們做人處事的道理，以及在社會上走跳的應對進退。在這樣的班級裡，我學到如何在網路上面架構屬於自己專業，讓更多人看到，主動來找我看風水和八字。

感謝威廉老師無私的教學，讓我能更瞭解網路與網路知識的連結，且

我也透過這樣的平台，認識一些朋友，激發一些新的想法和創意，應用在自己的事業上。現今，我們一定瞭解對網路行銷，透過威廉這種大師級的老師，一定可以讓你拓展業務，開發無窮無盡的客源。

數字 DNA 能量中心創始人——黃子柔

我是來自台灣最美麗的後山——花蓮的黃子柔。

我曾是電台主持人，也擔任過慈光文教基金會的巡迴講師，現在是一名數字 DNA 的能量導師，著有一本《預言自己的未來》。我和全球獨家數字 DNA 創辦人學習近 13 年，也因為這份專業讓我在 2016 年有幸到廣州，透過微信分享數字 DNA，讓我這微信小白，在短短不到 3 個月的時間，粉絲、同學就遍及東南亞，幫助數千個家庭改變他們的命運。

在 2018 年回國後，又幸運地遇上網路行銷大師——威廉老師。我上了威廉老師〈超級講師 DNA〉的課程，受益良多，一般很少能遇見這麼一位無私的老師，願意將自己如何成為一位好講師的祕訣都教給我們；並且不斷鼓勵同學，期許大家能在講師平台上發光發熱，還提供了最受歡迎的若水學院教學平台，讓講師班的同學上去教學。

也因為如此，我回台灣後，便馬上透過若水學院平台推廣〈數字 DNA〉的課程，學以致用外，更快速變現！這也是威廉老師最大的心願，他常說：「他最開心的事莫過於看到他的學生都可以在若水學院發光發熱、賺到錢。」

感謝威廉老師的愛與付出，相信大家也一樣可以在若水學院學到更多精彩且能夠落實的課程，祝福大家收穫滿滿。

常弦科技負責人──張淞誠

　　我從事傳統生意多年，主要經營電腦周邊及印表機銷售、組裝……等等，之後發現傳統生意大部分的時間都被綁在工作上，且有地域性的限制，所以決定挪出時間來學習網路行銷，因而非常幸運的結識了網路行銷大師──威廉老師。

　　跟著威廉老師學習很輕鬆愉快，他在課堂上總是以幽默風趣的教學風格與學員互動，課程內容充實精彩、毫不藏私，用盡生命的力量來教課；後來才知道威廉老師都會在開課前幾天瘋狂熬夜，絞盡腦汁地準備上課教材至三更半夜，只為了要讓學員學得物超所值。

　　且威廉老師除了在網路行銷擁有充足的專業知識外，我發現他的才華跟能力實在太強了，他能跨領域思考，腦袋隨時都在急速運轉，總是有著許多創新的靈感及新點子，對我們這些舊思維的腦袋有著很大的啟發，受益匪淺。所以，千萬不要錯過跟威廉老師學習的機會，每次的學習都會有很大的收穫！

東森天美仕講師──張濬騏 Nick

　　正在閱讀本書的讀者你好，非常榮幸能在此分享向威廉老師學習的心得，先簡單介紹我自己，我本身也是位網銷老師，目前擔任東森天美仕的講師及 STEM 教育的培訓講師，在台灣代管、輔導超過 20 個粉絲團及直播店家，每個月操作及輔導超過兩百萬的網路流量，主要經營跨境電商及社交電商的教學及培訓。

　　跟著老師學習是很享受的，從 2014 年認識老師，跟著他學習微信行

銷開始，到主持人、公眾演說及銷售演講稿，老師有趣生動的授課風格深深吸引著我，因為老師讓行銷變得不再枯燥乏味，讓我收穫真的很多。

威廉老師其實也是我的啟蒙老師，一位好的老師不但要會教，還要會引導學員成長，在讀老師的書時，你會發現老師的敘述不光是簡單易懂，還會引導、誘發你的思路，讓你產生很多的發想，所以，這本書不僅要好好的收藏，更要反覆閱讀，相信每次都能讓你有更多的啟發及收穫！

鯨魚數位有限公司副總經理──吳宜蒨

有人說過，如果想學習一門技能，那就去找一位業界的名師，將他所有的課程都學完，這樣即便你不具備大師的超強天賦，也能快速得到他的精髓，在學習上減少很多冤枉路，我就是在這樣的機緣下認識了威廉老師，成為他微信高階班的學員。

我經營公司十幾年，兩岸都有連鎖店面，因為工作忙碌，較難撥出時間去學習，所以特別適合線上學習的課程；而威廉老師的線上課程，可以不限時間、地點自由收聽，利用零碎片段的時間，累積新的知識。

老師那獨特的磁性嗓音，伴隨我度過許多交通往返及獨處時刻，像我都是在開車或睡前，階段性地學習，為自己規劃學習進度；我也確實將學習到的技能都應用在工作的行銷領域上，不僅幫助我提升了專業的素養，更為公司創造了很多業績！

坊間的老師很多，各有特色及專長，但威廉不只是一位教授網路行銷的老師，他在跨領域的表現也相當傑出，更難得的是，他對教育產業所付出的熱忱，以及他那真摯謙虛的性格，他懂得尊重他人，待人處事的涵養

厚道，給予對方良好的感受；且經營事業與人脈都同樣用心，也難怪他的專業領域越來越好，如果大家有機會與他互動，就能體會我所說，他真的是一位值得學習的良師！

這本書裡面寫了許多威廉老師多年來的心得與法寶，希望大家看過後，也能花點時間到老師的網站逛逛，相信會有更多的收穫與啟發，更重要的是要付諸行動！祝福大家！

Smile Passion

自認識威廉老師以來，便看著他一步步努力向上爬，才達到今日的成績！威廉老師對台灣的網路行銷貢獻了不少心力，至今已累積超過十五年網路行銷的資歷，不僅透過舉辦許多講座分享給他的學生，也啟蒙了我進入網路行銷的世界。

對於剛踏入網路行銷的新手來說，老師真的讓我收穫許多，因為他不僅耐心仔細地教導，他更替學生的成長感到開心、欣慰。「不管做什麼，都一定要有自己的品牌！」威廉老師曾說，要在網路行銷裡長久耕耘，不管做什麼都要有個人品牌＋企業品牌的雙重思維，而不是把自己定位在永遠賣別人的產品；因此，不論遇到什麼困難，威廉老師都致力將若水學院打造成值得大家學習的教育品牌。

威廉老師這一路走來其實也不容易，因為成為教育訓練講師後，便有個包袱存在，一般人的既定觀點會認為這類講師不能有太多的商業行為，而且必須是中立不能犯錯；但其實我們可以用更開放的角度去看待事情，講師也是人，也會有追求事物的渴望，而他們又透過自身的影響力，讓知

道的人採取行動勇於嘗試，這何嘗不是一件好事呢？

威廉老師有句座右銘：「沒有網路賣不掉的東西！」若你真心想把網路行銷學好，那你一定要來找威廉老師，他教你的絕對不是一步登天，而是紮實的一技在手，希望無窮，一起來打造屬於你的網路行銷帝國吧！

101 夢想團隊隊長兼銷售講師——陳庭蜜 Mimi

十年前，剛與威廉老師相識，當時我還只是剛踏進銷售業的菜鳥，雖然是名新人，但也憑著自己努力認真地學習，讓業績保持在前三名。直到這幾年到中國大陸發展，才深刻地感受到銷售員也必須學習網路行銷，這可謂一種趨勢，是相當重要的一環。

所以，很感謝威廉老師的教導，讓我能在銷售這條路上精益求精，不只業績長紅，更成為講師，領導著一個自己的團隊，幫助更多的人。

威廉老師所教授的課程，不論是線上還是實體的課程，都比我上過的課程內容來得實在，相當受用，每一堂都讓我收穫滿滿，感受到他備課時的用心，也因而讓他能成為業界數一數二的網路行銷大師，更跨足兩岸三地，成為「世界華人八大名師」之一。我還親眼見證一名學員，從原先什麼都不懂的一般上班族，在短短幾個月的時間，就變成一間公司重要的網路行銷專才，威廉老師真的相當厲害。

很榮幸自己能成為威廉老師的徒弟，常伴在他身邊學習，每次的弟子聚更讓我獲益良多，弟子們來自各行各業，互相交流，並將彼此的資源整合一同合作；且更難得的是，彼此之前都是陌生人，現在因為威廉老師而聚在一起，還能發展出如同家人般的情感。

　　即便老師已經不用再為金錢煩惱，但為了學員及弟子們，他仍努力研究，試圖創造出更多實際有效、有價值的工具及方法，讓我們過得更好，不斷精進、不斷成長。感謝威廉老師不吝於傳授網銷的知識與實際應用，使我能認識內地甚至是全世界的朋友，成功運用網路及跨境電商模式，也讓我順利推動 101 夢想團隊，幫助其他也想圓夢的人；現在的我，不僅賺取了豐富的經驗、人脈，還有富足的收入，實現自己的夢想，真的十分感謝威廉師父。

The Greatest Book for Getting Rich

5 推薦網路行銷書單

　　想學好網路行銷，成為網銷江湖面的一代大俠，有沒有可能只要讀一本書就成真呢？威廉也希望如此，而且我更希望自己寫的這本書，就是那本可以讓你笑傲江湖的武林祕笈，但這是不可能的。以我自己來說，我也是讀了非常多網路行銷的書，才能有今天的功力，所以為了讓大家有更多、更豐富的學習機會，以下我把自己認為不錯的網銷書籍，整理成一個書單，推薦給大家（以下按書名筆劃列表）。

NO	書名	作者	出版社	購買網址
1	LINE@ 的成功秘訣：百萬粉絲圈出致富商機	洪建寶、謝翎緗、黃繼億	零極限	http://bit.ly/2O4VLnL
2	一台筆電，年收百萬	傅靖晏（Terry Fu）	創見文化	http://bit.ly/2QTBH6z
3	一週賺進 300 萬！網路行銷大師教你賣什麼都秒殺	傑夫・沃克	商周出版	http://bit.ly/2OaOsuO
4	內容行銷的王道：感動人心，奪人眼球的網路行銷手法大公開	成田幸久	碁峰	http://bit.ly/2Q0WZhd
5	失控的數位行銷：破解36 種行銷迷思，精準掌握網路集客術	臂守彥	台灣東販	http://bit.ly/2xybsuy
6	用 Google Blogger 打造零成本專業級官方形象網站，網路行銷也 Easy ！	劉克洲	碁峰	http://bit.ly/2OMlK0B
7	我是 GaryVee：網路大神的極致社群操作聖經	蓋瑞・范納洽	方智	http://bit.ly/2MX3M9V

8	我是微商：從部落格、FB、Line@ 到微信，向自媒體大師學習月入兩百萬的網路銷售術	徐東遙	高寶	http://bit.ly/2xLamea
9	征服臉書：成功建立百萬粉絲團，有效集客、建立品牌、並從中獲利的臉書經營法則	鄭至航（STARK）	布克文化	http://bit.ly/2xOEg1c
10	流量的秘密：Google Analytics 網站分析與商業實戰	BRIAN CLIFTON	人民郵電出版社	http://bit.ly/2Dpg5fJ
11	為何只有 5％的人，網路開店賺到錢	許景泰	三采	http://bit.ly/2MYC2BL
12	借力淘金！最吸利的鈔級魚池賺錢術	鄭錦聰 . 王紫杰	創見文化	http://bit.ly/2xAcea9
13	第一本阿里巴巴認證：淘寶開店聖經	劉珂	大是文化	http://bit.ly/2xyXf0n
14	這樣做網路行銷才賺錢！中小企業網路行銷的八堂課 + 五步驟	K 大俠	博碩	http://bit.ly/2pyjezO
15	掌握社群行銷，引爆網路原子彈	黃逸旻	碁峰	http://bit.ly/2zpRhQx
16	超人氣農特產就要這樣賣！	常常生活文創	嚴可婷	http://bit.ly/2pEbw7H
17	實戰 SEO：60 天讓網站流量增加 20 倍	ZAC	碁峰	http://bit.ly/2xCyPms
18	網路行銷究極攻略	羅素 · 布朗森	零阻力文化	http://bit.ly/2Q1aNIJ
19	網路行銷的 12 堂必修課：SEO · 社群 · 廣告 · 直播 · Big Data · Google Analytics	吳燦銘	博碩	http://bit.ly/2Q3JmOz
20	網路行銷懶人包	劉奶爸	碁峰	http://bit.ly/2zqSFmg

21	網路商品銷售王：買氣紅不讓的行銷策略與視覺設計	陳志勤	書泉	http://bit.ly/2IalPIS
22	網賺首部曲：網路印鈔術	鄭錦聰、王紫杰	創見文化	http://bit.ly/2MV51Gt
23	億萬財富讚出來：非試不可的網路致富祕訣	吳錦珠、江兆君	聯合文學	http://bit.ly/2Ibpm9W
24	讓免費網路資源行銷幫你賺大錢：最完整的網路資源資訊，就看這一本！	創意眼資訊	博碩	http://bit.ly/2xyTdEX

6 推薦非網路行銷書單

The Greatest Book for Getting Rich

　　這本書主要是為了幫助讀者創造財富，過上更好的人生，但學習網路行銷只是工具、過程，而非目的；若想成功致富，光學網路行銷是絕對不夠的。我雖然是網路行銷老師，但我必須跟大家坦承，想要成功致富，除了網路行銷外，還有許多事情值得學習，甚至是必須學習的，所以我把我過去人生中讀過的幾本書推薦給大家，這是對我有著重大啟發的書籍，以下整理成一個書單，推薦給大家（以下按書名筆劃列表）。

NO	書名	作者	出版社	購買網址
1	人性的弱點：卡內基教你贏得友誼並影響他人	戴爾·卡內基	晨星	http://bit.ly/2Q3tbRo
2	用寫的就能賣！你也會寫打動人心的超強銷售文案	許耀仁	創見文化	http://bit.ly/2MURHSE
3	用聽的學行銷	王寶玲、王在正、伯飛特、衛南陽	創見文化	http://bit.ly/2xD8Tak
4	有錢人想的和你不一樣	T. Harv Eker	大塊文化	http://bit.ly/2zq8BFa
5	牧羊少年奇幻之旅	保羅·科爾賀	時報出版	http://bit.ly/2PWPqbo
6	思考致富聖經	拿破崙·希爾	世潮	http://bit.ly/2O8J5we
7	啟動夢想吸引力	王莉莉	創見文化	http://bit.ly/2zqXGv2
8	富爸爸，窮爸爸	羅勃特·T·清崎	高寶	http://bit.ly/2IbwrY9

9	富爸爸商學院	羅勃特‧T‧清崎	高寶	http://bit.ly/2DCKUxJ
10	超給力人信銷售	吳宥忠	創見文化	http://bit.ly/2ND9hQk
11	新厚黑學：如何轉化靈性的潛力為生存競爭的武器	朱津寧	聯經出版公司	絕版
12	新厚黑學2－不勞而獲	朱津寧	聯經出版公司	絕版
13	當和尚遇到鑽石	麥可‧羅區格西	橡樹林	http://bit.ly/2MUV5gk
14	夢想行者	林齊國	誌成文化	http://bit.ly/2zYkCBV

The Greatest Book for Getting Rich

7 尋找網路行銷大師接班人

閱讀到這篇，代表你已來到本書的尾聲。威廉專研網路行銷已長達16年，在過去的歲月裡，我幫助500家以上的企業，做過網站規劃、演講授課、顧問諮詢……等等，**在網路行銷的世界裡，我有點像《星際大戰》裡的尤達大師、《奇異博士》裡的至尊魔法師，位處大師級（Master）的地位。**

然而，當我藝臻大成，在經濟上也達到了財務自由的境界時，我不禁回首前程，當初究竟是什麼支持著我，讓我從原本負債累累走向富裕？從原本吊車尾的學生，畢業後能成為許多人的老師，幫助他們創富？我想，應該是我過去的人生當中，曾遇到一些很棒的課程、書籍、還有導師（Mentor），才在如此引領下，讓我能有今天些許的成就。

我對過去我所遇到的那些人充滿著感恩之情，然而我也很清楚一件事情，**並不是每個人都像我一樣幸運，可以遇到願意教他們的人**；我也知道在這個世界上，有很多人需要被幫助（就像過去的我一樣），所以，基於一種回饋的情懷和一些更深層的理由，我決定做一件很特別的事情，那就是「**弟子計畫**」。

弟子計畫簡單來說，就是把我畢生所學，傳授給我收的弟子，有點類似古代的江湖，一位大師收徒弟的概念，再傳授給最優秀的。

也許你會好奇？那會教哪些東西呢？簡單一句話來說，**就是我會的、我有辦法教的，都教！**雖然普遍外界對威廉的印象就是擅長網路行銷（又

有人稱之為空軍），但事實上，威廉會的不只那些，如果你有仔細認識、觀察過威廉，相信你一定知道，威廉除了空軍外，公眾演說（海軍），與一對一銷售（陸軍）也有相當的火候，所以拜威廉為師，可以學到的東西絕對不少。

弟子計畫可能會教的清單

微信行銷、LINE 行銷、FB 行銷、SEO、關鍵字廣告、部落格行銷、人脈經營管理、如何尋找產品、如何建立自己的事業、活動策劃、網站企劃、公眾演說、會議主持、催眠式銷售、吸引力法則、資源整合、銷售文案寫作、電子報、銷售頁、名單蒐集頁、組織行銷、影片行銷，還有……（有些不好意思寫在上面）。

還有最重要的就是「**待人接物**」，在我的認知中，這是最重要的，也是我最想教的。在坊間，一個在某個領域學有大成的大師級人物，若有提供這種「**全都教**」的配套教學內容，會將其統稱「**弟子班**」。弟子除了跟在師父身邊學習之外，還有機會接觸第一手的商機與資源，這樣的課程收費通常不便宜，至少都要 10 萬元以上，甚至還有某位台灣老師，在中國大陸收一名弟子就要價 100 萬人民幣。

你可能會問：「威廉收弟子要多少錢呢？」答案你聽了可能會很傻眼，因為威廉收弟子目前是「**不收錢**」的，為什麼不收錢呢？有幾個原因，首先，因為威廉自己曾經很窮過，所以我明白窮的滋味，我怕如果有人想跟我拜師，但因為現階段口袋不寬裕，而無法師從威廉，那就太可惜了；再者，我收徒的考評重點在於一個人的品行，而非一個人可以給我多

少錢，萬一我收徒的時候收了一筆錢，之後才發現這名徒弟品行不佳，想要把他退掉，好像也挺尷尬的。

威廉現在雖然談不上是好野人，但也不會因為少收一筆拜師費就餓肚子，所以如果能因為不收錢，就收到某資質不錯，但手頭不寬裕的徒弟那也不錯，**如果這個徒弟學有所成就，賺到錢後願意多做善事，把愛繼續傳下去那就更好了。**

不過，雖然不收費，但有一個交換條件，就是這個**徒弟必須要來我的辦公室，幫我做一些事情，來換取我教他東西**，很像羅勃特‧Ｔ‧清崎小時候幫富爸爸的雜貨店免費打工。

畢竟，凡事都得付出代價，學習也不例外，此外徒弟來我辦公室做一些工作的過程中，也是我可以一邊陶冶弟子的人格、一邊觀察徒弟的品行，評估要不要繼續往下教更深的東西。不過，我也必須說明，弟子計畫不一定會永遠免費下去，有可能過一陣子會變成入門時，要繳交一次性的拜師費用，所以想要免費拜師，請趁早喔。

起初弟子計畫是有名額限制的，原本只打算收八個弟子就好，但後來因為某些原因，我決定把弟子計畫的名額限制**暫時**拿掉。

所以目前弟子計畫並沒有上限，不過也許過一陣子時機到了，名額就會關閉了，所以趁你還看得到這個頁面的時候，如果你有意願跟威廉拜師，就趕快採取行動吧。

有興趣加入弟子計畫的你，請自行連結以下的網址，或掃描 QRcode 填寫你的資料，我會寄弟子計畫的履歷表給你，當你填完履歷表並且回傳之後，我會再請人跟你約時間面談。

http://bit.ly/2xG1ZkU

如果你對弟子計畫有興趣，但有一些其它的疑問，例如能否遠距學習？或具體要幫我做些什麼工作，都請先填表，我們會有人主動跟你聯繫，屆時你可以再發問。

揭露吧

臉書PO文要怎麼寫
才能吸引人按讚、留言與分享

如果，你想透過網路讓你的人氣強滾滾
或讓你的商品成為網友間的熱門議題，
這招你不能不會！

立即掃描以下QR CODE，我們將免費送你一堂線上課
並加贈一堂LIVE的網路創業研討會，預計分享…。

◆一個新的網站或部落格，要如何快速引來流量？

◆如何透過LINE或FB Messenger聊天，就讓人把錢匯給你？

◆有哪八種行業，可以結合網路，建立起持續性的收入？

你也可以透過輸入網址 http://goo.gl/65LT5r
或來電 02-2382-7288，取得本線上課程

你已經因為看別人寫的文案
而付錢許多次了，這次...
想不想讓別人來付錢給你呢？

一個文案，就能把我想賣的東西給賣出去，甚至是
透過文案，招募到願意跟我合作的事業伙伴，
嗯，說不定文案還可以幫助我找到好對象哩XD。

問題是，我沒有相關經驗，以前唸書的時候老師也
沒有教，就算去書局買書、或報名課程也不知道
學不學得會.....

老天爺啊~這到底該怎麼辦呢？

你的文案救星已經披上斗蓬朝你飛過來了!
「銷售文案的進擊」的課程中會跟你分享

1. 文案寫手要怎麼做，才能有效率的蒐集到文案"材料"？
2. 銷售文案的黃金法則
3. 如何寫出一個吸引人的標語？
4. 銷售文案的技巧，從基礎到進階
5. 如何寫出有催眠效果的銷售文案
6. 銷售文案殺手該有的信念
7. 如何透過銷售文案，創造被動收入？
8. 如何善用人與生俱來的六種驅動力?
9. 如何利用人後天的需求來撰寫文案？

這是一個三小時的線上課，無時無刻都可以學習

讓你也可以菜鳥變高手

不怕你不會寫文案，就怕你不來寫!

銷售文案の進擊
陸晴

 WWC 若水學原　你也可以成為文案高手，更多資訊請上若水學院觀看哦~
若水學院網址：www.waterstudy.org

手把手釣竿製作實務教學班

如果，你想要學習如何從網路或實體

持續獲得潛在客戶名單

那麼，這堂課程裡面

有你要的東西！

總共261分鐘的線上課

無論你在哪裡

只要你有網路就能學習

你也可以成為

釣竿高手

不管你是上過網路行銷的課程，或是業務的課程

我想你一定會明白名單的重要性

威廉老師特別精心製作了這堂"手把手釣魚竿製作課程"

讓你一次掌握三種等級，十二種不同變化的釣竿！

這堂課會告訴你

十二種不同難度、不同應用的釣魚竿型態

十種製作釣魚竿的時候，應該要避免的錯誤

三個成功的釣魚竿製作案例

而且每一種釣竿都至少幫我釣了一千條以上的魚

並且每個都帶來了六位數的營收

更多資訊請上若水學院觀看哦

若水學院網址：www.waterstudy.org

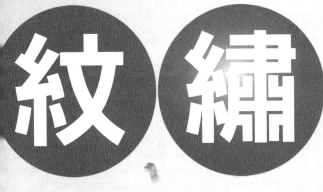

你也可以成為

紋繡高手
線上實戰培訓班

幫別人變美眉，還能讓自己變有錢

你是否曾經想過，學個一技之長
這樣工作之餘，還可以做些甚麼來賺賺外快
但問題是，該學甚麼好呢？

就來學紋繡吧！

管景氣好壞，女人總是會花錢讓自己變美的，而紋繡是一門含金量非常高的術，一般來說接一個客人，收費從台幣千到一、二萬都有人在做，而且每做一客人花的時間也不會很長，一般來說半時～一小時就可以完成一個客人，當你完紋繡，你不僅能用下班時間接客人，至還能把他當成一個正職在做，自己創！讓你越做越有錢！

課程中會教你

· 認識眉型有哪些種類？
· 如何為客人設計出美美的眉型
· 手工毛流的介紹與示範
· 認識什麼是電動霧眉？工具有哪些？
· 電動霧眉的真人實做案例全程高清錄影
· 電動仿真毛流介紹與真人練習
· 繡眼線介紹與桌面練習示範
· 認識色料與調配技巧

 WWC 若水學院

你也可以成為紋繡高手，更多資訊請上若水學院觀看哦～
若水學院網址：www.waterstudy.org

揭示！

一個超過13,000名直銷商在學習的網路陌生開發術！

如何利用網路陌生開發
大量直銷下線的方法

立即掃描以下的QRcode，我們將免費送你三堂線上課，並揭露以下的另類成功法門。

✔ 不用出門發問卷，在家也能上網找到下線

✔ 臉皮薄、不擅長面對面銷售，也能在直銷事業成功方

✔ 吸引精準客戶找上你，讓別人主動想加入你的直銷事

你也可以透過輸入網址**http://goo.gl/rihhBP**
或來電02-2382-7288，取得本線上課程

你想要跳脫
老鼠賽跑嗎？

☑ 你是否相信你值得擁有更多的收入？

☑ 你是否想要擁有更多的自由，
　去做你想做的事情？

如果以上問句答案都是肯定的，
下方資訊就是為你而準備！

在此鄭重向您介紹一位傳奇人物──張老師，叱吒股海 **17** 年，身價破億，
退休前曾許下心願，想幫助大家改變人生，教大家如何翻身，
從上班族的窮忙生活中解套，贖回自己的自由。

而張老師的徒弟──林建聲，在老師的教導下，

27 歲白手起家，29 歲成為千萬富翁，邁進上億人生。
也希望能找到更多人，將我們的成功法則傳承下去，
不論是年輕人或中年人、老年人，都可以改變命運、改變收入，

這不只是一個夢，他做得到，您也可以做到！

如果您也想學會此投資法則，請立即掃描 QRcode，
免費為您提供三項服務，並向您揭露賺錢秘訣。

★免費一對一持股健檢★　　★客製化的財務規劃★　　★絕學傳承的弟子計劃★

市場ing
史上最強・最完整的行銷學

斜槓創業

B&U
幸福人生終極之祕

人生最高境界

超譯易經
知命・造命，不認命，
掌握好命靠易經！

幸福人生終極之祕
決定您一生的幸福、快樂、
富足與成功！

成交的秘密
SECRET OF THE DEAL

行銷絕對完勝營
市場ing＋接建初追轉，
賣什麼都暢銷！

玩轉眾籌實作班
大師親自輔導，保證上架成
功並建構創業 BM！

眾籌
無所不籌，夢想落地

暢銷書作家
是怎樣煉成的？
PWPM

寫書 & 出版實務班
企畫・寫作・保證出書・
出版・行銷，一次搞定！

世界級講師培訓班
理論知識＋實戰教學，
保證上台！

公眾演說的秘密
The Secrets of Public Speaking

**全球最佳・史上最強
各界一致推崇
國際級成人培訓課程！** »

B&U
Business & You

BU生之樹，為你創造由內而外的富足，跟著BU學習、進化自己，升級你的大腦與心智，
改變自己、超越自己，讓你的生命更豐盛、美好！

華文版 Business & You 完整 15 日絕頂課程

從內到外，徹底改變您的一切！

自然為背景，人、一個項目、心、一塊兒拼、一起贏！古華山論劍〉，《BU齊心論，「齊心」的是互相認識，充份了解，彼此理解，擰成繩兒，一條鞭！

以《BU藍皮書》為教材，採用NLP科學式激勵法，激發潛意識與左右腦併用，BU獨創的創富成功方程式，可同時完成內在與外在的富足，含章行文內外兼備是也！

以《BU紅皮書》與《BU綠皮書》兩大經典為本，保證教會您成功創業、財務自由之外，也將提升您的人生境界，達到真正快樂的人生目的。並藉遊戲式教學，讓您了解DISC性格密碼，對組建團隊與人脈之開拓能力均可大幅提升。

以《BU黑皮書》超級經典為本，手把手教您眾籌與商業模式之T&M，輔以無敵談判術，完成系統化的被動收入模式，由E與S象限，進化到B與I象限，達到真正的財富自由！

以史上最強的《BU棕皮書》為主軸，教會學員絕對成交的祕密與終級行銷之技巧，並整合了全球行銷大師核心密技與642系統之專題研究，堪稱目前地表上最強的行銷培訓課程。

接建初追轉

1日
心論劍班

2日
成功激勵班

3日
快樂創業班

4日OPM
眾籌談判班

5日市場ing
行銷專班

以上 1+2+3+4+5 共 **15** 日 BU 完整課程，
整合全球培訓界主流的二大系統及參加培訓者的三大目的：

成功激勵學 × 落地實戰能力 × 借力高端人脈

建構自己的魚池，讓您徹底了解《借力與整合的秘密》。

亞洲八大名師會台北
保證創業成功・智造未來！

2019

　　王晴天博士主持的亞洲八大名師大會，廣邀夢幻及魔法級導師傾囊相授，助您擺脫代工的微利宿命，在「難銷時代」創造新的商業模式。高 CP 值的創業創富機密、世界級的講師陣容指導創業必勝術，讓你找到著力點，顛覆你的未來！

　　跨界新經濟來臨，多工價值時代讓多角化人生如複利魔法般快速成長，您需要有經驗的名師來指點，誠摯邀請想創業、廣結人脈、接觸潛在客戶、發展事業的您，一同交流、分享，創造絕對的財務自由，如此盛會您絕對不能錯過。

　　只要懂得善用資源、借力使力，創業成功不是夢，利用槓桿加大您的成功力量，改變人生未來式！

　　而去中心化的「小趨勢」潮流，已向全世界洶湧襲來，除了新零售商機外，我們更要讓您站上世界舞台！

▶ 亞洲暨世華八大講師評選

　　百強講師評選 PK，力邀您一同登上世界舞台，成績優異之獲選者將安排至兩岸授課，賺取講師收入，決賽前三名更可登上亞洲八大或世界八大之國際舞台，充分展現專業力，擴大影響力，將知識變現！

報名本 PK 大賽，即享有公眾演說 & 世界級講師完整培訓

不只教您怎麼開口講，更教您如何上台不怯場，在短時間抓住眾人的目光，把您當成世界級講師來培訓，脫胎換骨成為一名超級演說家！

學費原價 $39,800　現正特價 **$19,900**
終身複訓・保證上台・超級演說家**就是您**！

學習領航家——📹 新絲路視頻

讓您一饗知識盛宴，偷學大師真本事！

活在知識爆炸的 21 世紀，您要如何分辨看到的是落地資訊還是忽悠言詞？
成功者又是如何在有限時間內，從龐雜的資訊中獲取最有用的知識？
巨量的訊息，帶來新的難題，新絲路視頻讓您睜大雙眼，
從另一個角度重新理解世界，看清所有事情的真相，
培養視野、養成觀點！

想做個聰明的閱聽人，您必須懂得善用新媒體，不斷地學習。📹 新絲路視頻 便提供閱聽者一個更有效的吸收知識方式，讓想上進、想擴充新知的你，在短短 30 ～ 60 分鐘的時間內，便能吸收最優質、充滿知性與理性的內容（知識膠囊），快速習得大師的智慧精華，讓您閒暇的時間也能很知性！

師法大師的思維，長知識、不費力！

📹 新絲路視頻 重磅邀請台灣最有學識的出版之神——王晴天博士主講，有料會寫又能說的王博士憑著扎實學識，被喻為台版「羅輯思維」，他不僅是天資聰穎的開創者，同時也是勤學不倦，孜孜矻矻的實踐家，再忙碌，每天必撥時間學習進修。他根本就是終身學習的終極解決方案！

在 📹 新絲路視頻 ，您可以透過「歷史真相系列 1 ～」、「說書系列 2 ～」、「文化傳承與文明之光 3 ～」、「時空史地 4 ～」、「改變人生的 10 個方法 5 ～」一同與王博士探討古今中外歷史、文化及財經商業等議題，有別於傳統主流的思考觀點，不只長知識，更讓您的知識升級，不再人云亦云。

📹 新絲路視頻 於 YouTube 及兩岸的視頻網站、各大部落格及土豆、騰訊、網路電台……等皆有發布，邀請您一同成為知識的渴求者，跟著 📹 新絲路視頻 偷學大師的成功真經，開闊新視野、拓展新思路、汲取新知識。

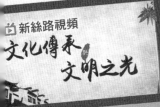

國家圖書館出版品預行編目資料

網銷獲利關鍵:打造無限∞金流循環 / 張光熙 著. --
初版. -- 新北市 : 創見文化, 2019.2 面 ; 公分. --
(成功良品 ; 106)

ISBN 978-986-271-852-0 (平裝)

1.網路行銷 2.創業

496   107021563

網 銷
獲利關鍵
打造無限 ∞ 金流循環

Guide of Internet Marketing :
The Greatest Book
for Getting Rich

成功良品106

網銷獲利關鍵

本書採減碳印製流程
並使用優質中性紙
（Acid & Alkali Free）
最符環保需求。

出版者 / 創見文化
作者 / 張光熙
總編輯 / 歐綾纖
文字編輯 / 牛菁　　　　　　　　美術設計 / Mary

郵撥帳號 / 50017206 采舍國際有限公司（郵撥購買，請另付一成郵資）
台灣出版中心 / 新北市中和區中山路2段366巷10號10樓
電話 / （02）2248-7896
傳真 / （02）2248-7758
ISBN / 978-986-271-852-0
出版年度 / 2019年2月

全球華文市場總代理 / 采舍國際
地址 / 新北市中和區中山路2段366巷10號3樓
電話 / （02）8245-8786
傳真 / （02）8245-8718

全系列書系特約展示
新絲路網路書店
地址 / 新北市中和區中山路2段366巷10號10樓
電話 / （02）8245-9896
網址 / www.silkbook.com

本書於兩岸之行銷（營銷）活動悉由采舍國際公司圖書行銷部規畫執行。

線上總代理 ■ 全球華文聯合出版平台 www.book4u.com.tw
主題討論區 ■ http://www.silkbook.com/bookclub　　　　◎ 新絲路讀書會
紙本書平台 ■ http://www.book4u.com.tw　　　　　　　◎ 華文網網路書店
電子書下載 ■ http://www.silkbook.com　　　　　　　◎ 電子書中心

ⓑ **華文自資出版平台**　　**全球最大的華文自費出版集團**
www.book4u.com.tw　　　專業客製化自資出版 · 發行通路全國最強！
elsa@mail.book4u.com.tw
iris@mail.book4u.com.tw